MANUEL PRATIQUE

DU

FABRICANT DE PAPIERS

DICTIONNAIRE

DE

CHIMIE INDUSTRIELLE

COMPRENANT TOUTES LES APPLICATIONS DE LA CHIMIE

à l'Industrie, à la Métallurgie, à l'Agriculture, la Pharmacie et aux arts et métiers.

Avec la traduction russe, anglaise, allemande, espagnole et italienne de la plupart des termes techniques.

PAR MM.

A.-M. VILLON
Ingénieur Chimiste
Professeur de technologie chimiste

P. GUICHARD
Membre de la Société chimique de Paris
ancien professeur de chimie
à la Société industrielle d'Amiens

ET LA COLLABORATION D'UN GROUPE DE CHIMISTES ET D'INGÉNIEURS

Le but de cette nouvelle Encyclopédie est de réunir sous une forme facile à consulter, débarrassée de tous les détails théoriques, l'ensemble de nos connaissances actuelles sur la Chimie industrielle. — Elle s'adresse à toute personne appelée à s'occuper, de près ou de loin, des questions si importantes mais souvent fort embarrassantes de la Chimie appliquée. L'industriel est souvent gêné, lorsqu'il veut se procurer les renseignements dont il a besoin. Les traités spéciaux ne donnent pas entière satisfaction aux nécessités si diverses des exploitations industrielles. Tantôt le document pratique cherché est noyé dans les détails trop théoriques, tantôt il est entouré d'explications plus ou moins claires, qui en rendent la lecture obscure et trop abstraite. — Le chimiste industriel est un expérimentateur. Il faut qu'il soit en état d'user à temps de tous les procédés connus, de toutes les méthodes de contrôle reconnues exactes sauf à inventer lui-même de nouveaux moyens appropriés aux circonstances au milieu desquelles il se trouve placé.

L'ouvrage est complet en 36 fascicules, forme 3 vol. petit in-4; prix 75 fr., broché, ou 80 fr. relié en 1/2 chag., dos orné. — Le t. I (fascicules 1 à 12) se vend séparément 30 fr. — Le t. II (fascicules 13 à 22) se vend séparément 25 fr. — Le t. III (fascicules (23 à 36) se vend séparément 25 fr.

TABLE DES FASCICULES QUI SE VENDENT TOUS SÉPARÉMENT

1. *Abaca*	à *Acide azotique,*	46 fig.	3 fr.	19. *Fermentation*	à *Fromages, etc.,*	59 fig.	3 fr.
2. *Acide azotique*	à *Acide phénique,*	62 fig	3 fr.	20. *Gaïac*	à *Gaz d'éclairage,*	28 fig.	2 fr.
3. *Ac. phosphoreux*	à *Acide sulfurique,*	75 fig.	3 fr.	21. *Gaz*	à *Glucose,*	12 fig.	2 fr.
4. *Acide sulfurique*	d *Air.*	44 fig.	3 fr.	22. *Glucose*	à *Gypse,*	13 fig.	2 fr.
5. *Air*	à *Alliage,*	42 fig.	3 fr	23. *Hallosyte*	à *Hydrotimétrie,*	14 fig.	2 fr.
6. *Alliages*	à *Amphibole,*	54 fig.	3 fr.	24. *Hydrotimétrie*	à *Jaune,*	7 fig.	2 fr.
7. *Amphigène*	à *Auramine,*	17 fig.	3 fr.	25. *Jaune*	à *Lin,*	15 fig.	2 fr.
8. *Auramine*	à *Bismuth.*	37 fig.	3 fr.	26. *Linoléum*	à *Monazite,*	15 fig.	2 fr.
9. *Bismuth*	à *Broggérite,*	27 fig.	3 fr.	27. *Mordants*	à *Or,*	25 fig.	2 fr.
10. *Brome*	à *Caoutchouc,*	48 fig	3 fr.	28. *Or*	à *Pain,*	27 fig.	2 fr.
11. *Caoutchouc*	à *Chlore.*	55 fig.	3 fr.	29. *Pain*	à *Pétrole,*	24 fig.	2 fr.
12. *Chlore*	à *Chromates.*	50 fig.	3 fr.	30. *Pétrole*	à *Pommades,*	5 fig.	2 fr.
13. *Chromates*	à *Corps composés,*	26 fig.	3 fr.	31. *Poteries*	à *Sang,*		2 fr.
14. *Corps composés*	à *Dialiseurs,*	50 fig.	3 fr.	32. *Santal*	à *Soufre,*	17 fig.	2 fr.
15. *Digestion*	à *Eau,*	66 fig.	3 fr.	33. *Soufre*	à *Teinture.*	30 fig.	2 fr.
16. *Eau*	à *Engrais.*	23 fig.	3 fr.	34. *Teinture*	à *Verrerie,*	37 fig.	2 fr.
17. *Eponges*	à *Explosifs,*	26 fig.	3 fr.	35. *Verrerie*	à *Zircan,*	20 fig.	2 fr.
18. *Farines*	à *Fer, etc.*	20 fig.	3 fr.	36. *Complément* (Introduction et Frontispice).			2 fr.

BIBLIOTHÈQUE DES ACTUALITÉS INDUSTRIELLES, N° 145

MANUEL PRATIQUE

DU

FABRICANT DE PAPIERS

PAR

A. WATT

FABRICANT DE PAPIERS

ÉDITION FRANÇAISE REVUE ET COMPLÉTÉE

PAR

L. DESMAREST

Membre de la Société des Ingénieurs civils de France
Directeur de Papeteries.

AVEC 123 FIGURES DANS LE TEXTE

PARIS

Librairie Bernard TIGNOL

PUBLICATIONS DE LA

LIBRAIRIE de l'ÉCOLE CENTRALE des ARTS et MANUFACTURES

53 *bis*, QUAI DES GRANDS-AUGUSTINS

MANUEL PRATIQUE

DU

FABRICANT DE PAPIERS

CHAPITRE PREMIER

Cellulose.

Cellulose. — Les fibres végétales, débarrassées des substances incrustantes et agglutinantes, de nature résineuse ou gommeuse, présentent la *cellulose*, base essentielle du papier. Le lin et le coton filés sont de la cellulose presque pure, parce que les substances végétales auxquelles ils étaient associés leur ont été enlevées par les procédés de traitement; le papier pur blanc, non collé, ni chargé, peut aussi être considéré comme de la cellulose pure, pour la même raison.

La cellulose pure est blanche, translucide et plus dense que l'eau. Elle n'a pas de saveur, d'odeur, ni de pouvoir nutritif; elle est insoluble dans l'eau, l'alcool et les huiles.

Les acides et les alcalis dilués, même à chaud, l'attaquent peu; par ébullition prolongée, cependant, la cellulose subit une transformation progressive et se change en *hydrocellulose*.

De même à l'ébullition, l'eau seule, surtout sous une pression élevée, attaque la cellulose, si cette ébullition se prolonge longtemps. Sans entrer plus profondément dans l'étude des propriétés chimiques de la cellulose qui intéressent davantage le chimiste que le fabricant de papier, nous dirons qu'il y a peu de données relatives à l'action de certaines substances chimiques sur la cellulose; il est à désirer que cette étude soit complétée au point de vue pratique, surtout à l'époque actuelle, où beaucoup de nouvelles méthodes de traitement des fibres végétales ont été préconisées.

Action des acides sur la cellulose. — Si l'on verse, peu à peu, de l'acide sulfurique concentré sur la moitié de son poids environ de chiffons coupés en menus morceaux ou sur des fragments de papier non collé et contenus dans un vase en verre, en agitant continuellement, on voit les fibres se gonfler peu à peu et disparaître, tandis qu'il se dégage un gaz et qu'il se forme un mucilage tenace qui est entièrement soluble dans l'eau; si au bout de quelque temps, après avoir dilué le mélange avec de l'eau et neutralisé l'acide avec de la chaux, on filtre et on enlève l'excès de chaux par une addition ménagée d'une solution d'acide oxalique, le liquide fournit, après une seconde filtration et l'addition d'un grand excès d'alcool, une masse gommeuse qui possède tous les caractères de la dextrine. Si, au lieu de saturer de suite l'acide dilué par de la chaux, on fait bouillir pendant 4 ou 5 heures, la dextrine se convertit entièrement en sucre de raisin (glucose), qui, par addition de chaux et filtration, comme précédemment, donne après évaporation une masse de consistance sirupeuse ; laquelle, après repos pendant quelque temps, laisse une masse concrète de sucre cristallisé. Le coton, le lin et le papier non collé, traités de même, produisent leur poids de gomme et un sixième de leur poids de sucre de raisin.

La cellulose pure est entièrement attaquée et dissoute par une solution d'oxyde de cuivre dans l'ammoniaque (cuprammonium) et peut être reprécipitée en flocons incolores, par addition d'un excès d'acide chlorhydrique.

L'acide chlorhydrique concentré bouillant convertit la cellulose en une poudre fine, sans altérer en quoi que ce soit sa composition, tandis que l'acide nitrique forme divers produits de substitution, variant avec le degré de concentration de l'acide employé.

« Le chlore gazeux, passant dans l'eau contenant de la cellulose en suspension, l'oxyde rapidement et la détruit; le même effet se produit avec les hypochlorites tels que celui de chaux ou les liquides de blanchiment. Ce n'est pas sur la cellulose elle-même; mais sur les matières colorantes qui l'accompagnent, que nous devons faire agir le liquide de blanchiment, et il faut prendre soin que l'action ne se produise que sur les matières étrangères sans s'étendre à la fibre.

La potasse caustique n'attaque la cellulose que légèrement dans les conditions où nous avons ordinairement à la traiter; si, pourtant, la cellulose est dans un état de compacité moindre, la potasse caustique la décompose ou la détruit. — Arnot. »

Caractères physiques de la cellulose. — « L'état physique de la cellulose, dit Arnot, après qu'elle a été débarrassée des matières étrangères par ébullition, blanchiment et lavage, est d'une grande importance en industrie. Parmi les fibres, les unes sont courtes, dures et d'aspect extérieur poli, les autres sont longues, flexibles, barbelées; les premières, il est à peine nécessaire de le dire, donnent du papier médiocre, qui se déchire facilement; les secondes fournissent du papier qui possède, à un degré élevé, la solidité et la souplesse. Les fibres de la paille et de beaucoup de variétés de bois peuvent rentrer dans la première catégorie; celles du chanvre et du lin appartiennent à la seconde. Il y a naturellement, entre ces extrêmes, tous les degrés et combinaisons de différentes caractéristiques. Il est facile de comprendre que les fibres dures, aciculaires, ne donnent pas un bon feutrage; il n'y a pas d'adhésion entre les diverses particules qui les composent et partant le papier produit est friable. Par contre, des fibres longues, flexibles, élastiques, même si elles sont lisses à l'extérieur, s'entrelacent facilement et se feutrent sous forme de feuille ferme et résistante. La fibre de coton, longue et tubulaire, possède cette particularité que ses tubes, une fois desséchés, s'enroulent autour de leur axe, propriété qui aide beaucoup à l'adhésion des particules dans la fabrication du papier.

Dans la teinture du coton, la matière colorante est absorbée par ces tubes et en est, comme on peut facilement s'en rendre compte, difficilement enlevée. Le papier fait exclusivement de fibre de coton est plus flexible et spongieux que celui fait avec le lin. »

La cellulose du lin, avant d'arriver chez le fabricant de papier, a déjà subi certaines opérations de macération et de rouissage, puis d'ébullition et de blanchiment, d'où résultent une élimination des matières étrangères, et un traitement chimique partiel. « Les fibres de lin, comme le fait observer Arnot, sont tubulaires comme celles du coton ; mais les parois en sont un peu plus épaisses et ont des joints ou nœuds, comme la canne à sucre ou le jonc. Ces fibres possèdent des qualités précieuses de longueur, ténacité et flexibilité, et cette dernière propriété augmente quand les parois des fibres sont écrasées par le travail de la raffineuse. Le papier fait avec ces fibres est très solide et compact, et l'on ne pourrait trouver de meilleure matière que le lin pour la production d'un papier de première qualité.

Les cordes, gros sacs et autres matières analogues sont faits de chanvre ; leur cellulose ou fibre ne diffère pas trop de celle du lin, mais est un peu plus forte et de nature plus grossière. Le chanvre de Manille fournit une fibre très solide. Le jute, qui provient de l'écorce interne d'une plante de l'Inde (*corchorus capsularis*), a des fibres solides, mais est difficile à blanchir. Les fibres de l'alfa tiennent le milieu entre celles qui ont été décrites et celles du bois et de la paille.

La fibre de la paille est courte, acérée, polie, et l'on ne peut en faire du papier très tenace. La nature des fibres du bois dépend, comme on peut facilement le supposer, de la nature du bois lui-même. Le pin jaune, par exemple, donne une fibre longue, molle et flexible, semblable au coton, tandis que le chêne ou les autres arbres donnent des fibres circulaires et courtes qui, bien qu'exemptes de matières étrangères, ne possèdent ni flexibilité, ni élasticité.

Etude micrographique des fibres végétales. — L'importance du microscope, dans l'examen des diverses fibres employées dans la fabrication du papier, peut être facilement mise en évidence par la nature délicate de la cellulose à obtenir de ces fibres. A. Girard, entre autres, a déterminé, par cette méthode d'examen, les qualités que doivent posséder les fibres pour répondre aux exigences du fabricant. Il n'est pas nécessaire, d'après lui, que la fibre soit absolument longue ;

mais il faut qu'elle soit mince et élastique, et possède la propriété de tourner sur elle-même facilement. La ténacité est d'une importance secondaire; car les fibres ne se brisent guère quand on déchire le papier. Les principales fibres employées dans la fabrication du papier peuvent être divisées ainsi :

1° *Fibres rondes et à côtes*, comme le chanvre et le lin ;

2° *Fibres lisses*, ou *à faibles côtes* comme l'alfa, le jute, le phormium (lin de la Nouvelle-Zélande), le palmier nain, le houblon et la canne à sucre;

3° *Substances fibro-cellulaires*, comme la pâte obtenue à l'aide de la paille de blé et de seigle, par l'action de lessives caustiques;

4° *Fibres plates*, comme celles du coton, et celles obtenues par l'action des lessives caustiques sur le bois;

5° *Substances imparfaites* comme la pulpe obtenue à l'aide de la sciure. Dans cette classe on peut aussi ranger les fibres de la pâte de bois dite mécanique.

Dosage de la cellulose. — Pour doser la cellulose, dans le bois et les autres fibres végétales en usage dans la fabrication du papier, Müller recommande le procédé suivant :

On pèse 5 gr. de substance finement divisée, et on les fait bouillir pendant 4 à 5 heures dans l'eau en employant 100 cc. chaque fois. Le résidu est ensuite séché à 100° C., pesé et épuisé par un mélange à volumes égaux de benzine et d'alcool fort qui élimine la graisse, la cire, la résine, etc. Le résidu est de nouveau séché, on le fait bouillir plusieurs fois dans de l'eau, contenant, par chaque 100 cc., 1 cc. d'ammoniaque concentrée. Ce traitement élimine la matière colorante et les matières pectiques. Le résidu est fortement broyé dans un mortier, si c'est nécessaire, puis traité, dans un flacon bouché, par 250 cc. d'eau et 20 cc. d'eau de brome contenant 4 cc. de brome par litre. Dans le cas de pures fibres corticales, comme celles du lin et du chanvre, la couleur jaune du liquide ne disparaît que lentement; mais, avec la paille et le bois, la décoloration se produit en quelques minutes; si elle a lieu plus vite, on ajoute de l'eau bromée, en répétant cette addition jusqu'à ce que le liquide reste jaune et qu'on puisse encore y découvrir le brome au bout de douze heures. Le liquide est ensuite filtré et le résidu lavé avec de l'eau et mis à bouillir avec un litre d'eau contenant 5 cc. d'ammoniaque concentrée. Le liquide et le tissu sont ordinairement colorés en brun par ce traitement. La matière non dissoute est filtrée, lavée et de nouveau traitée par l'eau de brome. Si l'action paraît complète, le résidu est de nouveau traité à chaud par l'eau ammoniacale. Ce second traitement suffit avec les fibres pures, mais l'opération doit être répétée aussi souvent que les résidus colorent le liquide alcalin en brun jaunâtre. La cellulose ainsi obtenue est pure et blanche ; elle est lavée avec de l'eau et mise à bouillir avec de l'alcool, puis elle est séchée à 100° C. et pesée.

Détermination des fibres végétales à l'aide du microscope. — Du remarquable et utile ouvrage de M. Allen (*Commercial Organic Analysis*) nous extrayons les passages ci-après. Pour l'examen des fibres au microscope, il est recommandé de découper les tissus avec des ciseaux bien affilés, de les placer sur une lamelle de verre, de les mouiller avec de l'eau et de les couvrir d'une lamelle mince de verre.

Dans ces conditions :

Les *filaments de coton* apparaissent sous forme de tubes transparents aplatis, tordus autour de leur axe, et effilés à leur extrémité. La section de ces filaments ressemble un peu au chiffre 8, le tube originellement cylindrique, plus affaissé vers le milieu, a la forme d'un demi-tube de chaque côté, ce qui donne à la fibre, si on la regarde sous un certain jour, l'apparence d'un ruban plat avec un ourlet sur le bord de chaque lisière.

Cet aspect tordu, ou de tire-bouchon des filaments secs du coton distingue celui-ci de toutes les autres fibres végétales, et c'est la caractéristique de la gousse mûre. M. Bauer a trouvé que les fibres de la graine, avant maturité, sont simplement des tubes cylindriques non tordus et qui ne se tordent jamais ensuite s'ils sont séparés de la plante. La maturation des fibres les affaisse dans le milieu, comme nous l'avons dit, et elles ne subissent pas de changement dans cet aspect en passant par toutes les opérations variées auxquelles le coton est soumis, depuis le filage jusqu'à la conversion en pâte pour la fabrication du papier.

Les fibres de lin apparaissent au microscope sous forme de tubes creux ouverts aux deux extrémités, ces fibres sont lisses, et l'intérieur du tube est très étroit; de distance en distance apparaissent des joints ou nœuds; mais on n'y voit pas de poils comme à ceux du chanvre. Si les fibres de lin sont immérgées dans une solution bouillante de parties égales de potasse caustique et d'eau, pendant environ une minute, puis pressées entre des feuilles de papier à filtrer, elles prennent une coloration jaune sombre, tandis que le coton soumis au même traitement reste blanc ou devient jaune très clair. Lorsque le lin ou un tissu de lin est immergé dans l'huile et qu'on le presse pour éliminer l'excès de liquide, il reste transparent; tandis que le coton dans les mêmes conditions devient opaque.

Le *lin de la Nouvelle-Zélande* (*Phormium tenax*) peut se distinguer du lin ordinaire ou du chanvre par une coloration rougeâtre qui se produit en l'immergeant, d'abord dans une eau de chlore concentrée, puis dans de l'ammoniaque. Dans le phormium de la Nouvelle-Zélande, préparé à la machine, les faisceaux de fibres sont translucides et irrégulièrement couverts de tissu; on peut découvrir des fibres en spirales dans les faisceaux mais elles sont moins nombreuses que dans le sisal. Dans le phormium préparé suivant la méthode des Maoris, les faisceaux, presque complètement exempts de tissu, ne contiennent pas de fibres en spirales.

La fibre de *chanvre* ressemble au lin et se montre velue aux jointures.

Dans le chanvre de Manille, les faisceaux de fibres sont ovales, presque opaques et entourés d'une quantité considérable de tissu cellulaire, desséché et composé de cellules rectangulaires. Les faisceaux de fibres sont lisses; on voit très peu de fibres ultimes détachées et pas de tissu en spirales.

Le *sisal* ou *chanvre sisal, pite* (*agave americana*), forme des faisceaux fibreux, de forme ovale, entourés de tissu cellulaire, quelques fibres lisses ultimes, se détachent des faisceaux; il est plus translucide que le chanvre de Manille, et une grande quantité de fibres en spirales se trouvent dans ses faisceaux.

Le *jute* apparaît, sous le microscope, sous forme de faisceaux de vrilles, dont chacune est un cylindre à paroi d'épaisseur irrégulière. Les faisceaux offrent une surface cylindrique unie, à laquelle est dû l'éclat soyeux du jute, qui peut s'accroître par le blanchiment. L'action de l'hypochlorite de soude peut désagréger les faisceaux de fibres, au point qu'on puisse facilement distinguer alors les fibres ultimes sous le microscope.

Le sulfate d'aniline colore, en jaune foncé, le jute mieux qu'aucune autre fibre.

CHAPITRE II

Matières premières
employées dans la fabrication du papier.

Le but de ce livre étant de décrire, simplement, les procédés et appareils actuellement employés dans la fabrication du papier, nous nous abstiendrons d'étudier en détail, au point de vue de la chimie, les matières premières de cette fabrication.

L'élément essentiel du papier est la cellulose que les fabricants européens trouvaient, autrefois, dans les tissus de lin, de chanvre et de coton; plus tard on a utilisé le jute, la fibre d'agave, celle du bananier, connue sous le nom de chanvre de Manille; mais la fabrication du papier a pris une telle importance que les fibres textiles sont devenues insuffisantes, et l'on a eu recours à la paille, à l'alfa ou sparte, puis au bois, qui tous fournissent des fibres aptes à donner de bons papiers.

Ces matières premières sont à peu près les seules qui s'emploient en Europe et en Amérique. Dans l'Extrême-Orient se fabriquent, depuis fort longtemps, d'excellents papiers avec le liber du mûrier et de quelques autres arbres, ainsi qu'avec certaines variétés de bambous.

Chiffons. — Autrefois les chiffons se vendaient mélangés, c'est-à-dire, que le chanvre, le lin et le coton, arrivaient ensemble dans les moulins à papier; des pièces propres se trouvaient au milieu d'autres qui étaient sales, des chiffons durs avec des chiffons tendres, et des chiffons écrus ou teints avec des blancs.

Peu à peu les fabricants se sont spécialisés dans la fabrication de certaines sortes de papier, ce qui les a conduits à rechercher exclusivement les chiffons convenant à la fabrication de ces sortes; les marchands de chiffons, pour satisfaire leur clientèle, se sont mis alors à classer la matière première, et les fabricants de papier ont trouvé de grands avantages à se pourvoir exclusivement des chiffons dont ils avaient l'emploi, sans avoir à s'embarrasser de rebuts ou même de chiffons de trop belle qualité qu'il fallait vendre aux fabricants capables de les utiliser.

Le commerce des chiffons classés a pris une très grande importance, et certains marchands ont, en magasin, des sortes très nombreuses mais qui, toutefois, peuvent se réduire, en principe, aux qualités indiquées ci-après. En Allemagne, les qualités de chiffons se désignent par des lettres dont nous donnons la signification.

Classement des chiffons bruts :

Rognures neuves, blanches,
    de toile................   NLWC.
Rognures neuves, blanches,
    de coton...............   NCWC.
Blanc de toile propre......   SPFFF toile blanche de 1re qualité.
    —   — sale........   SPFF   —   —   2^3 —
                                SPF   —   —   3e —
    —   de coton propre.....   CSPFFF coton blanc 1re qualité.
    —   — sale.......   SSPFF   —   —   2e —
Toile à voile..............'   SFX.
Bulle (écru) dur..........   FF.
    —   — tendre........   LFX.
Toile bleue.............   LFB.
Coton bleu.............   CFB.
    —   rouge............   FR.
    —   de couleur........   CFX.
Cordes de chanvre non gou-
    dronnées..............
                                  S
Cordes de chanvre goudron-
    nées.................
Ficelles.
Filets blancs.
    — teints.

Déchets de chanvre et de lin.
Cordes de Manille.
    —   de chanvre sisal ou pite.
Emballages de jute.
Droguets (chiffons mêlés de laine).

Il faut ajouter de nombreuses sortes de rognures et papiers à refondre, que l'on emploie dans la fabrication des papiers et des cartons.

Achat des chiffons bruts. — L'achat des chiffons et rognures, par le fabricant de papier, n'exige pas seulement une connaissance approfondie de ces matières premières, mais aussi beaucoup d'attention et de surveillance ; car certains marchands ne se font pas faute de glisser des chiffons inférieurs dans ceux de bonne qualité, de mouiller les chiffons ou d'y mêler, intentionnellement, de la poussière, des pierres, de la ferraille, etc., pour en augmenter le poids.

La meilleure manière de procéder consiste à acheter les chiffons *au rendement,* c'est-à-dire de les payer après triage effectué dans la papeterie. Entre fournisseurs et clients loyaux, l'achat au rendement ne donne lieu à aucune difficulté.

Les chiffons provenant des campagnes sont généralement de meilleure qualité que ceux recueillis dans les villes. Ces derniers sont ordinairement moins épais, plus usés, plus fatigués, par des lavages et des blanchiments trop énergiques.

Désinfection des chiffons. — Il arrive de temps en temps, lors d'épidémies de maladies contagieuses, que l'introduction des chiffons est prohibée dans un pays, à moins qu'ils aient subi une désinfection constatée par une pièce authentique. Cette désinfection s'opère dans des chambres closes, au moyen de vapeur d'eau à haute température ou d'acide sulfureux obtenu en brûlant du soufre.

Parlant de la désinfection des chiffons, Davis[1] explique ainsi les précautions prises aux Etats-Unis pour se prémunir contre les dangers, par infection, des chiffons venant de l'étran-

---

1. *Manufacture of Paper*, par C. T. Davis, Philadelphia, 1887.

ger ou d'autres sources : « Quand le choléra ou d'autres maladies infectieuses ou contagieuses sévissent sur des pays étrangers, ou dans certaines parties des États-Unis, les officiers de santé chargés des quarantaines exigent que les chiffons provenant des pays contaminés soient complètement désinfectés avant de passer leurs postes. Les chiffons expédiés à Londres, Liverpool, Le Havre ou dans d'autres ports, et réexpédiés de ces ports aux États-Unis, sont soumis au même règlement, que s'ils venaient directement des pays contaminés. On demande d'habitude que la désinfection soit faite dans le dépôt du port d'embarquement, en faisant bouillir les chiffons pendant plusieurs heures sous une certaine pression, ou dans un récipient fermé hermétiquement; la désinfection peut aussi se faire par l'acide sulfureux, qui se dégage de la combustion d'au moins un kilo de soufre en canons par mètre cube, dans une pièce qu'on laisse encore fermée pendant quelques heures après que les chiffons ont subi cette opération. La désinfection par ébullition est considérée comme la meilleure méthode. Pour les chiffons importés de l'Inde, de l'Egypte, de l'Espagne et d'autres contrées lointaines, où le choléra peut devenir épidémique, il serait utile de trouver un procédé de désinfection efficace, rapide et complet. Pour remplir les exigences de la quarantaine, la désinfection doit être complète et certaine, et, afin que la vie des ouvriers et autres personnes du voisinage ne soit pas mise en danger par la libération de mauvais germes ou l'exposition des matières corrompues et délétères, et que le délai, l'ennui et le danger du déballage et du remballage puissent être évités, il faut que la désinfection agisse sur les chiffons en balles et fasse rapidement son œuvre quand elle est ainsi employée. »

Machine à désinfecter. — Pour faciliter la désinfection des chiffons encore en balles, MM. Parker et Blackmann ont construit une machine pour laquelle il obtinrent un brevet en 1884 et dont voici la description sommaire :

Autrefois, on désinfectait les chiffons et autres matières fibreuses en les soumettant à l'action de gaz ou de liquides antiseptiques dans des pièces fermées; pour augmenter l'effet

de cette désinfection, on avait trouvé nécessaire de traiter les
matières à l'état de division, aucune des méthodes de désinfection des chiffons en balles n'ayant été adoptée à cause de
leurs inconvénients. Ce déballage et cet éparpillement des
matières non désinfectées sont extrêmement dangereux pour
les ouvriers, ou les voisins, à cause de la mise en liberté

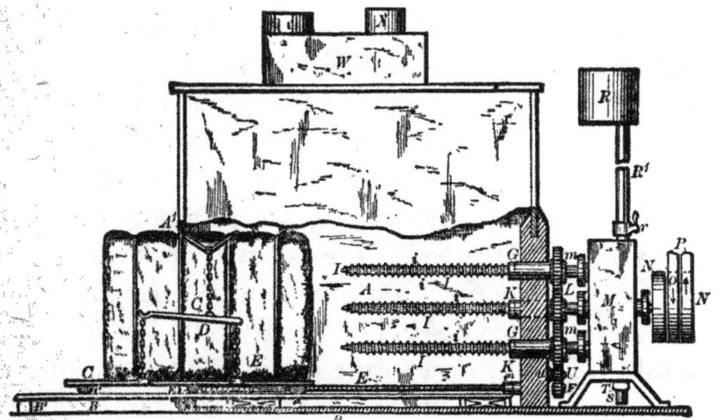

Fig. 1.

des germes de maladie et de l'exposition des matières corrompues ou délétères que les chiffons peuvent contenir, quand
ils sont comprimés dans la balle. Le déballage et le remballage
nécessités pour le transport impliquent aussi beaucoup d'en-
nuis, de dépense et de perte de temps. De coûteux et encombrants appareils sont nécessaires pour traiter, comme on le
faisait jadis, de grandes quantités de matières non comprimées
ou éparpillées.

Il est particulièrement nécessaire de désinfecter complètement les chiffons venant d'Egypte et des autres pays étrangers
par des moyens rapides et efficaces qui, tout en préservant la
vie des ouvriers travaillant à cette tâche dangereuse, remplissent bien toutes les conditions exigées de la quarantaine.

L'appareil de MM. Parker et Blackmann, dont nous donnons
ci-dessous une description abrégée, a été recommandé autrefois par l'Administration des Douanes des Etats-Unis.

En A, est la chambre de désinfection. A une extrémité est
une ouverture A^1 et une porte B, munie de charnières à sa par-

tie inférieure et agencée de telle sorte qu'en basculant, elle ferme hermétiquement l'ouverture. Pour soutenir et faire entrer la balle de chiffons C dans la chambre, on la place sur un wagonnet C^1, composée d'une plate-forme posée sur des galets $c\ c$. Quand le wagonnet est entré dans la chambre A, comme le montre la fig. 2, ces galets reposent sur le faux fond B^2 ; quand le wagonnet est sorti de la chambre, ainsi que le montre la fig. 1, ils roulent sur la partie supérieure de la porte B basculée. Le wagonnet est pourvu d'un mécanisme de serrage D, destiné à emboîter la balle et la maintenir ferme et immobile. Pour aider le mouvement d'entrée et de sortie de la chambre, les inventeurs ont adapté au-dessous de la plate-forme une pièce fixe E, filetée intérieurement de façon à s'adapter à la vis E^1, supportée à un bout, près de l'ouverture de la chambre, par une pièce fixe E^2 que porte le faux fond B^2. La vis va ensuite, sous le wagonnet, traverser l'écrou E, puis l'autre extrémité de la chambre. Un collier e^2, que porte cette vis appuie contre l'extrémité intérieure d'une pièce formant coussinet et, sur l'extrémité non fileté e qui porte contre l'autre bout du coussinet, est fixé un pignon F, qu'on peut faire tourner dans tel sens qu'on veut. Au-dessus de ce support coussinet, une série de supports semblables GG (on en voit cinq) traverse la cloison de la chambre. Celui du milieu est dans l'axe du centre de la balle supportée et maintenue sur le wagonnet. Les autres sont placés aux angles d'un carré. Les tiges creuses H des vis creuses I I, qui ont des pointes $I^1\ I^1$, passent dans ces supports à coussinets. Chaque vis est perforée en $i\ i$, entre les filets $i^1\ i^1$ à partir de la bague fixe K K. Sur les tiges tubulaires H II des vis, sont fixées les roues d'engrenage L L. A peu de distance de l'extrémité de la chambre A, est l'espace creux ou réceptacle M dans lequel on introduit sous pression, le liquide ou gaz désinfectant. Les tiges creuses H H des vis traversent la cloison M et les presse-étoupes $m\ m$, et leur vide intérieur communique avec l'intérieur de la chambre; la tige de la vis centrale se prolonge pour traverser la cloison opposée par un presse-étoupes et son extrémité pleine est pourvue de deux poulies fixes N N et d'une poulie folle O. Quand on emploie un désinfectant gazeux, on peut le refouler, dans la chambre à l'aide de moyens quelconques, par le tuyau S. Si l'on emploie un désinfectant liquide, on peut se servir d'un réservoir élevé R pour le contenir. Comme beaucoup de matières fibreuses, et particulièrement les chiffons, sont emballées par couches, il est préférable de placer la balle sur le wa-

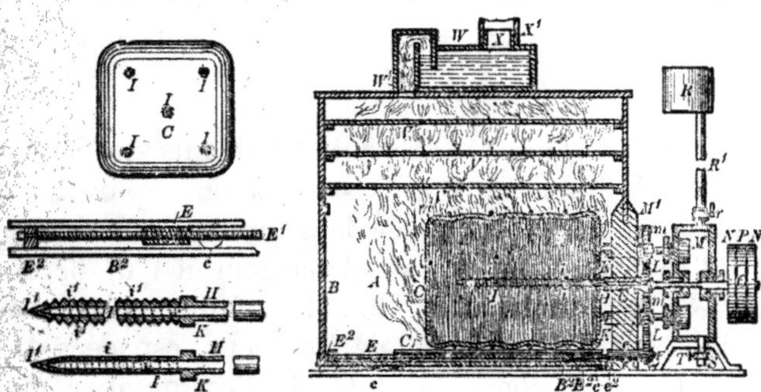

Fig. 2.

gonnet de façon que les vis perforées puissent pénétrer la matière à angle droit avec les couches, pour que le gaz ou le liquide désinfectant se répande en tous sens dans la masse de la balle.

Sur des planches perforées V V placées à la partie supérieure de la chambre A, on peut, quand on le désire, étendre les matières pour les soumettre à l'action de la vapeur ou du gaz désinfectant. Au-dessus de la chambre est un réservoir W à peu près rempli de liquide désinfectant. Un passage W¹ va de la partie supérieure de la chambre dans le réservoir au-dessus du niveau du liquide, et se prolonge en descendant, au-dessous de ce niveau. A son autre extrémité, le réservoir est pourvu, à son sommet, d'une ouverture de décharge X et d'un tuyau X¹, formant la continuation de l'ouverture. Par ces moyens, toutes les vapeurs et tous les gaz délétères sortant de la chambre close A, par le passage W, doivent traverser le liquide désinfectant du réservoir avant de s'échapper dans l'air par l'ouverture X et la cheminée X¹ : ils sont ainsi rendus inoffensifs.

Quand on a introduit dans la balle une quantité suffisante de désinfectant, l'arrivée de celui-ci est suspendue, et l'on fait entrer dans la chambre M de l'air froid et sec, qui traverse les tuyaux et la balle et refroidit et sèche les chiffons, puis tout l'air vicié de la chambre A est chassé ; on peut alors ouvrir celle-ci et y pénétrer sans crainte. Cet appareil permet l'emploi de tous les désinfectants convenables, tels que, par exemple, l'acide sulfureux gazeux ou en solution, la vapeur surchauffée, l'acide carbonique, et les solutions, ou vapeurs contenant du chlore.

Battage des chiffons. — Certains fabricants de papier soumettent les chiffons bruts, très sales, à une épuration préalable consistant à les faire passer dans un batteur, caisse solide, en bois, d'environ 2 m. $\times$ 1 m. de largeur et 1 m. 65 de hauteur (dimensions intérieures), dont le sommet porte une rangée de dents de 20 à 25 cent. de longueur, espacées de 15 à 16 cent. entre lesquelles passent des dents semblables montées en 2 filets sur les génératrices opposées d'un arbre très solide.

Une transmission à 3 poulies, dont une clavetée, et 2 courroies, dont une croisée, permet de faire tourner l'arbre dans un sens ou dans l'autre, en cas d'engorgement du batteur. Les dents de l'arbre entraînent les chiffons sur un fond hémi-cylindrique, en toile métallique n° 2 ou 3 (fils espacés de 7 1/2 à 9 mm.), au travers duquel passent une foule d'impuretés : graviers, poussière, etc. Il va sans dire que la caisse de l'appareil est parfaitement close pendant le travail ; mais des panneaux mobiles permettent d'y introduire les chiffons et de les sortir, de même que les impuretés tombées sous la grille.

Les chiffons battus sont ouverts par la machine et deviennent plus faciles à trier.

Lavage de chiffons bruts. — Il s'est créé une industrie consistant à dégraisser les chiffons, qui ont servi à l'essuyage des machines, et à laver les chiffons très sales. Ces derniers sont souvent blanchis à la suite du traitement ; mais, en général, ils sont de qualité très inférieure parce que, déjà usés avant d'avoir servi à l'essuyage, ils sont fatigués outre mesure par les opérations mécaniques et chimiques servant à les nettoyer.

Il peut arriver que des fabricants de papier fassent laver,

dans leur usine, certains chiffons bruts. Cela se fait à la main, pour de petites quantités, et mécaniquement pour de grandes.

Triage des chiffons. Dépiéçage, détrassage. — Dans quelques usines on fait subir, aux chiffons bruts, un triage ayant pour but de séparer les chiffons de qualités trop différentes; par exemple des pièces écrues attachées à des pièces de blanc, des morceaux de tissus de laine ou de soie, d'autres contenant du caoutchouc, du crin, du cuir, etc. On appelle trasses les chiffons ainsi rejetés, les trasses doivent se rendre aux fournisseurs.

Une dépiéceuse travaille 65 à 75 kil. par jour.

Fig. 3.

Délissage. — Ce mot, qui s'appliquait autrefois au triage du papier fabriqué n'est plus donné qu'au triage du chiffon brut. Les ouvrières (délisseuses) travaillent ordinairement debout, devant une grille en toile métallique ou en grillage, à mailles assez larges pour laisser passer facilement la poussière et les graviers. Parfois les délisseuses ont un siège assez élevé pour leur permettre de travailler debout ou assises, à leur volonté. Dans quelques usines les délisseuses ont un banc dont la longueur est de 1 m. à 1 m. 20, sur lequel elles se placent de côté ou à califourchon.

Devant elle, comme l'indique la fig. 3, la délisseuse a une lame de faux, fixée à l'aide d'un coin en bois, et dont le dos est tourné vers cette ouvrière. Cette faux, dont le taillant s'entretient au marteau et à la pierre à aiguiser, sert à diviser les pièces de chiffon, à en séparer les grosses coutures, ouvrir les ourlets, dans lesquels se sont glissées des impuretés, à détacher les boutons, agrafes : gratter la boue, le plâtre, etc. adhérents à certains chiffons.

Les délisseuses ont le chiffon brut à côté d'elles, en balle, dans un panier, un sac, etc.; elles jettent les chiffons délissés dans des caisses fixes ou mobiles ou dans des paniers placés devant et autour d'elles.

Le nombre de sortes que les délisseuses tirent du chiffon brut varie beaucoup suivant les usines, la qualité et la variété des papiers qui s'y font. Nous avons vu ne faire qu'une sorte, en chiffon blanc : ailleurs on en faisait une douzaine. Quand des sortes se trouvent en très petites quantités, les ouvrières les mélangent d'abord et les séparent ensuite par un triage.

Dans les usines qui fabriquent des papiers très variés, on peut être amené à avoir beaucoup de sortes de chiffons ; mais il faut cependant éviter d'en avoir trop et de conserver trop longtemps, en magasin, des sortes d'un emploi trop peu fréquent ; ou de séparer, au délissage, des sortes qu'on sera obligé de mélanger ensuite faute de les avoir en quantité suffisante pour les soumettre, à part, aux opérations qui suivent.

Le travail d'une délisseuse peut varier de 75 à 200 kilos de chiffon par jour, suivant que les chiffons sont plus ou moins fins et coupés en morceaux plus ou moins grands. Si les fabricants peuvent avoir assez d'ouvrières, ils ont avantage à faire couper les chiffons à la faux, en morceaux ayant au plus la grandeur de la main. Si, au contraire, la main-d'œuvre est rare, les délisseuses peuvent couper les chiffons en bandes que l'on divise ensuite dans une coupeuse mécanique.

Les cordes se coupent souvent à la main, au moins en tronçons faciles à manier. Les nœuds et ligatures doivent être coupés soigneusement. Certaines cordes ont une âme en fil de fer. Il faut alors les détordre d'un bout à l'autre.

Si les cordes ont été convenablement préparées à la main, on peut en achever la division au moyen d'une machine.

Le principe essentiel du délissage consiste à ne pas laisser ensemble des chiffons qui ne devront pas, dans le cours de la fabrication, être traités de la même manière, présenter la même résistance aux opérations mécaniques et donner des pâtes de qualités correspondantes.

L'installation des *délissoirs*, ou ateliers de délissage, varie beaucoup suivant les usines. Si les ouvrières mettent les chiffons triés dans des récipients mobiles : caisses, paniers, les transports et la surveillance deviennent plus faciles. Nous avons vu aussi employer des sacs, suspendus à des cadres en bois qui les maintenaient bien ouverts pendant le travail des délisseuses; mais si les sacs sont très commodes, dans les transports, il est assez difficile d'en examiner le contenu pendant le travail. Cet inconvénient se fait encore plus sentir quand les ouvrières jettent le chiffon délissé dans des caisses fixes et profondes; on cherche à l'atténuer en ménageant, derrière les caisses, des panneaux mobiles. Un passage est alors ménagé pour servir à examiner les chiffons et les sortir des caisses quand elles sont pleines.

Poussières. — Une loi récente ordonne d'aspirer les poussières que dégagent les chiffons pendant le délissage. On dispose à cet effet, à chaque place d'ouvrière, une bouche d'aspiration aboutissant, par un tuyau, à un conduit général dans lequel un ventilateur produit un appel énergique. Les bouches d'aspiration doivent être aussi près que possible des grilles de travail. On les a placées, quelquefois, sous ces grilles; le plus souvent elles sont au-dessus et le conduit général est au sommet de l'atelier.

Les poussières se déposent dans une vaste chambre pourvue de cloisons en chicanes. D'après le système Lump, de Lyon, l'air chassé par le ventilateur et chargé de poussière arrive dans un grand cylindre en tôle, tournant avec rapidité; la force centrifuge précipite les poussières, en forme de couche floconneuse, à l'intérieur de ce cylindre, d'où on les fait tomber, plus tard, dans un récipient servant à les enlever facilement.

L'évacuation des poussières, par ventilation, nécessite une installation assez coûteuse et une dépense de force importante; mais on ne peut blâmer des prescriptions ayant pour objet la santé des ouvrières.

Nous ferons pourtant observer que les ateliers de délissage sont beaucoup moins malsains qu'on pourrait le croire, et l'on a souvent observé, en temps d'épidémies, que les ouvrières de ces ateliers étaient moins sujettes aux atteintes du fléau que des femmes travaillant dans d'autres ateliers ou même dans les champs.

Revoyeuses. — Le travail des délisseuses est ordinairement contrôlé par des ouvrières dites revoyeuses ou réviseuses, devant lesquelles les chiffons sont placés, sur un grillage en grosse toile métallique. Les revoyeuses retirent tous les chiffons mal classés ou mal coupés. Si elles reconnaissent que le délissage a été mal exécuté, elles doivent en avertir le chef ou la maîtresse d'atelier qui, au besoin, rendent le chiffon à l'ouvrière dont le travail n'a pas été assez soigné.

On met quelquefois, le long d'une table grillée comme il est dit ci-dessus, plusieurs revoyeuses qui se passent le chiffon de main en main. On observe trop souvent, dans ce cas, une tendance des ouvrières à travailler sans faire assez attention à leur ouvrage.

Salaires des ouvrières. — Les délisseuses sont généralement payées aux pièces, à des prix variant d'après le poids moyen des chiffons, à l'unité de surface, et la qualité de ces chiffons. Les revoyeuses sont souvent payées à la journée.

Certains fabricants paient à part, aux ouvrières, les impuretés qu'elles retirent des chiffons ; on a vu des usines dont les papiers, autrefois remplis de parcelles de caoutchouc, subissaient un déchet considérable, se mettre à peu près complètement à l'abri de cet inconvénient, moyennant une prime donnée aux ouvrières sur le caoutchouc retiré par elles.

Coupe-chiffons. — En coupant les chiffons à la main, les délisseuses peuvent mieux les assortir, les découturer et retirer les corps étrangers qui s'y trouvent. C'est un avantage important du travail à la main ; mais, tout en le reconnaissant, beaucoup de fabricants se voient obligés, par la difficulté de recruter un assez grand nombre d'ouvrières, dans certains pays, de recourir au coupage mécanique. Il s'opère fréquemment au moyen de machines analogues à celle de MM. Bertram, d'Edimbourg, représentée fig. 4.

Les chiffons s'introduisent dans la machine en *a*, une paire de rouleaux cannelés les saisit et les pousse entre les 3 couteaux *b* fixés sur un volant en fonte qui tourne avec rapidité devant une platine fixe *c*, en acier. Le volant *d* est très lourd, afin que son inertie lui conserve un mouvement de rotation à peu près constant. Une pédale, visible à gauche de la figure, sert à relever le rouleau supérieur d'alimentation, en cas d'engorgement de l'appareil.

Certains fabricants et constructeurs reprochent à cette machine la violence des chocs qui s'y produisent, et préconisent,

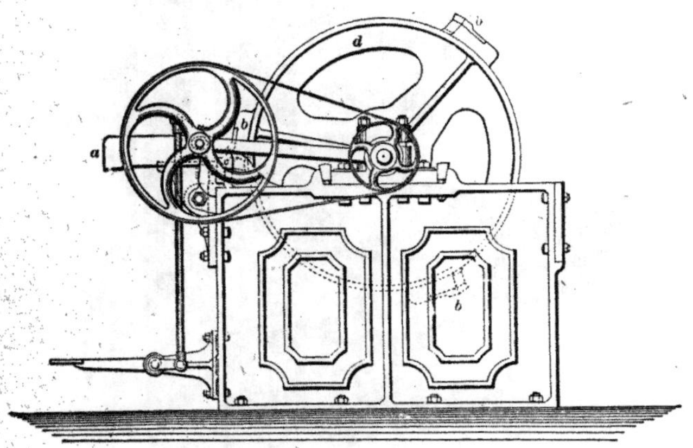

Fig. 4.

pour les éviter, des coupe-chiffons dits à guillotine, dans lesquels un ou plusieurs couteaux, actionnés par un arbre coudé, montent et descendent au-dessus d'une platine fixe, en acier, que le taillant des couteaux vient toucher à chaque tour de l'arbre. Souvent on fixe, perpendiculairement à un large couteau A B, deux couteaux plus étroits.

$$\frac{A \qquad\qquad B}{C\,|\quad\ \ |\,C}$$

afin de diviser les chiffons en plus petits fragments. Ces couteaux à mouvement alternatif agissent comme des hachoirs.

M. Nuttall, de la maison Bury et Jackson, à Bury, près Manchester, a imaginé dans le même but un coupe-chiffons (fig. 5) à deux larges couteaux verticaux. Les chiffons déposés sur une toile sans fin, visible à gauche de la figure, sont pris entre des rouleaux cannelés qui les poussent sous le premier couteau. Ils tombent ensuite sur une autre toile sans fin qui les conduit sous un autre couteau. Les plans des deux lames sont perpendiculaires entre eux, afin que les chiffons, successivement coupés dans deux sens différents, soient réduits en plus petits morceaux.

Les couteaux de la machine Nuttall agissent comme des

Fig. 5.

ciseaux, contre des lames horizontales et non comme des hachoirs.

Nous avons eu l'occasion d'employer des coupe-chiffons hachoirs, et en avons obtenu de bons résultats avec de gros chiffons et des cordes ; mais ces machines fonctionnaient moins bien avec des chiffons tendres et fins. Les lames avaient besoin d'être affûtées très fréquemment.

Battage des chiffons. — On trouve encore, dans quelques usines, une machine à ouvrir et secouer les chiffons que représente la fig. 6. Une toile sans fin amène les chiffons dans une boîte cylindrique dans laquelle tourne, avec une grande rapidité un tambour garni, suivant des génératrices, de quatre fortes barres munies de dents en fer, très solides et en saillie de 75 millim. qui passent entre les dents d'une barre semblable solidement fixée en haut et à l'intérieur de la boîte. Sous le tambour est une grille en fer dont les barreaux, espacés d'environ 10 millim., sont parallèles à l'axe du tambour. Cette

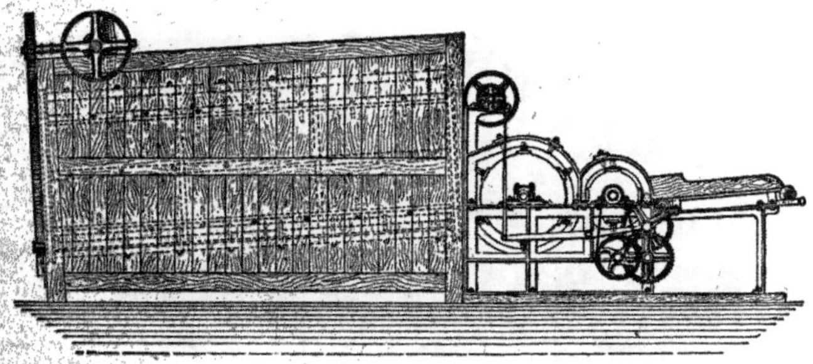

Fig. 6.

grille forme une surface cylindrique ayant le même axe que le tambour.

A la suite de ce dernier s'en trouve un second, plus grand et ayant, comme le montre la figure, six barres garnies de dents, au lieu de quatre. La boîte qui couvre ce tambour est munie de deux barres fixes, garnies de dents, et contient, sous le tambour, une grille semblable à la première mais dont le rayon de courbure est, naturellement, plus grand. Une trappe verticale, à coulisse, placée à gauche de la seconde caisse se lève trois fois par minute sous l'influence d'un levier visible sur la figure et dont le bras de droite est soulevé, en temps opportun, par des galets montés sur une des roues d'engrenage de l'appareil. Le bras de gauche du levier transmet, par l'intermédiaire de tringles, de courroies et de poulies, son mouvement alternatif à la trappe mentionnée plus haut.

Le chiffon, ouvert par les dents en fer, tourne au-dessus des grilles pendant 20 secondes et, quand la trappe se lève, est projeté, dans un autre appareil de nettoyage.

Le batteur que nous venons de décrire est dû à Bertram, d'Edimbourg. Son fonctionnement est bon mais nous avons rarement vu fonctionner sa trappe de retenue des chiffons, la plupart des fabricants l'ont supprimée, pour augmenter le débit de l'appareil, au détriment de la perfection du travail.

Afin d'obtenir un battage prolongé mais sans intermittence et, par suite un débit plus grand, les Américains ont inventé

Fig. 7.

le batteur à chemin de fer, représenté fig. 7. Les chiffons, introduits par la trémie visible à gauche, passent successive-

Fig. 8.

ment sous six tambours, par-dessus autant de grilles. Il y a souvent plus de tambours et de grilles.

Cet appareil a été perfectionné, en Allemagne, par l'adjonction de toiles sans fin, servant à introduire et sortir plus commodément les chiffons.

Voir fig. 8 un batteur de Backer fils, à Hanau-sur-Mein.

Au-dessus des arbres tournants, garnis de bras courbes disposés suivant une hélice (afin d'éviter des chocs dans l'appareil) ont été disposées des barres fixes, garnies de dents en fer comme celles du batteur de Bertram. Un ventilateur, disposé au-dessus de la machine, entraîne les poussières légères et les porte au dehors ou mieux dans une chambre où elles se déposent.

Si énergique que soit le battage ainsi amélioré, on trouve avantage, quand les chiffons sont très sales, à les faire passer deux fois dans l'appareil, malgré le surcroît de main-d'œuvre qui en résulte.

Diable. — Un célèbre constructeur de machines de papeterie, B. Donkin, a construit, pour nettoyer les chiffons très

Fig. 9.

sales, les étoupes, cordes, etc., une machine encore plus puissante qui, représentée fig. 9., est basée sur le même principe que le batteur, mais tourne moins vite. Son axe, conique et garni de dents disposées en hélice, tourne constamment dans l'enveloppe qui est en fer et très solide.

On reproche à cette machine de causer des déchets et d'exiger beaucoup de force.

Blutage. — Pour compléter le nettoyage à sec des chiffons très sales, on emploie souvent le blutoir, représenté à gauche de la figure 6. C'est un cylindre ou un prisme octogonal, de 3 m. à 3 m. 70 de longueur et 1 m. 10 à 1 m. 55 de diamètre, entièrement garni de toile métallique et dont la carcasse se compose de huit liteaux longitudinaux reliés à leurs extrémités par des cercles en bois, extérieurement garnis de couronnes, en fer roulant sur des galets. Dans l'intervalle de ces couronnes, des pièces de bois soutiennent les liteaux dont elles maintiennent l'écartement. Dans les liteaux sont plantées des pointes en bois ou en fer, de 12 à 15 centim. de longueur, servant à soulever les chiffons introduits dans l'appareil, pour les laisser ensuite retomber sur la toile métallique, au travers de laquelle passe la poussière.

L'axe de rotation de l'appareil est incliné pour que les chiffons progressent d'une extrémité à l'autre.

On obtient le même résultat en substituant, au cylindre ou prisme octogonal, un cône tronqué de dimensions analogues et construit de la même manière. L'axe est alors horizontal.

On construit aussi des blutoirs tournant sur un arbre au lieu de galets; d'autres se composent d'un tambour cylindrique, prismatique, conique, qui tourne dans un sens et contient un arbre pourvu de bras et tournant en sens contraire.

La complication de ces derniers appareils en a restreint beaucoup la propagation. Il est d'ailleurs utile de pouvoir entrer facilement dans un blutoir, pour le dégorger ou le réparer, sans avoir, préalablement, à sortir un arbre intérieur.

Certains chiffons, tendres et mous, sont sujets à former dans les blutoirs des rouleaux dont la désagrégation est assez incommode.

Les blutoirs tournent toujours dans des chambres comme celles représentées sur les figures. On leur adjoint maintenant, pour obéir à la loi, un ventilateur pour empêcher les poussières volantes de pénétrer dans l'atelier de blutage.

On a installé, dans des fabriques de papiers fins, aux Etats-Unis, jusqu'à trois blutoirs consécutifs. En France, on en voit souvent à la suite d'un batteur, comme le montre la figure, ou d'un coupe-chiffons. Certaines fabriques de papiers fins emploient un blutoir à la suite d'un batteur, puis un coupe-chiffon suivi d'un autre blutoir.

Pourrissage. — Autrefois, et encore au commencement du siècle dernier, on soumettait les chiffons durs, pour en dissoudre les matières agglutinantes, à l'opération du pourrissage. Pour cela, après avoir fait passer plusieurs fois de l'eau sur les chiffons placés dans un bac en maçonnerie, afin de les laver autant que possible, on faisait un tas des chiffons égouttés. Bientôt et dans un temps plus ou moins long, suivant la température, la matière se mettait à fermenter et s'échauffait. Il fallait alors avoir la précaution de la retourner pour que la fermentation ne fût pas trop active et ne devînt pas nuisible aux chiffons.

Le pourrissage, qui donnait lieu à beaucoup de déchet, était autrefois nécessaire à cause de l'insuffisance du moyen de trituration employé pour transformer les chiffons en pâte.

Lavage mécanique. — On procède, dans quelques maisons qui recherchent la beauté de leurs produits, à un lavage imité de celui qui précédait le pourrissage; mais il s'exécute au moyen de procédés mécaniques sur lesquels nous aurons à revenir.

Lessivage. — Les chiffons contiennent, outre la matière agglutinante des fibres, des matières grasses, résineuses ou colorantes, dont il est nécessaire de les débarrasser quand on veut fabriquer des papiers purs et blancs. C'est au moyen du lessivage, c'est-à-dire du traitement par un alcali, que l'on obtient ce résultat.

Les chiffons blancs et propres, dans lesquels la cellulose est presque à l'état de pureté, n'ont besoin que d'un lessivage peu énergique, fréquemment opéré dans des cuviers en bois ou en tôle, fig. 10, sous la pression de l'atmosphère. Ces cuviers, dits à projection, sont tout à fait analogues à ceux qui servent, dans les grandes blanchisseries, au lessivage du linge de ménage.

Ils ont un double fond, en bois ou en tôle, percé de trous et du milieu duquel monte un tuyau assez large, surmonté d'une calotte métallique. Un tuyau introduit de la vapeur entre les deux fonds. Sur les chiffons, entassés dans le cuvier, on fait arriver de la lessive jusqu'à ce qu'ils baignent complètement dans le liquide. On introduit ensuite de la va-

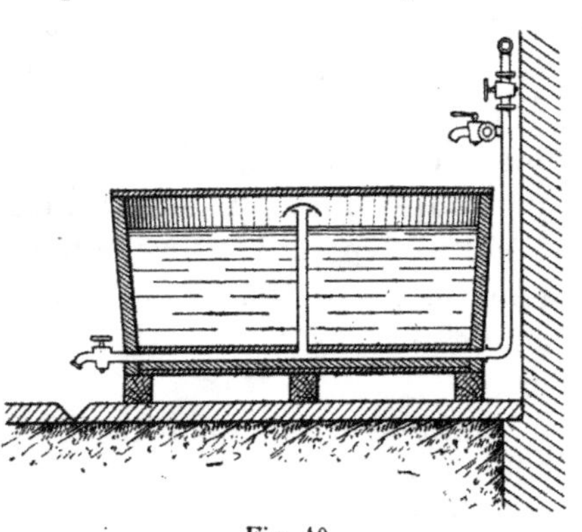

Fig. 10.

peur entre les deux fonds. La lessive s'échauffe, il s'en dégage bientôt de la vapeur et celle-ci fait monter la lessive dans le tuyau central avec assez de vitesse pour qu'elle vienne frapper le dessous de la calotte métallique. Le liquide retombe alors sur les chiffons, en traverse peu à peu toute la masse, puis, passant au travers des nombreux trous percés dans le faux fond, remonte de nouveau par le tuyau central en subissant une circulation qui se continue tant qu'on fait arriver de la vapeur.

Les chiffons durs, écrus, sales ou colorés ont besoin d'un traitement plus énergique, pour lequel on se sert de récipients clos, dans lesquels le lessivage s'opère sous pression.

Certains de ces lessiveurs sont fixes; mais, ordinairement, ils sont montés sur des tourillons, dont l'axe est horizontal, et peuvent tourner lentement.

On fait des lessiveurs cylindriques, cylindro-coniques en forme d'ellipsoïdes de révolution ou sphériques. On attribue à ces derniers l'avantage de mieux brasser les chiffons, ce qui facilite l'action de la lessive. Par contre ils occupent plus de hauteur que les lessiveurs allongés, à contenance égale, et leur construction est un peu plus difficile.

Les lessiveurs rotatifs ont l'inconvénient de donner lieu, dans les rivures au moyen desquelles les tourillons sont reliés aux deux fonds, à des tensions agissant alternativement par traction et pression, avec flexion constante des fonds dans deux sens opposés. De là résulte beaucoup de fatigue pour les rivures et la tôle des fonds, et l'on pourrait citer de nombreux exemples de lessiveurs ayant fait explosion à la suite de déchirures autour des tourillons porteurs.

La fig. 11 représente un lessiveur sphérique construit par Bryan Donkin et Cie. On distingue tout le mécanisme de la transmission de mouvement, et l'arrivée de vapeur, par le tourillon de gauche à travers une petite plaque de tôle perforée. Une autre plaque plus grande, sous laquelle se voit un robinet, sert à l'évacuation de la lessive, après cuisson de la matière. On voit arriver sous elle un tuyau à l'aide duquel on peut

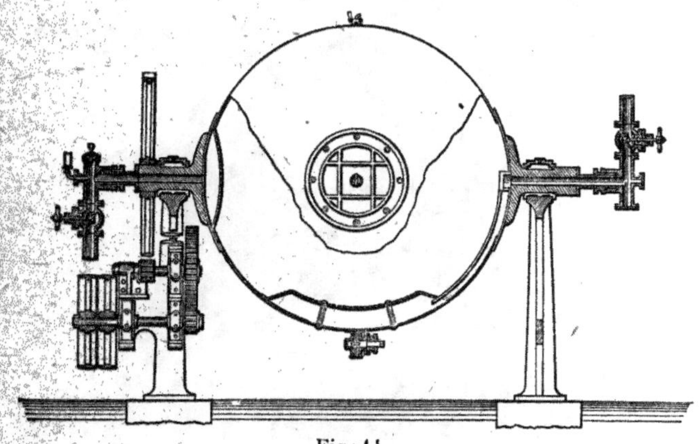

Fig. 11.

produire un échappement de vapeur pour entraîner l'air lorsqu'on introduit la vapeur au commencement de chaque opération, et aussi de temps en temps; parce que de l'air, dissous dans l'eau d'alimentation des chaudières, arrive constamment avec la vapeur. Le petit tuyau sert aussi à contrôler le niveau du liquide dans l'appareil.

Par le tourillon de gauche on peut, au moyen d'un système de tuyaux et de valves, introduire, à volonté, de la vapeur, de l'eau ou de la lessive. Il est toutefois préférable d'introduire la lessive pendant le chargement du lessiveur, par l'orifice d'introduction des chiffons. Si l'on introduit de l'eau par le tourillon, pour laver le chiffon lessivé, il convient qu'elle soit chauffée d'avance : le refroidissement subit des chiffons, encore imprégnés de lessive, tendant à précipiter sur les fibres une partie des matières dissoutes pendant le lessivage.

Les fig. 11 et 12 montrent, fermé et ouvert, l'orifice d'introduction des matières, en haut de la fig. 11, on voit un petit robinet par lequel on peut évacuer la vapeur, à la fin de chaque opération, en amenant le robinet sous un tuyau qui aboutit à l'extérieur. Il est bon, quand on a un nombre suffisant d'appareils, de laisser tomber la pression par simple

Fig. 12.

refroidissement du lessiveur, l'introduction de vapeur étant naturellement fermée. La cuisson continue pendant ce refroidissement, et l'on réalise une économie de vapeur assez considérable, en utilisant la chaleur du liquide au lieu de la perdre en vidant le lessiveur sous pression.

On dispose souvent, dans l'appareil, des pointes en fer ou des palettes de tôle pour agiter la matière. Un lessiveur sphérique de 2 m. 45 de diamètre contient 1.000 à 1.200 kil. de chiffons. Il tourne à raison de 1 1/2 tour par minute. Le poids du goulot d'introduction et de sortie de la matière, avec son couvercle, étant assez considérable, on l'équilibre, au besoin, au moyen d'une plaque de tôle ou de fonte, rivée sur l'appareil.

On partage quelquefois les lessiveurs sphériques en deux

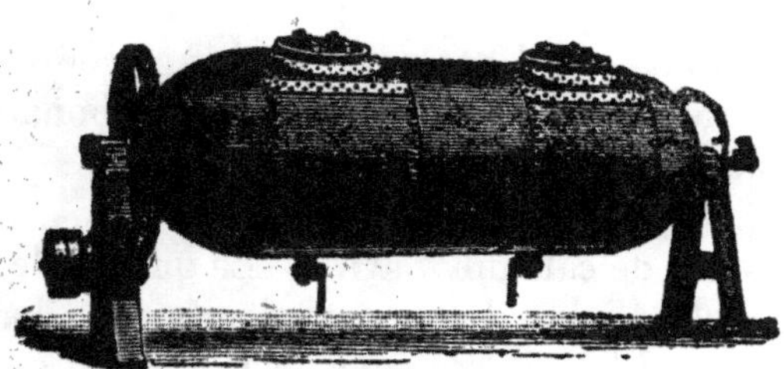

Fig. 13.

parties égales, au moyen d'une cloison intérieure, en tôle perforée, dans le plan de laquelle se trouve l'axe de rotation de l'appareil. Il faut alors deux orifices pour l'introduction des chiffons.

Les lessiveurs cylindriques, qui donnent d'ailleurs de bons

Fig. 14.

résultats, ont des dimensions très variables, suivant l'emplacement disponible, les quantités de matières à traiter, etc. Nous en avons eu de 4 m. de longueur à la partie cylindrique et 1 m. 50 de diamètre, d'autres de 3 m. 65 sur 2 m. de diamètre, etc.

La fig. 13 représente un lessiveur Bentley et Jackson, de 2 m. 15 de diamètre et 5 m. 47 de longueur cylindrique ; le lessiveur, fig. 14, a été construit par M. Gandillon, à Senlis.

Alcalis servant au lessivage. — Les agents chimiques employés pour le lessivage sont la chaux, le carbonate de soude et la soude caustique.

Chaux. Oxyde de calcium CaO. — La qualité de cet alcali est extrêmement variable. La pierre calcaire de Château-Landon rend 96,4 0/0 de chaux, CaO, avec 1,8 0/0 de magnésie MgO et 1, 80/0 d'argile et sable. La craie de Paris fournit 97,2 0/0 de CaO, sans magnésie, mais avec 2,8 0/0 d'argile et sable. Par contre, certains calcaires dolomitiques donnent seulement 60 0/0 de CaO, 26,2 0/0 de MgO et 13,8 0/0 d'argile et autres matières.

Carbonate de soude, ou carbonate de sodium Na^2CO^3. — Ce sel, dont le procédé actuel de fabrication a été inventé par Schlœsing, se vend maintenant à l'état de grande pureté sous le nom de sel Solvay, sa fabrication industrielle, par grandes quantités, ayant été réalisée grâce aux perfectionnements dus à cet habile ingénieur.

Soude caustique, ou hydrate de sodium. — Beaucoup de fabricants de papier obtiennent eux-mêmes ce produit à l'état de dissolution, en ajoutant un lait de chaux à une dissolution de carbonate de soude ; mais on trouve aussi, dans le commerce, la soude caustique en récipients de tôle mince qu'il faut déchirer pour en tirer le sel.

Quantités de chaux pour le lessivage de 100 kil. de chiffons :

	Lin.	Kil.
Tissus blancs neufs.		4.75
— — fins et propres.		3.50
— — moyens —		4 » à 5 »
— — — et sales		5 » à 6 »

Lin (suite).   Kil.

Tissus blancs gros et bleus	6 » à 8 »
— — toiles à voiles blanches........	8 » à 9 »
— — — teintes ou peintes.	10
— — écrus, neufs................	8 » à 9 »
— — — peu usés, propres.......	6 » à 7 5
— — — — sales........	7.75 à 9 »
— — — usés et sales........ ...	7.75 à 10 »

Coton.

Tissus blancs neufs.....................	4.75
— — usés et propres..............	3.75 à 5 »
— — — et sales..............	4.75 à 5 »
— colorés, neufs....................	4.75 à 9 »
— usés, teintes très claires............	7 » à 8 »
Broderies et franges, fils et cordes.........	7 » à 10 »
Tissus de couleurs foncées..............	7 » à 12 »
— bleus.......................	8 » à 15 »
Ouates............................	8 » à 15 »

Chanvre.

Tissus écrus, neufs....................	10 » à 14 »
— blanchis, durs	14 »
— — demi-durs...............	12 »
Filets et fils	11 » à 12 »
Sacs à plâtre......................	10 »
— à charbon	15 »
Emballages épais	14 »
— minces.................	12 »
— sales et usés................	8 » à 12 »
— demi-pailleux	10 » à 14 »
Cordes...........................	12 » à 14 »
Etoupes..........................	13 »
Droguets (lin ou coton et laine)...........	10 » à 12 »
Jute	
Chanvre de Manille...................	10 » à 15 »
Pite, sisal (fibre de l'agave).............	

Beaucoup de fabricants, surtout pour les sortes écrues
(bulles) les blancs sales, les emballages, cordes, déchets de
chanvre et de lin, etc., tout en continuant à employer des doses

de chaux analogues à celles indiquées au tableau ci-dessus, et parfois même plus fortes, mettent dans le lessiveur une quantité de carbonate de soude variant de 0,5 à 10 0/0. En présence de la chaux, ce carbonate se transforme en hydrate de sodium très favorable à la dissolution des matières grasses, huiles siccatives, peintures, résines, goudron végétal, etc.

Dans d'autres usines, on lessive exclusivement au carbonate de soude, dont on emploie des doses approximativement égales à 6/10 de celles de chaux indiquées au tableau.

Ailleurs on lessive à la soude caustique ou (hydrate de sodium) que l'on trouve facilement dans le commerce ; mais dont il est facile de préparer une solution, comme il est dit plus haut. Pour cela on éteint de la chaux vive avec de l'eau chaude, on tamise le lait de chaux obtenu, afin d'en séparer les parties insolubles, on ajoute une solution de carbonate de soude, préparée à chaud. L'acide carbonique de la soude se porte sur la chaux en la transformant en carbonate insoluble, tandis que de l'hydrate de sodium ou soude caustique se produit à l'état de solution. Le liquide est agité pendant assez longtemps, trois ou quatre heures, et chauffé en même temps au moyen d'une injection de vapeur, pour que le mélange des matières et leur réaction réciproque s'accomplissent complètement. Cela fait, on arrête l'admission de vapeur et l'appareil agitateur, pour laisser reposer la solution, que l'on décante au moyen d'un tube à genouillère, prenant constamment le liquide près de la surface, là où il est le mieux décanté.

Il est bon, et c'est ce qui a lieu dans la plupart des usines, de préparer et tamiser mécaniquement le lait de chaux. On peut, par exemple, avoir un cuvier avec agitateur tournant autour d'un axe vertical ou horizontal, dans la partie supérieure de ce cuvier, mais hors de portée de l'agitateur, on accroche un récipient amovible, en tôle perforée, dans lequel on place la quantité de chaux nécessaire. Cela fait on introduit de l'eau dans le cuvier à agitateur jusqu'à ce que cette eau vienne baigner la chaux à travers les perforations de la tôle. La chaux vive se délite et passe au travers des trous pour tomber dans le cuvier, tandis que les incuits restent dans le récipient.

Quand toute la chaux a été délayée par l'agitateur du cuvier et chauffée dans ce dernier par un jet de vapeur, on ouvre une soupape par laquelle le lait de chaux pénètre dans un troisième compartiment où tourne un tambour, couvert d'une toile métallique au travers de laquelle se tamise le liquide. A l'intérieur du tambour, des tôles courbées élèvent le liquide tamisé assez haut pour qu'il puisse sortir du compartiment où se trouve le tamis tournant, pour se rendre dans le cuvier, pourvu aussi d'un agitateur, où doit s'opérer la réaction de la chaux sur le carbonate de soude.

Si ces dernières substances étaient chimiquement pures, il faudrait employer 56 parties pondérales de chaux pour 106 parties de carbonate de soude; habituellement on emploie beaucoup plus de chaux, souvent autant que de soude, quand la chaux n'est pas de bonne qualité.

Il est très facile de savoir si l'on a employé une quantité de chaux suffisante. Pour cela on prend un peu de la solution de soude caustifiée; on la décante parfaitement, puis on y verse de l'eau de chaux parfaitement clarifiée par décantation. S'il se produit un nuage blanc dans le mélange c'est que tout le carbonate de soude n'a pas été transformé en soude caustique.

L'avantage de la soude caustique est de fournir des solutions très concentrées. Tant qu'il ne s'agit pas de traiter des chiffons particulièrement difficiles : extrêmement chènevotteux, par exemple, cet alcali n'est pas indispensable; mais il devient avantageux pour extraire directement la cellulose des matières végétales : la paille, l'alfa, le bois, par exemple, dont nous verrons plus loin l'usage dans l'industrie de la papeterie.

Certains chimistes ont beaucoup critiqué l'emploi de la chaux seule pour le lessivage des chiffons. Cet oxyde de calcium, ont-ils dit, est très peu soluble dans l'eau et surtout dans l'eau chaude : il faut, pour dissoudre 1 kil. de chaux, 778 kil. d'eau froide et 1.270 kil. d'eau chaude.

En réalité, la petite quantité de chaux dissoute agit très énergiquement sur les matières agglutinantes des fibres végétales et, continuellement, la partie de chaux combinée avec ces matières est remplacée par une autre partie qui agit de même. Les acides végétaux agissent vraisemblablement comme le sucre (acide saccharique) qui a la propriété, à l'état de solution, de faciliter considérablement la dissolution de la chaux.

Des milliers de fabricants ont été à même de constater l'action énergique de la chaux employée seule, il est donc inutile d'insister sur ce sujet.

Un facteur important de l'énergie du lessivage et de sa durée est la température à laquelle il s'opère, et l'on sait que la température d'un liquide bouillant augmente avec la pression sous laquelle a lieu l'ébullition. C'est ainsi que l'on a pour l'eau :

PRESSION ABSOLUE EN KILOS							PRESSION ABSOLUE EN KILOS						
0	1	2	3	4	5	6	7	8	9	10	11	12	13
TEMPÉRATURE D'ÉBULLITION							TEMPÉRATURE D'ÉBULLITION						
100°	120°,6	133°,9	144°	152°,2	159°,3	165°,3	170°,8	178°,1	180°,3	184°,5	190°,3	192°,1	195°,3

Plus les chiffons sont grossiers et sales, plus l'avantage d'une pression élevée se fait sentir ; avec une pression absolue de 6 kil. par centim. carré, température 165°3 C, on réalise facilement une économie de temps de 50 0/0 comparativement au lessivage opéré à la pression atmosphérique, soit 0 kil. et 100° C de température.

En réalité, les lessives ont un point d'ébullition plus élevé que celui de l'eau pure ; c'est ainsi qu'à la pression de l'atmosphère une lessive de carbonate de soude a, suivant son poids spécifique, les températures d'ébullition suivantes, à la pression atmosphérique :

POIDS SPÉCIFIQUE								
1.18	1.23	1.29	1.32	1.36	1.40	1.47	1.50	1.63
PROPORTION D'ALCALI 0/0								
13	16	19	23	26	29	34	36.8	46.6
TEMPÉRATURE D'ÉBULLITION °C								
103	104,5	107	109	113	117	124	129,5	149

Matières premières autres que les chiffons. — Les

fabriques de papier et celles de carton utilisent des quantités considérables de rognures, provenant de leur propre fabrication ou achetées chez des négociants, qui classent ces matières en un très grand nombre de sortes, depuis les rognures de beaux papiers blancs jusqu'à celles de papiers colorés, couchés, imprimés, de toutes qualités. Les papiers et cartons de rebut, provenant de bureaux et magasins ou ramassés dans les rues, trouvent surtout leur emploi dans les cartonneries.

On ne lessive guère que les papiers collés et imprimés; l'opération peut se faire dans de simples cuviers. On y met la quantité convenable de lessive de soude carbonatée ou caustique, et l'on chauffe jusqu'à l'ébullition, après quoi on jette dans le cuvier le papier préalablement chiffonné. Si on le laissait à plat, les feuilles entassées les unes contre les autres seraient quelquefois inaccessibles à la lessive. Nous avons eu l'occasion d'essayer, avec un lessiveur rotatif cylindrique, de refondre des papiers en paquets de 6 à 7 centim. d'épaisseur, liés par des ficelles. Après quelques heures de lessivage sous pression, beaucoup de paquets avaient conservé leur forme et l'intérieur en avait à peine été atteint par la lessive.

Il est souvent nécessaire de trier les papiers à refondre et c'est indispensable pour les papiers très communs, dans lesquels on trouve les matières les plus invraisemblables : verres et poteries, chiffons, bois, sacs de clous, vieux chapeaux, boîtes en fer blanc, etc.

Paille. — Dès la fin du XVIIIe siècle, on se servait de la paille pour fabriquer des papiers très grossiers et des cartons, conservant la couleur jaune de la matière première.

Suivant les localités où elles se trouvent, les usines emploient les pailles de blé, de seigle, d'avoine et d'orge dont le rendement en matière fibreuse est, dans l'ordre ci-dessus de 51, 5, 48, 47 et 50 0/0. La paille, coupée mécaniquement en tronçons de 3 à 4 centim. de longueur, est entassée, dans des fosses, par couches successives, dont chacune est arrosée d'un lait de chaux, préparé à raison de 1 kil. de chaux pour 100 litres d'eau, et en quantité correspondant à 20 ou 22 kil. de chaux par 100 kil. de papier ou carton à fabriquer.

Les fosses, en maçonnerie imperméable, sont pourvues d'une bonde de fond pour évacuer la lessive quand elle a suffisamment agi. Elles sont quelquefois en plein air ; mais il est préférable de les placer dans des bâtiments ; parce que les variations de la température ont beaucoup d'influence sur la macération, qui peut aller jusqu'à décomposer et noircir la paille, si la température est trop élevée. Pendant les fortes chaleurs d'été, un jour peut suffire pour attendrir suffisamment la paille, tandis qu'il en faut huit ou dix en hiver.

Dans certaines usines on introduit de la vapeur dans la paille en fosse, on peut alors ramollir la matière avec un lait de chaux plus faible et en un seul jour, deux au plus.

On se sert enfin de lessiveurs véritables, en tôle, fixes ou tournants qui sont indispensables, si l'on veut obtenir de la pâte de paille blanchie. On emploie dans ce cas une lessive contenant, avec aussi peu d'eau que possible, de la soude caustique dans une proportion correspondant à 10 à 15 kil. d'oxyde de sodium par 100 kil. de paille traitée. Le lessivage dure de 3 à 8 heures, à des pressions variant de 0.700 à 3.500 et même 5 kil. 600 par cm².

La paille destinée à donner de la pâte blanchie doit être débarrassée, à l'avance, des herbes étrangères. Elle est ensuite hachée, puis soumise à l'action d'un ventilateur qui, produisant un courant d'air énergique, la lance dans une chambre, dont les parois sont constituées par une toile métallique, à mailles assez larges pour laisser passer la poussière contenue dans la paille. La chambre en toile métallique est, elle-même, contenue dans une autre chambre en bois ou en maçonnerie, dans laquelle se dépose la poussière.

La paille hachée occupe beaucoup de place, il faut 1 m³ 250 à 1 m³ 333 pour en loger 100 kil. à l'état sec ; une fois ramollie, elle n'a plus qu'un volume moitié moindre ; aussi a-t-on l'habitude, pour mieux utiliser la capacité des lessiveurs, de remplir ceux-ci de paille hachée, à laquelle on ajoute une certaine quantité de lessive, puis on introduit de la vapeur. La paille se ramollit, se tasse et tombe au fond de l'appareil, on ajoute alors une nouvelle quantité de paille et le reste de la lessive, puis on ferme le lessiveur et l'on introduit la vapeur.

On peut aussi ramollir, à chaud, la paille dans un lessiveur d'où on la fait passer, avec sa lessive dans un appareil moitié moins grand que le premier et placé au-dessous de lui.

Alfa ou sparte. — Une confusion existe en général, dans le commerce, entre les plantes qui portent ces deux noms et qui sont différentes, bien que leur aspect soit assez semblable.

L'alfa ou halfa (*stipa tenacissima*) se trouve au Maroc, en Algérie, Tunisie et Tripolitaine ; il croît dans les terrains siliceux, à sous-sol calcaire, sans excès d'humidité et non argileux. Le sparte (esparto en espagnol) se trouve en assez grandes quantités dans toute l'Espagne, son nom botanique est *lygeum spartum ;* il vit dans les terrains à sous-sol un peu humide, sa feuille atteint 1 m. 50 de long, les Arabes l'appellent *fol alfa*. Il sert beaucoup à faire des cordes et des ouvrages de vannerie. L'alfa proprement dit n'atteint guère qu'un mètre de longueur et même 0 m. 60 et 0 m. 30, le plus court n'est pas le moins estimé en papeterie. L'alfa de Tripolitaine, dont la longueur est de 0 m. 75 à 0 m. 90, est une variété particulière, plus forte en apparence, mais qui, en réalité, donne une fibre tendre. La plante d'Espagne passe pour donner la meilleure pâte à papier, celles d'Algérie et de Tunisie viennent au second rang.

Ces végétaux arrivent en Europe en balles fortement comprimées à la presse hydraulique et liées au moyen de cordes de même matière, quelquefois au moyen de bandes de feuillard, comme on le voit surtout pour l'alfa de Tripolitaine.

La plante déballée est jetée dans un batteur composé d'un tambour tronconique, en tôle dans sa moitié supérieure et constitué, dans sa moitié inférieure, par une grille à barreaux solides et peu écartés les uns des autres. Ce tambour est monté dans un bâti en fonte très solide et, à sa génératrice supérieure, est fixée une forte barre d'acier garnie de dents d'acier en saillie vers l'axe du cône, qui est horizontal. Les tôles de la partie supérieure de l'appareil peuvent se démonter facilement, pour faciliter la visite des organes et le dégorgement du tambour, en cas de besoin. La grille inférieure est enfermée dans une chambre en tôle ou en bois.

Une pyramide tronquée, à 10 pans dont 5 larges et 5 étroits, tourne sur un arbre dont l'axe se confond avec celui du tambour. Les 5 pans étroits sont constitués par de fortes barres d'acier garnies de nombreuses dents, très résistantes, passant, à l'intérieur du tambour, entre les dents de la barre qu'il porte à son sommet.

Le petit bout du tambour est clos perpendiculairement à l'axe; mais porte, à sa partie supérieure, une trémie par laquelle une ouvrière jette, pendant que l'arbre intérieur tourne avec ses barres garnies de pointes, l'alfa en poignées ou petites bottes qu'une autre ouvrière met sur une table à côté de la machine. Les liens des bottes, s'il en existe, sont brisés, les tiges séparées et violemment secouées au-dessus de la grille laissent passer, au travers de cette dernière, la poussière et les impuretés qu'un ventilateur aspire, par un conduit arrivant sous la machine, ou dans un des côtés de son enveloppe inférieure, pour les refouler hors de l'atelier.

L'herbe, bien secouée, sort par le gros bout du tambour et tombe sur un chéneau dont le fond est constitué par une toile sans fin, portée par une série de rouleaux et montant vers le plancher qui couvre les lessiveurs. Le long du chéneau, sur plusieurs degrés, se trouvent des ouvrières qui enlèvent, au passage, les matières susceptibles de nuire à la qualité de la pâte qu'on veut fabriquer. Cette installation et ce mode de triage de la matière première donnent de très bons résultats.

La toile montante conduit la plante dans un chéneau, le long duquel passent des racloirs portés par une chaîne ou une corde métallique sans fin.

Au-dessus des lessiveurs, rangés sous le plancher, se trouve des trappes disposées au fond du chéneau; il suffit d'ouvrir celle qui correspond au lessiveur qu'on veut emplir pour que la matière y soit jetée, automatiquement, par les racloirs.

Quelquefois l'alfa, élevé par la toile inclinée, puis jeté par elle sur le plancher au-dessus des lessiveurs est mis en réserve dans des cases d'où on le sort pour l'envoyer, à l'aide de fourches à deux dents, aux lessiveurs dont l'ouverture supérieure est à peu près au niveau du plancher.

Ces appareils se construisaient, anciennement, en vue d'une

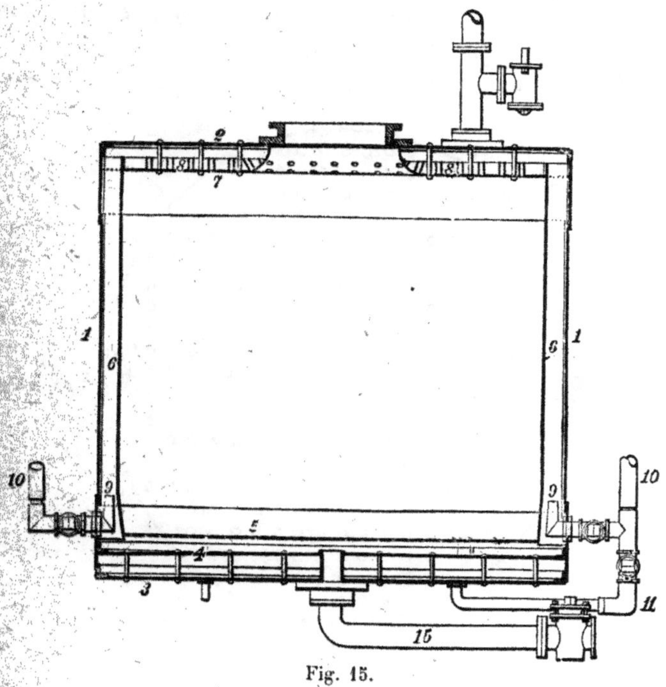

Fig. 15.

pression très faible : 1 kil. 500, et leur contenance ne dépassait guère 2.000 kil., cela permettait de les faire avec un grand diamètre et des fonds plats comme le montrent les fig. 15 et 16 qui représentent un lessiveur Sinclair (de Leith, Ecosse), analogue au cuvier à projection décrit p. 28 mais fonctionnant sous pression. Il se compose d'une enveloppe cylindrique 1, 1, avec un fond supérieur, plat, 2 et un fond inférieur, également plat 3, au-dessus duquel, à l'intérieur du lessiveur est un fond 4, relié au précédent par des entretoises. De la vapeur, introduite entre les fonds 3 et 4, contribue à échauffer le contenu du lessiveur. A peu de distance au-dessus du fond 4 s'en trouve un autre 5, dit faux fond, en tôle perforée sur lequel on entasse l'herbe baignant dans la lessive qui tend constam-

ment à descendre, par les perforations du faux fond, sur le
fond 5. Aux extrémités d'un plan passant par l'axe vertical
du lessiveur sont disposés deux conduits 6, 6 formés par des
tubes ou des tôles, en forme de gouttières, rivées à l'intérieur
de la paroi cylindrique du lessiveur. Ces conduits remplacent
le tube central du cuvier à projection décrit p. 28, ils arrivent

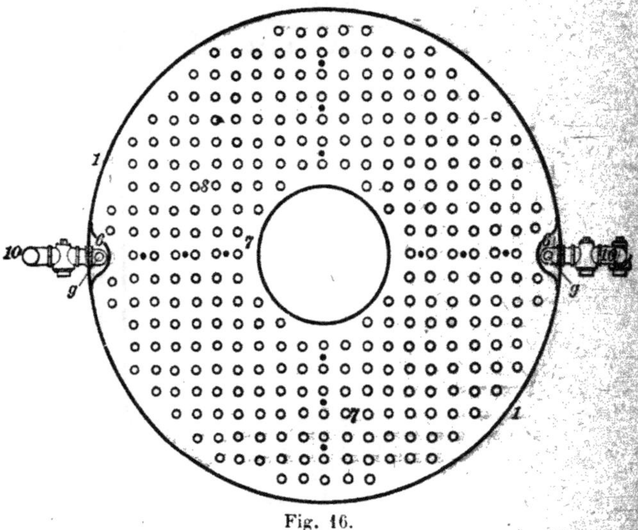

Fig. 16.

au-dessus d'une cuvette annulaire, plane, 7, suspendue au fond
supérieur 2 par des entretoises. Cette cuvette est percée de
trous, auxquels correspondent de petits tubes 8, dont toutes
les extrémités supérieures se trouvent dans un même plan. La
lessive, élevée par les conduits 6, 6 dans la cuvette annulaire,
déborde à la fois par tous les tubes 8 et tombe sur la matière.
Au bas de chacun des conduits 6, 6 est disposé un injecteur de
vapeur 9, 9, alimenté par une conduite 10, 10, sur laquelle
se branche un petit tube 11 qui amène de la vapeur entre
les fonds 3 et 4. Un gros tube 15 sert à l'évacuation des
liquides.

Après avoir introduit une quantité convenable de lessive
dans l'appareil, on commence à charger l'alfa, tout en faisant
arriver de la vapeur entre les fonds 3 et 4. L'herbe se ramol-

lit dans la lessive chaude et se tasse, on continue ainsi à ajouter de l'alfa et de la lessive jusqu'à ce que l'appareil soit complètement chargé. Cela fait, on ferme l'orifice d'introduction de l'herbe et l'on fait arriver de la vapeur par les injecteurs 9, 9. La lessive monte par les conduits 6, 6, arrive dans la cuvette 7 et déborde bien également par les tubes 8 pour tomber sur la matière à lessiver, au travers de laquelle cette lessive revient dans l'espace compris entre les fonds 4 et 5, d'où les injecteurs la remontent, par une circulation constante, jusque sur la cuvette annulaire. Au bout de trois heures environ la cuisson est terminée, on cesse d'introduire de la vapeur, on fait tomber la pression, puis on évacue la lessive usée par le conduit 15. On introduit ensuite de l'eau chaude par le conduit visible en haut du lessiveur, à côté de la grande tubulure d'introduction de la matière, puis on fait de nouveau agir les injecteurs. Au bout d'une vingtaine de minutes, l'eau chaude qui a lavé la matière est évacuée comme la lessive. On procède quelquefois à un second lavage, mais, ordinairement, on s'en dispense.

Afin d'obtenir une cuisson plus rapide et plus complète de l'alfa, on est venu, peu à peu à se servir de pressions plus élevées : 2 1/2, 3, puis 3 1/2 kil. et même plus, ce qui a conduit à diminuer le diamètre des lessiveurs, auxquels on a donné des fonds bombés, plus résistants. On a aussi augmenté la capacité des lessiveurs qui ont pu contenir 3.000 kil. d'alfa et plus.

La fig. 17 représente deux lessiveurs de ce genre, système Roeckner. Un seul conduit à projection de lessive A est disposé en dehors de chaque appareil et suffit pour élever la lessive, sous l'impulsion d'un jet de vapeur arrivant par le robinet B. Par un tube C on introduit, au début de l'opération, de la vapeur, pour échauffer la matière et la lessive.

On introduit l'alfa par l'orifice D. En E, E, sont des tubes indiquant le niveau du liquide, dans l'appareil F, F, F, sont des tubulures par lesquelles on introduit de la vapeur, de la lessive ou de l'eau chaude. L'alfa dont le lessivage est terminé se tire du lessiveur par l'orifice circulaire G.

Chacun de ces appareils peut contenir 3.000 kil. d'alfa

qu'on lessive à la pression de 2 1/2 à 3 kil. par cm². La
cuisson d'une charge dure de 2 1/2 à 3 heures et son lavage
environ 20 minutes ; mais, avec le temps nécessaire pour
introduire et vider la matière, expulser la lessive usée, la
remplacer par l'eau destinée au lavage et évacuer cette eau
à son tour, il faut compter environ 8 heures par opération ou
3 opérations par 24 heures.

Quant à la proportion de soude caustique employée, elle
varie, suivant la disposition de l'appareil, le temps de cuisson

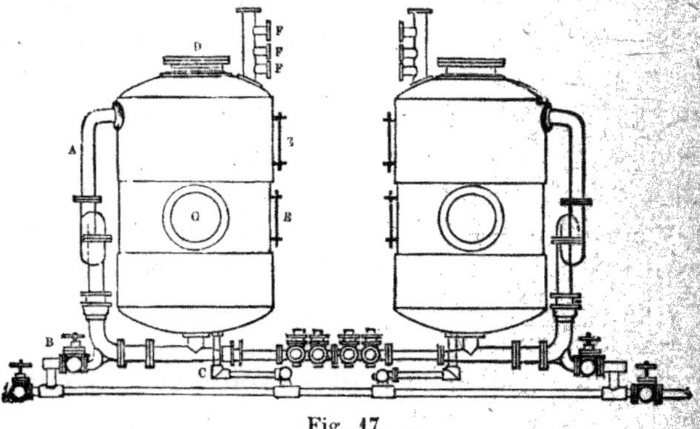

Fig. 17.

et la qualité de la matière première, de 14 1/2 à 19 de soude
caustique (à 70 0/0) pour cent d'alfa soumis au lessivage. Le
minimum s'applique, ordinairement, au sparte espagnol et le
maximun à l'alfa de Sfax et de Tripolitaine.

On lessive quelquefois dans des appareils rotatifs ; mais ils
doivent tourner avec une extrême lenteur (1 tour en 10 minutes) pour que la matière ne se mette pas en petites boulettes.

La Société franco-africaine des pâtes d'alfa exploite à Medjez,
dans la province de Constantine (Algérie), un procédé du lessivage de l'alfa, inventé par M. L.-P. Bouby et consistant à lessiver la plante *verte*. Le lessivage peut alors se faire avec une
quantité de soude moindre, à froid, dans des caisses en
maçonnerie.

Bois. — Le procédé *industriel* le plus ancien, pour la transformation du bois en pâte à papier, est attribué à Watt et

Burgess (1853) : il consistait à soumettre le bois, réduit en petits fragments, à l'action d'une lessive de soude caustique, sous forte pression.

En 1853, Houghton imagina de traiter du bois, en *copeaux*, par une lessive concentrée de soude caustique ; le volume considérable de la matière première, même après un trempage préalable analogue à celui qu'on fait subir à la paille et à l'alfa, obligeait à employer un volume de lessive trop considérable, et cet inconvénient fit abandonner le bois par Houghton, qui s'occupa du traitement des déchets de lin. Dans le cours d'une expérience dont il fut chargé, il assujettit la matière à traiter avec des lattes de bois. Le lessivage terminé, ces lattes se trouvèrent parfaitement désagrégées. Une cuisson de lattes seules réussit parfaitement, et Houghton put vendre son procédé à une compagnie anglaise qui, vers 1868, installa une usine à Lydney (Gloucestershire).

Le bois, qu'une machine divisait en forme de lattes, était introduit dans un grand lessiveur horizontal, ayant un fond amovible et surmonté d'une petite chambre de dilatation du liquide. On élevait graduellement la pression du lessiveur jusqu'à 11, 8 kil. puis on évacuait la lessive et l'on sortait le bois cuit.

La machine à diviser le bois en lattes prenait beaucoup de force et le rangement des lattes dans le lessiveur était très long et incommode. M. Lee, ingénieur de la Compagnie, eut l'idée de construire une machine analogue au hache-paille ou coupe-racines, avec un lourd plateau volant muni de deux couteaux. Le bois, introduit en bûches dans un conduit incliné de 45° sur le plan vertical du plateau, était coupé en tranches peu épaisses dans lesquelles l'action du couteau produisait, parallèlement aux fibres ligneuses, une multitude de petites fentes favorables à la pénétration de la lessive.

Ce système de division du bois s'est montré si avantageux que son adoption est devenue générale.

Les fabricants soumettent le bois, avant de le hacher, à un écorçage très soigné ; souvent on en extrait les nœuds au moyen d'une machine à percer ; mais des fabricants très expérimentés se dispensent de cette opération et obtiennent, dans le cours de la fabrication, la séparation des nœuds, qui résistent beaucoup plus aux agents chimiquesque le reste du bois.

Houghton, pour accélérer le chargement du lessiveur, mettait le bois dans des cylindres en tôle perforée que l'on introduisait dans le lessiveur, après les avoir remplis d'avance, en les faisant rouler, au moyen de 4 galets, sur deux rails intérieurs, disposés tout le long du lessiveur, à la hauteur de son axe. Le lessiveur pouvait contenir 12 de ces cylindres.

Une autre particularité du procédé Houghton était le système de chauffage de la lessive. On l'obtenait au moyen d'une circulation d'eau chaude, sous très forte pression, dans un tube étroit qui, chauffé dans un fourneau spécial, suivait quatre fois, en se repliant sur lui-même, toute la longueur de l'appareil en baignant dans la lessive. Ce système de chauffage est connu, dans son application au chauffage des habitations, sous le nom de système Perkins.

Les premiers essais de Houghton, avec du bois en copeaux, avaient échoué parce que la capacité du lessiveur n'était pas assez bien utilisée. Il dut en être de même, bien qu'à un degré moindre, avec le lessiveur décrit ci-dessus, le vide laissé autour des cages, pour les rails de roulement et les tuyaux de chauffage, constituant une perte d'espace aggravée par la nécessité d'un volume inutile de lessive caustique.

Le lessiveur contenait 1.400 kil. de bois sec. Une opération exigeait environ 8 heures, et le rendement, en pâte sèche, était de 35 0/0.

Depuis Houghton (1867) la fabrication de la pâte de bois à la soude s'est considérablement modifiée. On fait maintenant des lessiveurs de très grandes dimensions.

Par contre, la pression employée par Houghton a été réduite à 7 kil. 75 ou 8 kil. par cm², ce qui suffit très bien pour donner une cuisson de bois en 8 ou 10 heures, y compris le temps de chargement et de déchargement. La lessive employée contient environ 16 à 20 kil. de soude caustique par 100 kil. d'eau.

La matière cuite est envoyée sous pression, par un tuyau, dans une fosse d'où on la tire pour la laver dans de grands bassins où la lessive usée se sépare du bois lessivé. On recueille l'eau de lavage, puis on introduit de l'eau dans les bassins pour délayer la matière et l'on fait couler le tout au travers d'un tamis à grandes ouvertures qui retient les parties de bois non cuites, tandis que la pâte qui a traversé le tamis est envoyée dans un nouvel appareil de lavage, contenant trois tambours en toile métallique de laiton n° 60, c'est-à-dire ayant 60 mailles par pouce linéaire (25 à 27 millim. suivant qu'il s'agit du pouce anglais ou du pouce français).

La matière passe sous les trois tambours, qui ont en section transversale une forme d'octogone, et tournent autour d'un axe horizontal. L'eau résultant du lavage dans ces tambours est aussi recueillie. Réunie à la lessive sortie des premiers bassins du lavage, elle sera évaporée jusqu'à siccité du résidu. Celui-ci, qu'on soumet à une calcination, rend une grande partie de la soude employée par le lessivage.

Sinclair a construit des lessiveurs chauffés directement par un foyer, en les disposant verticalement. Des appareils analogues, mais ayant leur axe horizontal avaient déjà été construits, pour la paille, par l'ingénieur belge Thiry.

Afin d'éviter que le bois se trouvât en contact immédiat avec une paroi fortement chauffée, ce qui peut, à défaut d'une bonne circulation de la lessive, donner lieu à la carbonisation partielle de la matière, Sinclair se servait de lessiveurs à double paroi. Le bois était contenu dans une chaudière intérieure, en tôle perforée assez mince, reliée à l'enveloppe extérieure par de nombreuses entretoises. La lessive était chauffée d'avance dans une petite chaudière.

Le lessivage à feu direct a été généralement abandonné; on a reconnu qu'il fatiguait beaucoup le métal des chaudières et ses rivures et occasionnait des réparations trop fréquentes et même des accidents déjà trop fréquents avec les lessiveurs chauffés par la vapeur. On peut citer, parmi ces derniers, l'explosion qui eut lieu, en août 1902, à l'usine de la Jessup and More Paper Company, à Wilmington (Delaware, Etats-Unis). Dix-sept ouvriers furent tués. Un bâtiment de 2 étages, contenant 10 lessiveurs de 1 m. 80 de diamètre et 12 mètres de hauteur, fut entièrement détruit et l'un des lessiveurs fut lancé en l'air à 100 mètres environ de distance.

La nécessité d'une double paroi augmente le prix des lessiveurs Sinclair, et le volume de lessive compris entre les deux parois présente, avec cet appareil, le même inconvénient qu'avec celui de Houghton.

Le lessivage à la soude caustique n'est plus guère employé, depuis l'invention, par le chimiste Dahl, de Danzig (1883), du procédé improprement appelé lessivage au sulfate, car il consiste, en réalité, dans l'emploi du sulfure de sodium Na^2S en remplacement de l'oxyde ou de l'hydrate de sodium.

Après un premier lessivage avec 1 partie de soude caustique et 3 parties de sulfate de sodium on évapore la lessive résiduelle, non sans l'avoir titrée pour connaître la quantité d'oxyde de sodium qu'il est possible de récupérer. Il y a toujours un déchet que l'on compense, non plus au moyen d'une addition de soude caustique, mais en ajoutant, au résidu à calciner, du sulfate de sodium. En présence du carbone, fourni par les parties solubles du bois, on a la réaction $Na^2SO^4 + 4C = Na^2S + 4CO$, c'est-à-dire une production de sulfure de sodium et d'oxyde de carbone.

Lors de la caustification du liquide contenant le produit de la calcination, le carbonate de soude se transforme en soude caustique et le sulfure de sodium n'est pas modifié. La solution contient, avant la caustification, environ 80 0/0 d'oxyde de sodium sous forme de carbonate, hydrate et sulfure.

Pour la seconde opération de lessivage on ajoute une plus grande proportion de sulfate de sodium; les opérations suivantes ne comportent que l'addition de sulfate.

Le sulfure de sodium paraît agir sur les matières agglutinantes du bois avec un peu moins d'énergie que la soude caustique; aussi passe-t-il pour donner un meilleur rendement en cellulose. Le lessivage s'opère, habituellement, à une pression supérieure de 1 ou 2 kil. par cm² à celle employée pour le lessivage à la soude caustique; le temps de lessivage est le même pour les deux procédés.

Pour celui au sulfure, la pression varie, suivant les usines, de 7 à 10 kil. par cm².

On reproche au procédé au sulfure, moins coûteux que celui à la soude caustique, la mauvaise odeur qui se dégage quand on vide les lessiveurs.

Traitement du bois par les acides. — Les premières tentatives de désagrégation du bois, en vue de le transformer en pâte à papier, semblent avoir été faites à l'aide d'acides. Payen, en 1840, Coupier en 1852, Barré et Blondel (1861), Delaye employaient l'acide azotique. Bachet et Machard (1864) essayèrent de traiter le bois, industriellement, par l'acide hydrochlorique étendu qui avait l'inconvénient de noircir la fibre. Z. Orioli (1865) se servit d'eau régale, mélange des deux acides précités. En Allemagne, Isaac Lipschütz a proposé un mélange de 3 parties d'acide azotique et 1 partie d'acide sulfurique.

Tous ces inventeurs opéraient avec des acides très dilués et, ordinairement, traitaient ensuite le bois au moyen d'une lessive faible. Bachet et Machard se proposaient d'extraire de l'alcool du liquide acide, après son action sur le bois.

Aucun des procédés mentionnés ci-dessus n'a pu entrer dans la pratique; la plupart d'entre eux étaient d'une application très difficile, à cause de l'action des acides sur les récipients, la dépense d'acide était, en outre, trop élevée, eu égard aux résultats obtenus.

En 1857, l'Américain B. C. Tilghmann, qui habitait alors Paris, eut l'occasion d'exécuter, sur des corps gras, des expériences avec de l'acide sulfureux.

Tilghman, qui opérait dans des tonneaux en bois, observa que leurs bondes, en bois tendre, après avoir été mouillées pendant quelque temps par la solution aqueuse d'acide sulfureux, s'étaient amollies et désagrégées.

Huit ans après, Tilghman, de retour aux États-Unis, et visitant à plusieurs reprises l'usine de Manayunk, près Philadelphie, où l'on fabriquait de la pâte de bois par le procédé de Watt et Burgess, se souvint de l'observation qu'il avait faite à Paris et exécuta plusieurs expériences sur du bois qu'il traitait, en vase clos, par l'acide sulfureux, à haute température et sous pression. Le bois se désagrégea bien, mais en prenant une coloration rouge, et il fut difficile de le blanchir. Tilghman, après analyse, reconnut que l'acide sulfureux s'était partiellement transformé en acide sulfurique et que la coloration rouge était produite par cet acide. Il eut alors l'idée d'ajouter à la pâte de la chaux, pour neutraliser l'acide sulfurique en se transformant en plâtre, ou sulfate de chaux ; le résultat fut une pâte de bois que des connaisseurs jugèrent propre à la fabrication du papier.

Tilghman prit, en Angleterre, deux brevets pour « le traitement du bois au moyen d'une solution aqueuse d'acide sulfureux, à une température assez élevée pour rendre soluble la matière incrustante comprise entre les fibres du bois et permettre son élimination par lavage. Une addition de sulfite ou de bisulfite de chaux ou de quelque autre base convenable, à la solution, était signalée comme avantageuse. »

Tilghman et son frère firent de la pâte au moyen d'un appareil de 15 m. 2 de longueur et 0 m. 912 de diamètre, tournant sur des galets et pourvu, intérieurement, d'une spirale en plomb. On pouvait atteindre, dans cet appareil chauffé avec de la vapeur, une pression de 4 1/2 atm. Le bois et la solution y progressaient d'après le principe des courants contraires.

L'inventeur ne put arriver à supprimer les fuites de son appareil et, après avoir inutilement travaillé pendant 2 ans et dépensé plus de cent mille francs en expériences, abandonna son procédé pour s'occuper d'appareils à jet de sable.

En 1868, un Suédois, A. C. D. Ekman essaya de blanchir de la pâte de bois mécanique, dont il sera question plus loin, en la faisant bouillir sous pression avec du sulfite de sodium ; il réussit à obtenir une pâte bien blanche, mais des occupations diverses lui firent abandonner ses expériences.

Plus tard, Ekman fut chargé de mettre en train et diriger, en Suède, la fabrique de pâte de Bergvik, construite pour faire de la pâte par le procédé Fry, consistant à faire bouillir dans l'eau chaude, sous forte pression, les déchets d'une scierie de la localité. La pâte obtenue était brune et ne pouvait se blanchir. Ekman eut l'idée de la traiter par des agents réducteurs et, particulièrement, au moyen des combinaisons de l'acide sulfureux avec la potasse, la soude, l'ammoniaque, la chaux, la magnésie, etc.

Il trouva, au point de vue pratique, la magnésie préférable à la chaux, les autres bases furent jugées trop coûteuses. Les expériences se poursuivirent, dans le laboratoire, jusqu'en 1872 et, en février 1873, Ekman se rendit à Londres avec des échantillons de pâte obtenus par son procédé. Il obtint des propriétaires de l'usine de Bergvik l'autorisation d'en transformer le matériel en vue de l'emploi des sulfites et, dans la même année, commença, sur une grande échelle, les expériences et les modifications d'appareils. Dès le mois de juin 1873, Ekman pouvait montrer au roi Oscar de Suède, qui visitait Bergvik, des échantillons de la nouvelle pâte.

Toutefois l'usine ne fut pas en mesure de fonctionner régulièrement avant le 3 octobre 1874. Elle avait 8 petites chaudières à double paroi et la tôle de la paroi intérieure était, intérieurement, doublée de plomb.

En janvier 1876, malgré un incendie survenu en février 1875, l'usine de Bergvik avait déjà produit 4.335 tonnes de pâte et, dès le 1er février 1875, une usine anglaise fabriquait avec du bois au sulfité de magnésie, sans aucune autre matière fibreuse, de bons papiers d'impression.

Malgré cela Ekman éprouva, au début, beaucoup de difficultés pour le placement de ses pâtes.

En Allemagne, Alexandre Mitscherlich, fils d'un célèbre chimiste et, lui-même, professeur de chimie à Munich, commença, en 1876, des expériences sur le traitement du bois au moyen du bisulfite de calcium. Il eut à vaincre beaucoup de difficultés avant de réussir ; mais, à partir de 1881, le procédé fut acheté par un certain nombre de fabricants.

En 1883, Moritz Behrend, fabricant de papier à Varzin (Poméranie), réclama l'annulation des brevets Mitscherlich, de 1875 et 1878, se fondant sur l'antériorité constituée par les brevets Tilghman de 1866 et 1867.

Le Bureau allemand des brevets lui donna raison, et le brevet A. Mitscherlich fut partiellement annulé en 1884.

Le procédé Mitscherlich a subi, depuis lors, de nombreuses modifications ; mais l'adoption de son principe est devenue presque générale.

Les chaudières de cuisson, appelées ordinairement digesteurs, sont ordinairement fixes et verticales, bien qu'il y ait aussi des digesteurs rotatifs. Les tôles en sont assemblées à couvre-joints, à quatre et même six rangs de rivets ; mais on en fait aussi dont les tôles sont soudées. La grandeur est très variable, on a prétendu qu'il faut une capacité de digesteur variant de 7 m³ à 8 m³ 40 pour obtenir 1.000 kil. de pâte par semaine, mais, en Scandinavie particulièrement, cette proportion n'est pas souvent réalisée : beaucoup de fabricants opèrent avec des contenances de 3 m³ 360, 2 m³ 800, 1 m³ 820 et même 1 m³ 550.

Il faut alors cuire le bois à une pression plus élevée, et forcer la dose de bisulfite, la capacité de la chaudière est moindre, afin de réduire la durée des opérations ; mais un grand volume de digesteur, une pression et une dose de bisulfite modérées, avec un temps de cuisson convenable, contribuent à donner de bons produits.

On est arrivé à construire des digesteurs de très grandes dimensions, on en a fait dont la capacité dépassait 225 m³, avec un diamètre intérieur de 5 m. Voir fig. 18-19.

Les premiers digesteurs à bisulfite étaient ordinairement horizontaux (à présent ils se font verticaux, (on s'est aussi servi de digesteurs rotatifs, avec axe horizontal).

On les remplissait, jusqu'à 0 m. 30 environ du sommet, de bois tranché, puis on fermait l'appareil et l'on y introduisait de la vapeur pour chasser l'air et faciliter ultérieurement la pénétration de la solution de bisulfite de calcium. La température de la matière ne devait pas dépasser, pendant l'introduction de vapeur, 102° C.

La solution, marquant 5 à 7° B, avait, conséquemment, un poids spécifique de 1.035 à 1.050. Mitscherlich chauffait ses lessiveurs au moyen de vapeur circulant, à l'intérieur du digesteur, dans des rangées de tubes en plomb durci revenant sur eux-mêmes à l'aide de coudes en bronze et divisés en plusieurs sections pour pouvoir, en cas d'avarie, isoler une section et travailler avec les autres. Primitivement on opérait à 108° C, et la cuisson durait 3 ou 4 jours de 24 heures, et même plus. En portant successivement la température à 118 et 120° C, Mitscherlich put réduire le temps de cuisson à 50, 45 et même 30 et 28 heures.

En opérant avec des solutions plus concentrées, des pressions plus élevées, et en introduisant directement la vapeur dans les

Fig. 18-19.

chaudières, on est parvenu à réduire ce temps à 16, 14 heures et même moins; mais la durée de l'opération dépend aussi de la nature du bois dont on se sert et de la pâte qu'on veut obtenir.

Si l'on recherche une pâte solide, sans avoir en vue la blancheur, on arrête la cuisson quand il reste encore une assez forte proportion d'acide sulfureux dans le liquide. Si, au contraire, on veut une matière facile à blanchir, il faut chercher à ne laisser dans la solution qu'une très minime quantité d'acide sulfureux.

La solution de bisulfite se prépare, ordinairement, en faisant arriver de l'acide sulfureux au bas d'une haute tour, en bois ou en maçonnerie, dans laquelle sont entassés des moellons de pierre calcaire sur lequels tombe, constamment, de l'eau arrivant par le sommet de la tour. Dans certaines usines, on préfère préparer un lait de chaux dans lequel on fait barboter l'acide sulfureux. On se sert pour cela de cuves fermées, communiquant entre elles, de manière à donner lieu à un écoulement du liquide en sens contraire à celui du courant d'acide sulfureux. Un aspirateur oblige ce gaz à passer successivement d'une cuve à l'autre.

Les débuts des procédés aux bisulfites, comme les essais de Tilghman, furent très difficiles. Naturellement les inventeurs avaient songé à doubler intérieurement leurs appareils avec du plomb. Malheureusement le métal se dilate, à température égale, à peu près 2 1/2 fois autant que le fer et l'acier doux et n'a qu'une très faible ténacité. Les variations de température subies par les deux métaux pendant la cuisson, la vidange et le chargement des appareils occasionnaient perpétuellement des déchirures de la doublure en plomb et les fabricants de pâte de bois étaient obligés d'avoir, à poste fixe, un plombier qui, après chaque opération, visitait attentivement l'intérieur du digesteur et réparait, au moyen de soudures autogènes, les déchirures du plomb.

Mitscherlich, en 1883, obtint un brevet pour un digesteur cylindrique, de 3 m. 60 de diamètre et 10 m. 80 de longueur, porté horizontalement sur des piliers en maçonnerie. A l'intérieur de cet appareil, dont la tôle avait 19 millim. d'épaisseur, était appliquée une couche de goudron mêlé de poix, sur laquelle étaient posées des feuilles minces de plomb, réunies aux bords par des soudures autogènes. Le plomb, à son tour, était couvert d'une couche à plat de briques dures, spécialement fabriquées, et dont les côtés portaient des rainures et des languettes correspondantes. Une autre couche de briques, analogues aux premières, mais posées de champ, était appliquée sur la première et les joints de ces deux revêtements étaient exécutés avec du ciment portland.

La très grande épaisseur des deux couches de briques, avantageuse au point de vue de la protection de la tôle et de la conservation de la chaleur, eut un résultat imprévu. Un appareil qui avait été très refroidi extérieurement, en hiver, à la suite d'un arrêt, fut brisé quand l'échauffement du liquide, à l'intérieur, eut dilaté la garniture protectrice plus que l'enveloppe extérieure.

Partington, de 1885 à 1890, eut l'idée d'un digesteur sphérique, rotatif, ayant une garniture en plomb partagée en fragments, réunis par des soudures autogènes, et agrafée à l'enveloppe extérieure : celle-ci était, de place en place, percée de trous par lesquels le liquide se serait écoulé, en cas de fuite de la garniture en plomb, en indiquant la position des déchirures de cette garniture. Ce système ne remédiait pas à la différence de dilatation des deux métaux ni aux déformations et déchirures qui en résultaient pour le plomb; il fallut y renoncer.

Le digesteur Ritter-Kellner, en réalité un peu antérieur à celui de Partington, était cylindrique, vertical et fixe. Il se composait de viroles cylindriques de 1 m. 20 de largeur, écartées d'environ 7 à 10 centimètres, mais reliées, à cette distance, par de larges couvre-joints. L'espace entre deux viroles formait une cavité, ayant des bords creusés en queue d'aronde, dans laquelle on coulait un alliage de plomb et d'antimoine, sur lequel on soudait, au chalumeau, les feuilles de plomb. Les joints verticaux s'exécutaient de la même manière. Le but de cette invention était de localiser les déformations du plomb et de rendre la garniture plus durable. L'enveloppe, comme celle de Partington, était percée de trous destinés à signaler, en les localisant, les avaries de la garniture en plomb.

Le système Ritter-Kellner ne réussit guère mieux que celui de Partington. Le poids du plomb et sa dilatation tendaient à faire, peu à peu, descendre la masse des plaques de ce métal, qui continuait à former des boursouflures, tout en s'amincissant de plus en plus, à la partie supérieure des plaques, jusqu'à ce qu'il finît par se déchirer.

L'insuccès des garnitures en plomb conduisit, aux Etats-Unis, de 1887 à 1893 ou 1894, à construire des digesteurs en bronze, fixes et verticaux, de 2 m. 13 de diamètre et 6 m. 69 de hauteur qui, la publicité aidant, eurent un moment de vogue.

Le bronze de ces digesteurs se composait de 91,28 0/0 de cuivre, 7,68 0/0 d'étain et 0,89 0/0 de zinc. Son poids spécifique, calculé à 8,76, était en réalité de 7,5579, celui du cuivre étant de 8,94.

M. Martin Griffin, chimiste américain, d'après lequel nous devons ces détails sur les digesteurs et leurs garnitures préservatrices, signalait dans un mémoire présenté à la Société des Industries chimiques, de New-York, cet écart entre la densité réelle et la densité calculée, comme un indice de la difficulté d'obtenir des bronzes homogènes et, conséquemment, également tenaces dans toutes leurs parties.

Aucun alliage de cuivre ne résiste parfaitement à l'acide sulfureux : dès la première cuisson il se formait, sur la surface interne des appareils, une pellicule qui, en présence de la matière organique, se réduisait en oxyde et sulfure, en formant une incrustation sale et noire qui augmentait d'épaisseur à chaque opération et, finissant par se détacher, souillait la matière désagrégée. Au bout d'un temps plus ou moins long, un digesteur ne pouvait manquer d'être hors de service par suite de corrosion.

Le promoteur des digesteurs en bronze assurait que cette corrosion n'avait pas d'importance et que ces appareils n'avaient rien à craindre sous ce rapport.

Il se trompait, malheureusement, car dès 1892, c'est-à-dire cinq ans après l'installation du premier appareil de ce genre, 5 digesteurs en bronze. sur 25 ou 26 que l'on avait montés, avaient sauté, en faisant un trop grand nombre de victimes. Les Compagnies d'assurances refusèrent alors de couvrir les sinistres causés par les explosions. Précédemment le fondeur avait renoncé à exécuter des digesteurs en bronze. Ceux qui n'avaient pas sauté furent sans doute bientôt remplacés par des appareils en tôle.

En 1886 une Compagnie anglaise dite Globe Sulphite Boiler Company entreprit la construction de digesteurs en tôle plombés intérieurement. La tôle, décapée, chauffée, puis couverte d'un flux de chlorure de zinc, recevait une application de plomb fondu. Ce métal adhérait à la tôle dans toute son étendue.

La compagnie se proposait de construire des appareils rotatifs et des appareils fixes. Son premier digesteur rotatif avait 2 m. 28 de diamètre et 6 m. 69 de longueur. Plus tard elle construisit des digesteurs fixes et verticaux de 2 m. 53 de diamètre et 9 m. 88 de longueur, qui pouvaient produire environ 3.175 kil. de pâte par cuisson.

La couche de plomb adhérente à la tôle avait 12 à 13 millim. d'épaisseur. Les tôles, plombées d'avance, étaient cintrées et assemblées, après quoi on nettoyait les joints et l'on y introduisait du plomb que la soudure autogène raccordait avec celui dont les tôles étaient couvertes. La compagnie avait grand soin d'employer du plomb très pur et d'obtenir une surface très unie à l'intérieur des digesteurs; mais il ne semble pas qu'elle se préoccupât beaucoup de l'action galvanique que le fer et le plomb ou l'alliage de zinc pouvaient exercer l'un sur l'autre.

Au début, les digesteurs en tôle plombée donnèrent de très bons résultats; mais, après 200 cuissons au plus, de petites défectuosités en forme d'étoiles commencèrent à s'y montrer, en même temps que des cristaux durs et de fines crevasses. On s'empressa, naturellement, d'enlever le plomb altéré et de réparer la couche au moyen du chalumeau oxhydrique, mais les défauts ne tardèrent pas à se multiplier si vite qu'il devint impossible de les réparer tous, il se produisit des croûtes noires et sales, puis de grandes plaques de plomb se séparèrent des joints. Bientôt tout le plomb de la garniture ne fut plus qu'une masse sans consistance et, comme toute réparation était impossible, on renonça aux digesteurs en tôle plombée.

Dans les digesteurs verticaux, le plomb avait, en outre, l'inconvénient de se tasser sur lui-même, en très peu de temps, et de descendre presque en totalité, dans la moitié inférieure de l'appareil, dont le sommet n'était plus protégé.

Les inventions décrites ci-dessus, pour l'amélioration des garnitures en plomb ou la suppression de toute garniture avaient en grande partie pour but, surtout aux Etats-Unis, d'éluder le brevet Mitscherlich de 1883, impliquant une garniture préservatrice en briques et ciment; les fabricants de pâte se décidèrent pourtant à revenir à ce système, mais en s'attachant à le simplifier. C'est ainsi que l'on supprima les feuillures sur les côtés des briques.

En 1888-89, Wilhelm Wenzel de Vienne prit un brevet pour un nouveau système de garniture. Au début il appliquait à l'intérieur du lessiveur, sur la tôle, une couche de 15 à 20 cent. de ciment mêlé de quartz et de silicate de soude; après chaque cuisson de bois, cet enduit, qui se crevassait, subissait une réparation soignée. Wenzel ajouta une couche de plaques vitrifiées pour protéger l'enduit; mais les différences de dilatation séparaient le ciment du métal et ouvraient des passages à la solution acide qui finissait par attaquer les tôles d'enveloppe. L'adjonction d'un réseau de fils de fer, dans la masse du ciment, ni l'augmentation de l'épaisseur de ce dernier, jusqu'à 25 et 30 cent. ne purent obvier à ces graves inconvénients.

L'inventeur eut enfin l'heureuse idée de fabriquer, avec son ciment, des pierres artificielles qu'il fit sécher parfaitement avant de les poser dans les digesteurs avec un mortier convenable, l'adhérence de la garniture à la paroi extérieure fut alors parfaite et les infiltrations de liqueur acide furent complètement supprimées.

Les pierres artificielles de 60 à 100 millim. d'épaisseur, sont moulées de manière à s'adapter exactement à la forme intérieure du digesteur; on les applique avec un ciment de même composition que celui dont elles sont faites.

Suivant la grandeur du lessiveur, il faut de 6 à 10 jours pour fixer cette première garniture après quoi on met le digesteur en service. Pendant les 10 à 15 premières opérations, il est nécessaire de réparer soigneusement les joints, jusqu'à ce que la garniture soit devenue bien étanche. Cela fait, on applique une nouvelle garniture de tuiles vitrifiées, dont l'épaisseur est au plus de 25 millim. et le digesteur est en état de fonctionner sans interruption. La pose de la garniture ne demande pas plus de deux semaines.

Aux États-Unis, où beaucoup d'efforts ont été faits pour se dispenser de la garniture en briques et ciment de Mitscherlich, on est arrivé aussi à l'adopter, non sans l'avoir simplifiée en supprimant la couche de plomb. La fig. 19 (p. 53) représente, en élévation et en coupe, un digesteur américain à garniture système Russel composée d'une couche de ciment et sable de 75 à 125 millim. d'épaisseur, sur laquelle s'applique une seconde couche en briques minces et inattaquables par la solution acide.

Nous venons de passer en revue les matières premières usitées en Europe pour la fabrication du papier et les procédés pour le traitement préalable de ces matières en vue d'obtenir une pâte à papier susceptible d'être blanchie. Des végétaux de tous genres ont été proposés pour fabriquer du papier, tous les jours on en préconise de nouveaux; mais les inventeurs ne se rendent généralement pas compte des conditions que doit remplir une matière propre à fabriquer du papier, savoir : grande abondance et facilité de récolte, rendement suffisant en cellulose, aptitude à se transformer en pâte sans exiger des dépenses exagérées et à fournir des papiers suffisamment purs, blancs et tenaces.

Dans l'Extrême-Orient, le papier se fabrique avec des végétaux. En Chine et au Tonkin, on fait d'énormes quantités de papier avec du bambou traité, avant sa maturité, par un lessivage rudimentaire. Dans ces pays et au Japon, il se fait aussi des papiers de qualité exceptionnelle au moyen de l'écorce intérieure d'un mûrier cultivé spécialement. Les Japonais emploient aussi l'écorce intérieure (liber) de l'*Edgeworthia*. Le défaut d'espace ne nous permet pas d'étudier en détail ces fabrications décrites, d'ailleurs, dans de nombreux ouvrages.

Il est, d'autre part, inutile de puiser, dans l'interminable liste des plantes proposées pour faire du papier, des exemples de matières difficilement aptes à alimenter, même dans une mesure réduite, une fabrication quelque peu importante.

Broyage. — Les fibres débarrassées, par une lessive alcaline ou une solution acide, des matières agglutinantes ou grasses, doivent être soumises à un lavage, qui les débarrasse des matières combinées avec les agents chimiques; puis à un commencement de broyage pour faciliter leur transformation ultérieure en pâte à papier.

Pendant fort longtemps, on n'a pas connu d'autre instrument de broyage que le pilon, manœuvré à bras ou au pied, comme cela se voit encore dans l'Extrême-Orient; plus tard, on eut, en Europe, des pilons en bois, garnis à leur extrémité inférieure de lames de fer très serrées. Ces pilons ou *maillets*, au nombre de 3 ou 4, rarement plus, étaient disposés côte à côte dans une cavité creusée dans une grosse pièce de bois dur et dans laquelle on mettait, avec de l'eau, les chiffons à broyer. Au fond de cette cavité ou creux était une plaque de fer sur laquelle les pilons, alternativement soulevés par des cames fixées sur l'arbre d'un moteur, retombaient tour à tour. L'ensemble des maillets et de leur creux s'appelait une pile. Plusieurs creux étaient taillés dans une même pièce de bois. Sur une des faces intérieures du creux était disposé un châssis garni d'une toile en crin, à travers laquelle s'échappait l'eau de lavage des chiffons. Cette eau était remplacée constamment par de l'eau propre dont on réglait l'arrivée de manière à maintenir la pâte dans un état de fluidité convenable.

Ces appareils travaillaient très bien, mais prenaient beaucoup de force. Vers la fin du xviiᵉ siècle les Hollandais, chez qui les chutes d'eau étaient rares, et qui, pour cette raison, demandaient au vent les forces dont ils avaient besoin, parvinrent à remplacer les pilons par un cylindre garni de lames de fer et tournant au-dessus d'une plaque ou platine de fonte, creusée de rainures ayant, perpendiculairement à l'axe du cylindre, une section en forme de scie. Le cylindre et sa platine étaient disposés dans une cuve, à laquelle on donna plus tard en France, par analogie, le nom de pile.

Les fig. 20 et 21 représentent une pile assez ancienne mais

qu'on trouve encore dans quelques papeteries ; toutefois,
l'engrenage que le plan horizontal montre sur l'arbre du
cylindre a été remplacé presque partout par une poulie à courroie.

AA représente la cuve de la pile, divisée par une cloison
BB, dite languette. Le
cylindre C, dont on voit
les lames, fixées par des
coins dans des cavités
creusées sur le noyau
en bois dur (orme ou
chêne) du cylindre,
tourne au-dessus d'un
massif en bois DD, dit
saut, dans lequel une
cavité en queue d'a-
ronde reçoit la platine
e e, constituée par un
paquet de lames solide-
ment fixé dans un fût
en bois. Ces lames sont
assez obliques, par rap-
port à celles du cylindre

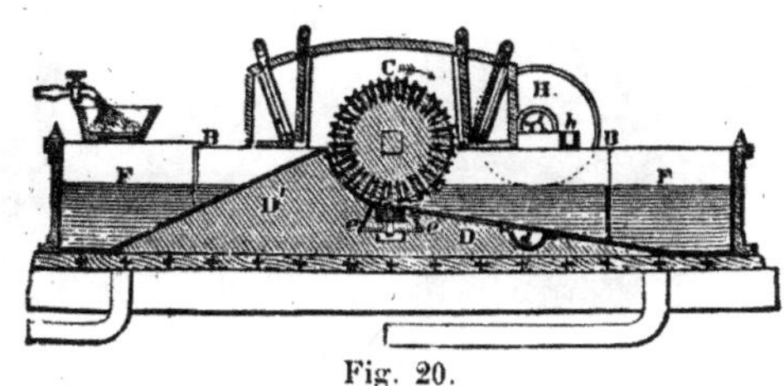

Fig. 20.

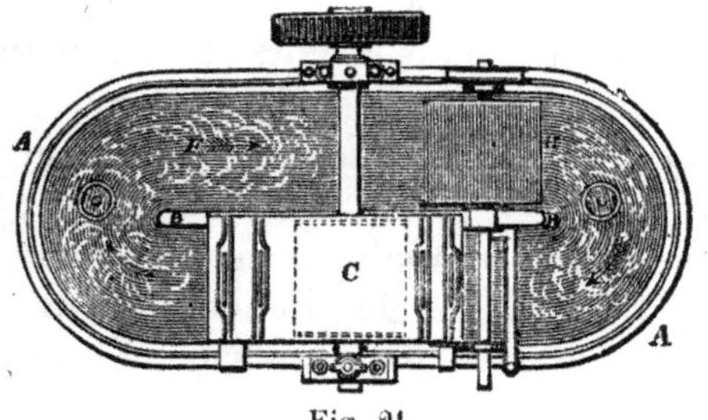

Fig. 21.

pour qu'il ne puisse se produire d'engrènement analogue à
celui des dents d'une roue d'engrenage avec celles d'une crémaillère.

La matière circule dans la pile en FF, dans le sens indiqué
par des flèches. Le cylindre est couvert d'un coffre en bois, dit
chapiteau, dans lequel la figure montre distinctement 4 châssis.
Les deux qui sont le plus rapprochés du cylindre sont en
bois plein, les deux autres sont faits de 2 toiles de laiton, une de
12 mailles par 27 millim. et une autre de 60 à 70 mailles pour la
même longueur. La toile fine est placée du côté du cylindre et
les deux toiles sont soutenues par des liteaux en bois, disposés
parallèlement dans des plans verticaux.

Quant on veut laver la matière, on lève les châssis pleins qui
se trouvent près du cylindre. Celui-ci projette les matières
contre les toiles métalliques des deux autres châssis, au travers

desquels passe l'eau chargée de matières solubles et aussi de matières insolubles mais très ténues. On a supprimé ces châssis dans la plupart des usines, à cause de la perte de fibres impor-

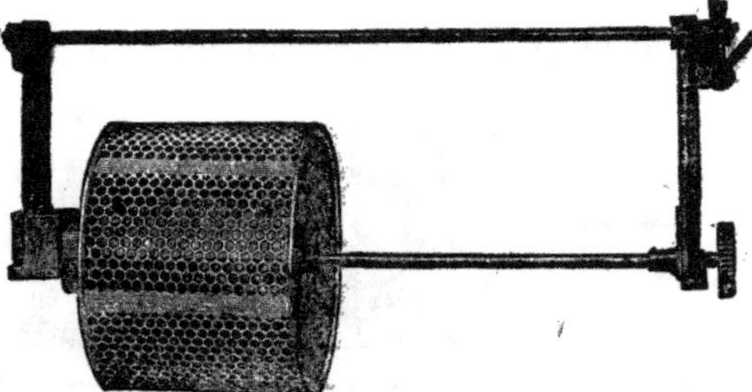

Fig. 22.

tante qu'ils occasionnent, en les remplaçant, ordinairement, dans les piles dites *défileuses* qui commencent le broyage, par un tambour laveur H, que fait tourner une courroie non représentée sur la figure. Ce tambour couvert de toiles métalliques analogues à celles des châssis laveurs et convenablement soutenues porte, intérieurement, des cloisons métalliques ou quelquefois en bois, dont la section, perpendiculairement à l'axe du tambour, est semblable ou analogue à une développante de cercle. Pendant la rotation du tambour l'eau salie, élevée par ces cloisons au-dessus de la cloison BB, s'échappe par un chéneau *h*. La fig. 22 représente un tambour laveur de Benley et Jackson, sans ses toiles fines, la fig. 23 la carcasse d'un tambour de Bryan Donkin et Cie, sans ses toiles, et dont on voit les cloisons intérieures. Ces

Fig. 23.

deux appareils ont leur mouvement de levage parallèle.

On voit en *d* une cavité creusée dans le saut ; c'est la sablière, ainsi nommée parce qu'elle reçoit le sable que les chiffons peuvent contenir. Il passe, avec des fragments de boutons, d'agrafes, épingles, etc., au travers d'une grille, ou d'une plaque de métal perforée, qui couvre la sablière, comme l'indique la fig. 20.

La pile représentée a des parois verticales en fonte, la cloison BB et le fond sont en bois. Un doublage intérieur, en cuivre ou en plomb, protège, à la fois, l'intérieur de la pile et les matières traitées contre plusieurs causes de détérioration et de souillure. Deux soupapes, visibles à droite et à gauche sur le plan

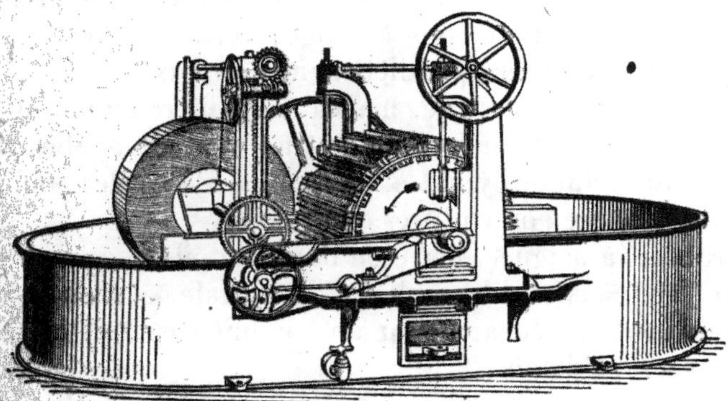

Fig. 24.

horizontal, servent à vider la matière broyée. Une troisième soupape, non représentée, sert à évacuer l'eau salie, quand on nettoie la pile.

Les fig. 24 et 25 représentent, en perspective, des piles défileuses beaucoup plus modernes. La première est construite par

Fig. 25.

Bertram. Le cylindre n'ayant pas son chapiteau, on distingue très bien ses lames, retenues au bout du cylindre par une frette en fer posée à chaud. On voit aussi l'ouverture, pratiquée dans la paroi antérieure de la pile, qui sert à introduire et retirer la platine. Cette ouverture est bouchée par des tampons en bois, auxquels on ajoute, ordinairement, un calfatage exécuté au moyen de quelques chiffons.

Au-dessus du cylindre, un petit arbre, commandé par un volant à main et portant 2 vis sans fin, actionne 2 engrenages hélicoïdaux servant d'écrous à 2 tiges verticales, dont l'usage est de lever le cylindre parallèlement à son axe.

Un mouvement analogue, mais à crémaillère au lieu de vis, sert à lever le tambour laveur dont le mouvement, beaucoup plus lent que celui du cylindre, est commandé par les poulies et roues dentées que l'on voit très clairement.

Le robinet à poignée, placé en bas de la pile, à gauche de la platine, sert à vider la sablière. L'eau sale, évacuée par le tambour laveur, s'échappe par un conduit passant au travers de la cloison médiane.

Tout ce qu'on vient de lire s'applique à la pile Bentley et Jackson, représentée fig. 25. On observera toutefois que cette pile a deux tambours laveurs, dont l'un est caché par le cylindre, qui est très gros ; on met souvent deux tambours dans les grands appareils servant à laver les pailles de paille et d'alfa.

Le fond de cette pile a des angles très arrondis, ce qui a l'avantage de faciliter la circulation de la matière, très disposée à s'arrêter, à cause du frottement, contre les parois.

Il se fait beaucoup de piles en fonte. On en voit d'assez grandes qui, coulées d'un seul jet, sont de belles pièces de fonderie. Depuis une trentaine d'années on en fait beaucoup en briques et ciment et en béton : plus récemment encore on s'est mis à en faire en ciment armé. Dans tous les cas l'appareil de levage du cylindre est monté sur un bâti en fonte qui, parfois, est absolument indépendant de la cuve en maçonnerie.

Les fig. 26 et 27 représentent un atelier de piles commandé par un moteur à vapeur à 2 cylindres et installé par la maison Bertram dans une usine anglaise. Il va sans dire que la dispotion figurée s'applique tout aussi bien à un moteur hydraulique, roue ou turbine.

Depuis quelque temps, on commande souvent les ateliers de papeteries, y compris ceux de piles, au moyen de moteurs électriques.

On a tenté, il y a une soixantaine d'années, de donner à

chaque pile un moteur à vapeur particulier. C'était une complication trop grande, et les usines qui avaient adopté ce mode
de commande l'ont bientôt abandonné.

L'ouvrier chargé du service des piles s'appelle *gouverneur*.

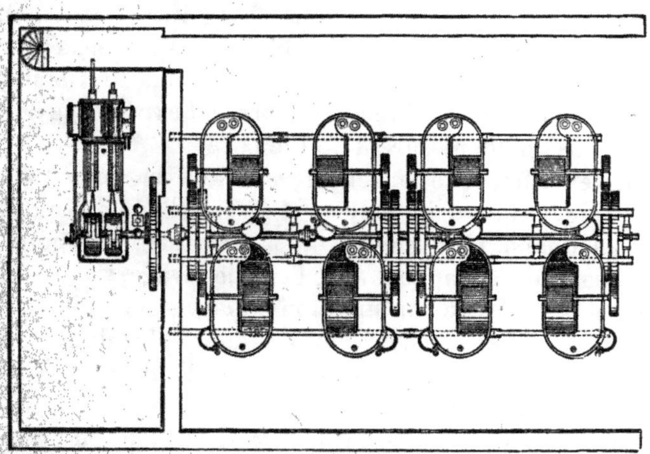

Fig. 26.

En fournissant une défileuse, il a soin de lever le cylindre
assez haut pour que la matière puisse, facilement, passer
dessous ; il met le chiffon dans la pile par petites quantités qu'il

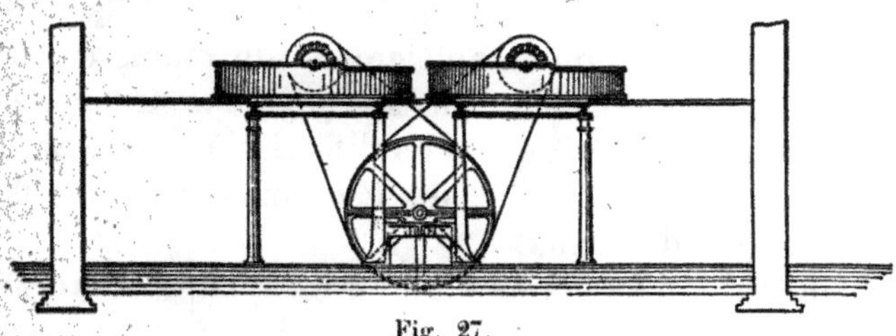

Fig. 27.

répartit, aussi uniformément que possible, dans de l'eau introduite par avance dans la pile.

Quand la quantité convenable de chiffon circule un peu
régulièrement, au besoin avec l'aide d'une spatule maniée par
le gouverneur, cet ouvrier abaisse un peu fortement le
cylindre, afin de diviser grossièrement les chiffons et de les

ouvrir, ce qui facilite l'expulsion des matières étrangères encore adhérentes au chiffon ou qui se trouvent, à l'état de solution, entre ses filaments.

Il ne faut pourtant pas que le cylindre reste ainsi baissé pendant longtemps; car il hacherait la matière sans en étirer les fils, et l'expulsion des corps solubles ou impurs ne s'achèverait pas convenablement. Dès que les chiffons tournent facilement, le gouverneur relève le cylindre, et l'expérience doit lui indiquer dans quelle mesure il doit le faire.

Il faut, en effet, que le défilage s'achève en même temps que le lavage. On perd du temps, si l'on est obligé de continuer le défilage quand le lavage est déjà terminé; on perd des fibres utiles, qui s'échappent avec l'eau de lavage, si un défilage trop brutal nécessite la continuation du lavage sur une matière trop raccourcie. Le lavage devient d'ailleurs plus difficile dans ce cas, parce que l'eau quitte les fibres d'autant moins vite qu'elles sont plus divisées.

On observe qu'au début du lavage il faut, au moyen du robinet spécial, envoyer beaucoup d'eau dans la pile : elle se sépare à flots de la matière à laver. A mesure que les fibres se détachent les unes des autres elles retiennent l'eau, et le gouverneur doit diminuer le débit du robinet.

C'est après le défilage que s'exécute l'opération du blanchiment, et l'on voit encore beaucoup d'usines où il a lieu dans la défileuse elle-même, sinon complètement, du moins en partie.

Autrefois, nous parlons d'une soixantaine d'années, on blanchissait souvent les pâtes de chiffon difficiles à traiter en deux fois : la première au chlore gazeux, la seconde avec une dissolution de chlorure de chaux.

Actuellement, le blanchiment dit au gaz peut être considéré comme à peu près abandonné, bien qu'il se pratique encore pour des matières dures et chènevotteuses entrant dans la composition de beaux papiers, mais aussi pour des pâtes de paille auxquelles il donne une belle qualité.

Les pâtes à blanchir au gaz doivent être, préalablement, bien égouttées : il faut qu'on ne puisse en sortir de l'eau en les serrant dans la main. Pour obtenir ce résultat on les fait passer sur une machine, dite presse-pâte, dont l'organe essentiel est une forte toile métallique sans fin, portée par de nombreux rouleaux, sur laquelle on fait arriver la pâte liquide ; des planches forment, sur la toile, une caisse servant à empêcher la pâte de s'échapper latéralement et par un bout de l'appareil.

Après s'être égouttée naturellement sur la toile métallique, la pâte est comprimée par des rouleaux. Son mouvement peut être intermittent, comme celui des anciens presse-pâte qui donnent une épaisseur de défilé de 4 à 6 centimètres, ou continu ; dans ce cas le défilé n'a guère qu'un centimètre d'épaisseur.

Le blanchiment au gaz s'opère dans des caisses en maçonnerie de briques, on en fait d'excellentes en dalles de lave volcanique, assez grandes pour recevoir, s'il s'agit de défilé de chiffons, celui que peut fournir un lessiveur.

Certaines de ces caisses ont une porte verticale ; dans d'autres, on introduit le défilé par une trappe horizontale, disposée au-dessus de la caisse.

Le défilé ne doit pas être tassé, afin que le gaz en atteigne facilement toutes les parties ; aussi le place-t-on, ordinairement, sur des tablettes en fortes planches de bois résineux. Ces planches sont bientôt désagrégées par le gaz qui les rend très fragiles et en blanchit tout l'intérieur. On peut les enduire d'une peinture protectrice, et c'est ce que l'on fait ordinairement pour la porte des caisses.

Habituellement, pour blanchir au gaz, on ne prépare plus le chlore au moyen du peroxyde de manganèse et de l'acide chlorhydrique, on préfère décomposer du chlorure de chaux du commerce par l'acide chlorhydrique.

$$Cl^2O^2Ca + 4\,HCl = CaCl^2 + 2\,H^2O + 4\,Cl$$

A l'intérieur de la caisse on répartit, aussi uniformément que possible, des récipients contenant du chlorure de chaux en poudre. Par des ouvertures, percées dans la paroi supérieure, on fait passer des entonnoirs en terre cuite et, au-dessus de ces derniers et de la caisse, on met des terrines, percées au milieu du fond d'un petit trou et dans lesquelles on verse de l'acide chlorhydrique. Cet acide, par le petit trou des terrines et les entonnoirs en terre cuite, arrive sur le chlorure de chaux contenu dans les récipients disposés dans la caisse. Il se dégage du gaz tant que l'acide et le chlorure de chaux peuvent réagir l'un sur l'autre.

Pour éviter les pertes de gaz, on lute les portes avec des bandes de papier collées sur les interstices.

En pratique on emploie, pour 1 kil. de chlorure de chaux de bonne qualité, 1 kil. 700 d'acide chlorhydrique et, pour blanchir le défilé de 1.000 kil. de chiffon de coton, de couleurs foncées, il convient d'employer 50 à 52 kil. de chlorure. Pour de gros chiffons écrus il suffit de 40 kil. environ.

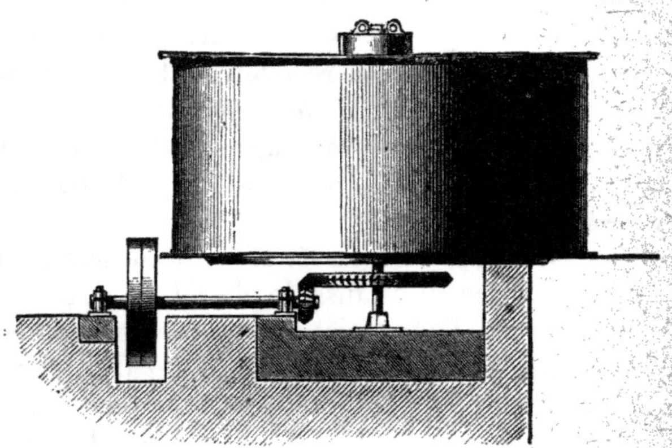

Fig. 28.

Les chiffons blanchis au gaz sont lavés avec soin, ils reprennent alors, en partie, leur couleur primitive ; mais un nouveau traitement, avec une solution de chlorure de chaux, leur donne la blancheur désirée.

Les chiffons qui doivent être blanchis au gaz sont tenus longs au défilage, ce qui facilite la pénétration du chlore.

Le presse-pâte ne sert pas exclusivement quand on veut blanchir au gaz. On l'emploie beaucoup pour des pâtes qui ne doivent subir qu'un blanchiment au chlorure de chaux dissous, afin de faciliter l'égouttage et le transport de ces pâtes, quand la disposition de l'usine ne permet pas de se dispenser de ces deux opérations.

Les dissolutions de chlorure de chaux se préparent souvent,

dans les usines convenablement installées, au moyen de cuviers de grandeur convenable, pourvus d'agitateurs tournant autour d'axes verticaux ou horizontaux.

Un de ces appareils est représenté fig. 28.

Quelquefois, la section horizontale du cuvier est à peu près elliptique ou en forme d'octogone allongé ; 2 agitateurs dont les axes sont verticaux y tournent dans le même sens, et leurs bras se croisent de manière à produire le plus de remous possible dans le liquide.

On a fait, aux Etats-Unis, des installations très complètes dans lesquelles un pétrin horizontal de 2 m. 40 de longueur, 0 m. 90 de largeur et autant de profondeur, muni d'un agitateur horizontal, ayant de nombreux bras en fonte, peut recevoir le contenu d'un baril de chlorure de chaux que l'agitateur délaie dans une quantité d'eau convenable. Le bord de ce pétrin, dont toute la partie supérieure est à découvert, se trouve de quelques centimètres au-dessous d'un plancher sur lequel on peut rouler, ouvrir et vider les barils de chlorure.

L'agitateur du pétrin tourne avec lenteur, au moyen d'une commande à vis sans fin. La matière, convenablement délayée, est envoyée, par un robinet et un entonnoir, dans un cylindre en fonte pourvu de nervures intérieures et soumis à un mouvement lent de rotation, sur quatre galets, pour que les grumeaux qui restent dans la bouillie de chlorure, constamment relevée par les nervures, achèvent de se délayer.

La solution, convenablement étendue, est envoyée dans des bassins de décantation.

Dans des usines où l'on n'emploie pas de très grandes quantités de chlorure de chaux, on voit de petits appareils, dits chloro-extracteurs, ou moulins à chlore, agissant d'après le principe des meules à blé ou des moulins à café, avec des organes broyeurs en bronze ou en pierre dure. Ces appareils fonctionnent assez bien ; mais on ne peut y introduire le chlorure en poudre que par petites quantités, ce qui oblige à en verser constamment, jusqu'à ce que toute la quantité à dissoudre soit passée.

Les cuviers, avec agitateurs verticaux, et les bassins de décantation, sont ordinairement pourvus de 2 robinets de vidange, dont l'un est tout au fond, tandis que l'autre se trouve à une trentaine de centimètres au-dessus. On décante le liquide quand le marc s'est déposé, après arrêt des agiteurs, au-dessous du robinet supérieur. On remet ensuite de l'eau sur le marc et l'on fait, de nouveau, tourner les agitateurs.

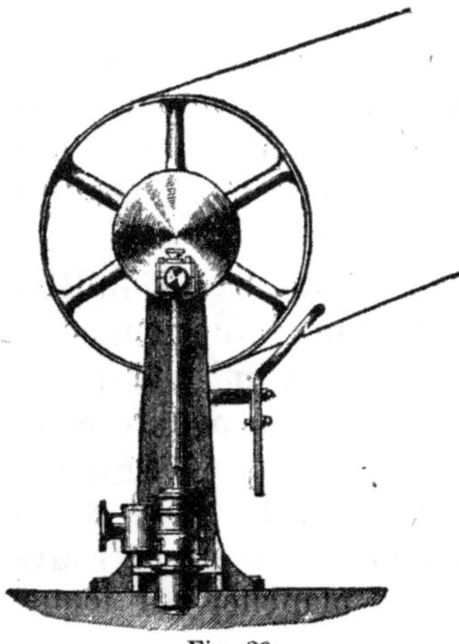

Fig. 29.

La nouvelle solution est mélée à la première; quelquefois on en fait une troisième et même une quatrième ce qui, d'ordinaire, n'a souvent pas beaucoup d'avantages; car le chlore récupéré arrive à ne pas couvrir la valeur du temps employé à l'obtenir.

Les solutions mélangées sont descendues dans un autre bassin de décantation d'où on les envoie, au besoin à l'aide d'une pompe, à l'atelier de blanchiment. La fig. 29 représente une pompe à chlorure de chaux construite par Bryan Donkin et Cie.

Il est bon d'avoir, pour un appareil à dissoudre le chlorure, 2 séries de bassins de décantation, afin de donner en toute sécurité, aux dissolutions, le temps de se déposer.

Au lieu du robinet placé à quelque distance du fond du cuvier de dissolution, ou de ceux de décantation, certains fabricants ont un tuyau articulé, placé à l'intérieur de ces récipients et dont on peut lever ou baisser à volonté l'extrémité supérieure, pour prendre la solution clarifiée à la hauteur jugée convenable.

Il est indispensable que les solutions de chlorure soient toujours préparées de la même manière; il est bon de les titrer; mais, dans les usines qui ne sont pas très importantes, on se donne rarement cette peine. Tout au plus vérifie-t-on la densité du liquide à l'aide d'un aréomètre.

Il est, en tout cas, nécessaire de savoir, au moins à peu près, les quantités de chlorure de chaux, de qualité courante, qu'il faut employer pour blanchir 1.000 kil. de différentes matières.

Ces quantités sont très variables; mais les proportions ci-après peuvent en donner une idée approximative :

Toiles de lin et cotons blancs....	2 à 3 0/0
— écrues peu usées.........	8 à 10 —
— bleues et cordes.........	10
Indiennes de couleur...........	10 à 12 —
Paille et alfa.................	20

Ces quantités se rapportent à 100 parties en poids de matière brute traitée.

La manière de blanchir au chlorure de chaux en dissolution peut varier beaucoup.

Parfois on verse directement la solution dans la défileuse; dans ce cas il est bon, pour ne pas perdre de temps, de descendre le défilé, avec le chlorure de chaux, dans une caisse où on lui donne le temps de blanchir. Il convient, pour cela, que le fond de la caisse soit perméable, pour que la pâte puisse s'égoutter quand on le veut; mais que l'on puisse, au moyen d'une vannette, fermer le conduit d'évacuation, de manière à laisser la solution blanchissante en contact avec la fibre, pendant le temps nécessaire.

Souvent on égoutte la matière, au sortir de la défileuse, dans une caisse d'égouttage ou sur un presse-pâte, puis on la transporte dans une pile spéciale, dite blanchisseuse laveuse, qui peut recevoir le contenu de plusieurs défileuses, mais dont les dimensions se règlent, habituellement, d'après la quantité de matière que l'on peut traiter dans un lessiveur de l'usine.

Il est préférable, quand on le peut, de ne pas égoutter la matière au sortir des défileuses, mais de l'envoyer directement dans les blanchisseuses. C'est ce que l'on fait souvent dans les usines qui traitent constamment la même matière : alfa, paille, bois. Dans ce cas les blanchisseuses ont souvent de très grandes dimensions. Nous pouvons citer une pile contenant 1.000 kil. de matière et qui avait intérieurement 8 m. 70×4 m. 21 et 1 m. 30 à 1 m. 40 de profondeur. L'agitateur en forme de roue à palettes avait 1 m. 90 de diamètre et faisait 6 tours par minute.

Il faut, pour dégager le chlore de la solution de chlorure, l'action d'un acide et, comme l'acide hypochloreux se décompose très facilement, l'acide carbonique contenu dans l'air suffit quand on le laisse agir quelque temps sur le mélange de fibre et de liquide blanchissant.

On obtient toutefois un blanchiment beaucoup plus rapide si l'on verse dans la pile, après le chlorure, un peu d'acide sulfurique (préféré à cause de son prix peu élevé). Il se forme du sulfate de chaux et il se dégage de l'acide hypochloreux qui se porte sur la fibre à blanchir.

Certains chimistes ont préconisé l'emploi de doses d'acide sulfurique suffisantes pour transformer en sulfate toute la chaux libre et toute celle, combinée avec l'acide hypochloreux, que le liquide blanchissant peut contenir. Il suffit, en réalité, de très peu d'acide sulfurique ; car il s'agit seulement d'amorcer la réaction. En agissant sur les matières à décolorer, l'acide hypochloreux produit de l'acide chlorhydrique ; celui-ci, à son tour, décompose une nouvelle quantité d'hypochlorite de chaux, élément essentiel de la solution blanchissante, en dégageant cette fois du chlore qui se transforme en acide chlorhydrique, et la réaction se continue ainsi tant qu'il y a de la matière susceptible de se combiner avec le chlore.

Beaucoup de caisses d'égouttage ne sont pas organisées pour retenir longtemps le liquide avec la pâte blanchie. Ce liquide s'échappe alors avec une assez forte proportion d'hypochlorite de chaux non décomposé ; il convient de le recueillir dans un réservoir et de le remonter, avec une pompe, pour commencer à fournir les blanchisseuses.

L'emploi d'un acide, pour accélérer l'action de l'hypochlorite de chaux permet de blanchir assez rapidement pour que le blanchiment s'achève à peu près dans la pile blanchisseuse. Avant de descendre la pâte, on la soumet alors à un lavage énergique. En ce cas les deux tambours laveurs signalés à propos de la fig. 25 sont très avantageux.

L'eau extraite par les tambours laveurs s'ajoute à celle qui provient des caisses d'égouttage de la pâte blanchie, pour délayer le défilé avec lequel on fournit les blanchisseuses.

La perméabilité des fonds ou parois de caisses d'égouttage

s'obtient au moyen de plaques de métal percées de nombreux trous très petits, de châssis garnis de toile métallique, mais surtout de carreaux en terre cuite non vernissée, en grès cérame ou en ciment portland, percés de très petits trous qui s'évasent par-dessous. Nous avons vu disposer, au fond des caisses, des liteaux de sapin très rapprochés, sur lesquels on clouait des toiles de jute. Ce système a l'inconvénient de durer peu, les liteaux se désagrègent et la toile se ronge sous l'action du chlore, en donnant lieu, si l'on n'y veille pas de près, à des pertes de pâte.

Des plaques d'ardoise percées, comme les carreaux précités, de nombreux trous évasés vers l'extérieur, donnent d'excellents résultats.

Les agitateurs peuvent être entièrement en fonte brute, y compris les palettes; ils résistent alors très bien à l'action du liquide acide. Ordinairement, les palettes en bois dont on se sert sont rapidement attaquées. Les boulons en fer se rongent rapidement sur les agitateurs.

On peut, au lieu d'employer un acide, accélérer l'action du chlorure de chaux en chauffant la matière dans la blanchisseuse. Il ne faut pas, dans ce cas, dépasser beaucoup la température de 30° C, autrement la fibre pourrait être attaquée.

Les fabricants américains pratiquent beaucoup le blanchiment à chaud, en mettant le défilé, avec la solution de chlorure, dans de grandes chaudières cylindriques ou sphériques tout à fait analogues aux lessiveurs rotatifs et qui tournent très lentement. Il se forme, paraît-il, à l'intérieur de ces appareils, un dépôt calcaire au moyen duquel la tôle est préservée de l'attaque du liquide blanchisseur.

On a construit des blanchisseuses des formes les plus variées, avec des agitateurs fonctionnant comme une roue de pompe centrifuge ou une hélice de bateau. Ces appareils peuvent bien fonctionner avec des pâtes courtes et non susceptibles de former des filoches, mais ils présentent souvent de grands inconvénients avec les pâtes de chiffon un peu longues ; car des fibres adhèrent aux angles des organes agitateurs, se tortillent autour d'autres fibres et finissent par former, en peu de temps, des filoches extrêmement incommodes et nuisibles au fonctionnement de la blanchisseuse. Si l'on emploie une vis comme agitateur, il ne faut pas qu'elle soit divisée en plusieurs branches, comme une hélice de bateau ; mais ne présente qu'une surface hélicoïdale continue à un seul filet. Certains constructeurs font faire plusieurs tours au filet mais d'autres se contentent d'un seul, ce qui semble très suffisant.

Les piles blanchisseuses se font souvent en maçonnerie mais, comme les enduits en ciment sont facilement attaqués par le liquide blanchisseur, beaucoup de fabricants doublent ces appareils avec des plaques de faïence, de porcelaine ou de plomb. Il est bon que ces dernières soient réunies entre elles au moyen de soudures autogènes, la soudure ordinaire des plombiers étant facilement attaquée par le liquide.

L'hypochlorite de sodium, préparé en mélangeant des solutions de carbonate de sodium et d'hypochlorite de calcium,

$$Ca(ClO^2) + Na^2CO^3 = CaCO^3 + 2NaClO$$

donne de très bons résultats mais son prix élevé empêche de l'employer souvent. On peut l'obtenir à meilleur marché, en même temps qu'avec une composition plus constante, en remplaçant le carbonate par du sulfate de sodium.

$$Ca(ClO)^2 + Na^2SO^4 = 2NaClO + CaSO^4$$

Le sulfate est préalablement dissous dans l'eau chaude, ce qui a lieu aussi pour le carbonate employé avec le précédent procédé ; on ajoute quelquefois un peu de carbonate au sulfate si ce dernier sel contient du sulfate de fer. Il se produit alors de l'oxyde de fer qui se précipite.

La solution décantée est ensuite ajoutée à celle d'hypochlorite de chaux, jusqu'à ce qu'il ne se produise plus de sulfate de chaux. Il est important d'agiter le mélange pour faciliter la formation de ce dernier sel.

Le sulfate de chaux ainsi précipité peut être utilisé, plus tard, dans la fabrication de certains papiers.

La question du blanchiment à l'hypochlorite de soude a pris de l'importance, depuis que l'invention de la dynamo a permis d'obtenir facilement l'électricité au moyen de la force motrice.

L'électricité décompose les solutions salines et, en la faisant agir sur une solution de chlorure de sodium, ou sel marin, on peut obtenir de l'hypochlorite de sodium.

Dès 1851, C. Watt obtenait un brevet impliquant la décomposition des chlorures de sodium, potassium et métaux alcalins par l'électricité. A cette époque le prix de revient de l'électricité ne permettait pas de s'en servir pour préparer des produits aussi peu coûteux que les hypochlorites de calcium et même de sodium, préparés au moyen des procédés chimiques.

C. Watt expliquait, dans la spécification de son brevet, que l'électricité commence par décomposer le chlorure, le chlore se portant sur l'une des électrodes, tandis que la base alcaline ou alcalino-terreuse se porte sur l'autre.

Le chlore libre, s'il se dégage librement, se combine avec une partie de la base contenue dans la dissolution, en formant un hypochlorite.

Ce procédé que beaucoup d'inventeurs ont imité, en cherchant à le perfectionner, est moins simple qu'on pourrait le croire ; parce que l'hypochlorite formé tend à se décomposer, de nouveau, dans l'électrolyseur.

La nature des électrodes est une autre difficulté. Tel procédé en emploie qui sont trop coûteuses, tel autre en a qui sont attaquées par le courant et peuvent se désagréger en salissant la solution d'hypochlorite obtenue et, peut-être, la pâte blanchie.

Enfin, on n'est pas bien d'accord sur la quantité d'électricité nécessaire à la production d'une solution ayant un titre donné. Un fabricant célèbre, nous montrant son usine dans laquelle il avait établi un système de blanchiment électrique très en faveur disait : « Je blanchis très bien par l'électricité ; mais, si l'on vous dit qu'il faut 10 chevaux pour blanchir telle quantité de papier, comptez-en 20 et vous serez dans le vrai. »

Il n'est pourtant pas contesté que l'hypochlorite de sodium, obtenu par électrolyse, donne d'excellents résultats au point de vue de la beauté du blanchiment ; il faut donc espérer que les moyens de production de cet agent deviendront tout à fait pratiques et économiques, dans l'intérêt de l'industrie du papier.

Ainsi qu'on a pu en juger par ce qui précède, au sujet du défilage et du blanchiment, il est ordinairement nécessaire d'égoutter la pâte après la première de ces opérations puis de transporter le défilé dans les piles blanchisseuses. De là résultent des frais de manutention, des pertes de temps et des causes de souillure et de déchets.

Depuis longtemps on a cherché à éviter ces inconvénients, en faisant passer directement la cellulose d'un appareil dans un autre, par simple écoulement dans des tuyaux, et l'on a monté des usines avec de nombreux étages, dans lesquelles les défileuses, établies à l'étage où se vide le contenu des lessiveurs, envoient le défilé dans des caisses d'égouttage au niveau desquelles se trouvent les blanchisseuses, ou même directement dans les blanchisseuses elles-mêmes.

Il n'est pas toujours possible de construire des usines à beaucoup d'étages superposés; mais on peut éviter les égouttages et transports de pâte au moyen de l'organisation ci-contre, pour laquelle MM. Masson, Scott et Cie, Townmead Road, Fulham (Londres), ont obtenu des brevets en 1899. Ce dispositif a, particulièrement, pour but de blanchir le bois, l'alfa, la paille et généralement des fibres traitées constamment, par grandes quantités. Voir fig. 30.

La matière, défilée et lavée dans une pile a, est envoyée, par une soupape et le tuyau b, quand elle est suffisamment débarrassée de la lessive ou de la solution acide, et raccourcie, dans une mesure convenable, dans la pompe centrifuge c qui, par le tuyau d, la monte dans un grand cuvier vertical e (ordinairement D = 2 m. 70 H = 4 m. 50 à 4 m. 80) dont le fond, en forme de cône, aboutit à un tuyau f qui mène la pâte à une pompe centrifuge g. Cette seconde pompe, par un tuyau h pourvu de 3 branchements i, j, k peut, suivant le besoin, envoyer la matière directement dans le cuvier e, en la faisant tomber sur un cône l destiné à la répartir dans le cuvier, dans une pile b où peut s'achever le broyage, ou dans une caisse m, où tourne un tambour laveur, et de là dans le cuvier e.

En manœuvrant des vannettes indiquées sur les tuyaux par des traits transversaux, et que l'on peut remplacer par des robinets, on peut faire circuler la pâte, additionnée de solution blanchissante, dans le cuvier *e*, puis, quand elle est assez blanche, la faire passer dans la caisse *m* pour la laver; finalement on peut l'envoyer dans les piles *b* où se terminera le broyage.

Le dispositif représenté pourrait suffire, à la rigueur, en opérant comme nous venons de le dire; mais MM. Masson, Scott et Cie installent ordinairement plusieurs cuviers côte à côte pour recevoir le défilé de plusieurs piles et le blanchir avec toute la lenteur nécessaire; un seul cuvier est pourvu du tambour laveur décrit plus haut. Une canalisation horizontale, dont un cercle indique la coupe en *n* permet, au moyen d'un

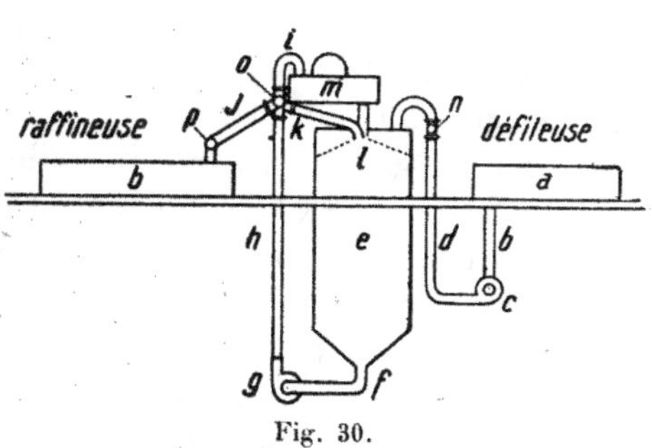

Fig. 30.

système de vannettes, d'envoyer la pâte d'une défileuse quelconque dans un quelconque des cuviers *e*. Un second tuyau horizontal *o* envoie la pâte dont le blanchiment est achevé dans un des cuviers, dans la caisse *m* du cuvier laveur; enfin, un troisième tuyau horizontal *p*, sert à descendre la pâte lavée dans une des piles *b*. Ce système a donné, paraît-il, d'excellents résultats dans une usine écossaise.

Il est indispensable qu'il ne reste ni chlore ni acide dans la pâte blanchie, car elle serait attaquée à la longue, et le papier fabriqué deviendrait friable et sans consistance, comme cela s'est vu souvent à l'origine du blanchiment au chlore. C'est pour cela qu'il faut laver énergiquement et très soigneusement la pâte blanchie, jusqu'à ce qu'elle ne montre plus de traces de chlore, ce qu'il est facile de reconnaître en mouillant un peu de défilé blanchi (après l'avoir égoutté en le serrant dans la main) avec une goutte de solution d'iodure d'amidon, obtenue avec une partie iodure de potassium, 2 parties amidon de blé ou fécule de pomme de terre, 3 parties eau. Cette solution, préparée à la température de l'eau bouillante, doit être conservée dans un flacon bien bouché; elle devient violette ou bleue au contact d'une pâte contenant encore du chlore ou de l'acide hypochloreux. Souvent on fait l'essai avec du papier sans colle imprégné d'iodure d'amidon et séché.

Beaucoup de fabricants s'imaginent qu'en ajoutant à la pâte, après le blanchiment, des produits dits *antichlores*, ils détruisent tout ce qui peut rester de chlore à un état quelconque. Or les antichlores donnent naissance, eux-mêmes, à des corps aussi pernicieux que le chlore ou le chlorure de chaux.

La présence d'un acide minéral dans la pâte : acide chlorhydrique ou acide sulfurique est aussi très dangereuse pour la conservation de la cellulose. Il est donc urgent de laver à fond la pâte destinée à se transformer en papier.

Vers 1850, Z. Orioli, chimiste et fabricant très habile, avait imaginé d'accélérer le blanchiment des chiffons, tout en supprimant l'usage des acides minéraux libres, en décomposant l'hypochlorite de chaux au moyen d'une solution de sulfate d'alumine. Il se produisait, comme résidus, d'après Orioli, du sulfate de chaux et du chlorure d'aluminium et comme substance active de l'oxygène naissant qui blanchissait la matière. Après avoir été employé pendant une vingtaine d'années dans des usines importantes, le procédé Orioli a été complètement abandonné, comme trop coûteux.

Nous terminerons ce chapitre sur le blanchiment par une courte description du blanchiment au permanganate, de potassium ou de sodium, inventé par Tessié du Motay en 1867.

En dissolvant à chaud du permanganate dans de l'eau, on obtient un liquide rouge qui, mis en contact avec une pâte à blanchir, la couvre d'une couche brune d'oxyde de manganèse. On ajoute de l'acide sulfurique en proportion convenable pour saturer l'alcali du permanganate; puis on verse dans la pâte une solution de bisulfite de sodium. On voit instantanément disparaître la couleur brune aux endroits où tombe ce réactif. En peu de temps, la pilée se trouve blanchie. On lave pour éliminer le sulfate de manganèse produit et l'on peut se servir de la pâte.

Le blanchiment au permanganate a l'inconvénient d'être très coûteux et plus compliqué que celui au chlorure de chaux, aussi est-il très peu employé.

Certains fabricants de papier font subir, aux pâtes déjà blanchies, un second blanchiment après les avoir, s'il y a lieu, mélangées dans les proportions qui conviennent pour les papiers à fabriquer. On opère ainsi dans des usines très renommées, afin d'obtenir une blancheur du papier à la fois belle et régulière.

CHAPITRE III

Raffinage.

C'est le gouverneur de raffineuses qui fait le papier, dit-on dans les usines, pour exprimer l'importance du travail de cet ouvrier et des machines qu'il conduit.

Si, en effet, le raffinage est bien exécuté, le papier sera facile à fabriquer, il sera homogène, aussi solide que la matière première employée permet de l'obtenir; on n'y observera pas de parties mal triturées : nœuds, pâtons, lentilles; bref ce sera de bon papier; tandis qu'il aura une foule de défauts, si le raffinage est exécuté par un ouvrier malhabile ou négligent.

Une pile raffineuse ordinaire et d'ancien modèle, dit hollandais, diffère peu, au premier abord, d'une défileuse, mais le nombre des lames de son cylindre et de sa platine est ordinairement plus grand. Souvent les piles raffineuses n'ont pas de tambour laveur, mais cet appareil peut être très utile, pour éliminer les dernières traces de chlore et d'acide que le défilé blanchi peut contenir encore, au besoin pour épaissir la pâte.

Le raffinage a pour but de séparer les fibres élémentaires qui, malgré l'élimination des matières agglutinantes par les agents chimiques, forment après le défilage des faisceaux, relativement trop raides, pour s'enchevêtrer facilement pendant la formation de l'espèce de feutre qui constitue le papier.

Le pilon ou maillet des anciennes papeteries, en écrasant les filaments, séparait très bien les fibres élémentaires ; mais il fallait le faire agir longtemps pour que le choc des lames du maillet sur la platine réduisît assez la longueur de ces fibres pour permettre d'obtenir des papiers homogènes, bien fondus, comme disent les papetiers.

L'action du cylindre de la raffineuse peut, suivant qu'on le désire, être très énergique ou très douce. Si un petit nombre de lames du cylindre, à bord mince, agit sur un petit nombre de lames de platine, ayant aussi un bord mince, la pression à l'unité de surface sera, relativement, considérable pour un cylindre de poids donné, les filaments végétaux mis dans la pile seront traités très énergiquement, et leur raccourcissement s'opérera très rapidement par rapport à la séparation de leurs fibres élémentaires. La matière sera *hachée*.

Moins il se trouvera de filaments entre les lames du cylindre et celle de la platine, plus ces filaments auront à subir la pression du cylindre et les chocs des lames entre elles, ce qui contribuera encore à les faire hacher plus vite, avant que leurs fibres élémentaires aient le temps de bien se séparer.

On arrive à obtenir, avec la raffineuse à cylindre, des pâtes égales et même supérieures à celles que donnaient les maillets, en donnant au cylindre et à la platine, des lames plus nombreuses et plus épaisses et en mettant moins d'eau dans la pile avec la matière à raffiner.

C'est ainsi que l'on a des piles avec des lames de 10 millim. d'épaisseur et plus et des platines qui couvrent environ 1/4 de la périphérie du cylindre. Elles conviennent surtout pour le traitement de la pâte de bois dont les fibres élémentaires, larges et rigides, ont besoin d'être traitées avec beaucoup de ménagements si l'on veut obtenir un bon raffinage.

Pour ménager encore plus les fibres, on est arrivé à remplacer les platines métalliques par des platines en pierre, sur lesquelles les lames du cylindre portent, à la fois, dans toute leur longueur. Enfin on emploie beaucoup, depuis quelques années, pour fabriquer avec des pâtes de bois des papiers dits parcheminés, des cylindres en pierre tournant sur des platines de même nature. Ces cylindres sont creusés de tailles propres à faciliter l'entraînement de la matière à traiter; mais, en somme, celle-ci se trouve toujours comprise entre des surfaces actives très étendues, ce qui adoucit considérablement le travail du cylindre et, dans beaucoup de cas, en réduit beaucoup la durée.

Les piles à cylindre et platine en pierre, très connues sous le nom du fabricant allemand M. Schmidt, qui les a fait connaître, avaient déjà été brevetées en France, dès 1873, par Aristide Bergès, et un fabricant de Prague en a revendiqué l'emploi dans son usine dès 1877.

Les faisceaux de fibres élémentaires, après l'action des agents chimiques, se divisent ou, si l'on veut, se fendent facilement dans le sens de leur longueur, et leur surface augmente rapidement à mesure que le nombre des fentes se multiplie. Une comparaison le démontre facilement.

Imaginons une baguette à section carrée, en bois facile à fendre, ayant une longueur assez grande pour qu'on puisse négliger la surface d'une section transversale, et dont les côtés ont 1 centim. de largeur.

Si l'on fend cette baguette suivant le milieu de son épaisseur, et perpendiculairement à 2 côtés opposés, en 2 moitiés, la surface primitive devient moitié plus grande, soit 1,5 au lieu de 1. Si, au lieu d'une fente, on en fait deux, perpendiculaires l'une à l'autre, la surface primitive est doublée.

Il faudrait, en opérant les sections transversalement, réduire la réglette en tronçons très petits pour arriver à doubler la surface de la réglette, et les fragments n'auraient plus de tendance à s'enchevêtrer.

Or un filament ou faisceau de fibres primitives peut se comparer à la réglette : en le divisant longitudinalement, c'est-à-dire en isolant les fibres primitives, on peut multiplier beaucoup sa surface, ce qui est beaucoup plus difficile en le divisant transversalement. En même temps on facilite l'enchevêtrement des fibres pendant la fabrication du papier.

La quantité de liquide qui peut mouiller un corps est proportionnelle à la surface de ce corps, et un corps retiendra d'autant plus d'eau qu'on augmentera sa surface en le divisant.

C'est ce qui arrive pour les matières dont le raffinage a bien séparé les fibres élémentaires. La surface considérablement augmentée retient facilement l'eau ; les Anglais disent que la pâte, dans cet état, est *humide* ou *mouillée* (wet) ; en France on dit qu'elle est *grasse* parce qu'elle semble l'être quand on la serre dans la main. Les matières qui ont beaucoup de fibres élémentaires très ténues : le chanvre et le lin, par exemple, donnent des pâtes grasses quand on les raffine avec précaution, et l'on peut, en raffinant pendant très longtemps des pilées de fibres quelconques, arriver à les *engraisser*, à force de fendre ces fibres longitudinalement. Les pâtes s'égouttent d'autant plus difficilement qu'elles sont plus grasses.

Il se peut, d'ailleurs, comme le disent des chimistes distingués, que la cellulose se modifie sous l'influence d'un battage très long et très ménagé, en se combinant avec une certaine proportion d'eau.

Les faisceaux de fibres non isolées, même lorsqu'ils sont divisés transversalement dans une certaine mesure, retiennent peu d'eau, les papetiers disent que les pâtes de ces fibres (dont le coton est le type) sont *surges* ou *maigres*. Les pâtes travaillées rapidement s'égouttent rapidement : aussi les qualifie-t-on, en Angleterre, de mots qui veulent dire *rapides* ou *exemptes d'eau*.

Le gouverneur de raffineuses doit, ordinairement, chercher à isoler les fibres primitives. Pour cela il donne, à la pâte contenue dans sa pile, la consistance convenable et abaisse modérément le cylindre ; peu à peu il l'abaisse davantage et, quand il s'aperçoit en serrant un peu de pâte dans la main, que la matière est convenablement *engraissée*, il fait porter énergiquement le cylindre sur la platine, afin de raccourcir les fibres au degré nécessaire à la qualité de papier à obtenir.

Le gouverneur doit avoir soin de remuer, de temps en temps, le contenu de chaque pile avec une spatule, en s'appliquant à suivre, avec cet instrument, les angles du fond de la pile où la pâte tend à s'arrêter par suite des frottements. Quand il juge la matière suffisamment battue et raccourcie, il relève légèrement le cylindre pour *affleurer* la pâte, c'est-à-dire en faire disparaître les nœuds et pâtons dont il reconnaît la présence en prenant dans la pile une pincée de pâte qu'il délaie soigneusement dans un petit seau ou autre récipient rempli d'eau. En faisant ensuite couler lentement cette eau par-dessus le bord du récipient, le gouverneur voit très bien si la pâte est convenablement raccourcie, homogène, bien battue et exempte de nœuds, pâtons et parties mal délayées. Au bout d'un quart d'heure environ, le cylindre est soulevé un peu plus, et l'affleurage s'opère encore pendant le même temps, après lequel le gouverneur doit pouvoir descendre la pilée.

Dans une usine où l'on fabrique toujours le même papier, le travail des gouverneurs de raffineuses est très simplifié, en principe; mais il demande toujours de l'attention et, comme dans les usines de ce genre on se sert ordinairement de grandes piles, le travail de spatulage ne laisse pas d'être pénible.

Dans les papeteries ou l'on travaille avec des chiffons de qualités plus ou moins nombreuses, pour faire des papiers variés, collés, colorés, il faut pour gouverner les piles raffineuses des ouvriers intelligents, soigneux et consciencieux.

On a cherché à simplifier le travail des gouverneurs en construisant, en Angleterre, vers 1850, un ingénieux appareil dit automate (*Self actor*), qui devait opérer tout seul, une fois la pilée fournie, l'abaissement graduel du cylindre sur sa platine et son relevage au moment d'affleurer.

A l'époque dont nous parlons, les piles en usage ne contenaient guère plus de 50 kil. de pâte, la plupart des usines fabriquaient des sortes assez variées, on se servait exclusivement de chiffons et, très fréquemment, il fallait régler les self actors suivant la pâte à obtenir, le réglage n'était pas à la portée de tous les ouvriers. En outre le self actor était assez coûteux; toutes ces raisons le firent bientôt délaisser. On l'avait aussi appliqué au défilage, pour lequel il avait au moins autant d'inconvénients.

Nous venons de signaler l'utilité d'un bon mélange de la pâte dans les piles; or, le spatulage devient pénible quand les piles deviennent grandes et, par suite, n'est pas toujours exécuté avec les soins désirables.

D'autre part, des essais de divers ingénieurs ayant démontré que le choc des lames du cylindre contre le liquide donne lieu à une dépense de force inutile et d'autant plus importante, par rapport à la force totale dépensée, que la pile travaille des pâtes plus tendres et nécessitant moins de force, beaucoup de fabricants et de constructeurs se sont ingéniés à combiner des piles pour supprimer, ou du moins réduire le plus possible cette perte de force, tout en facilitant la circulation et le mélange de la pâte.

Des brevets ont été pris pour les appareils les plus bizarres ; mais la vieille pile hollandaise a été conservée dans la plupart

Fig. 31.

des usines, non par esprit de routine, mais parce qu'elle se prête au traitement des matières les plus variées, tendres,

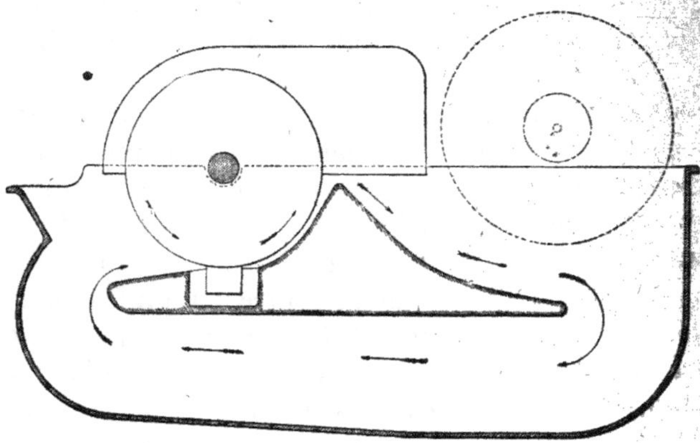

Fig. 32.

dures, lourdes ou légères, propres ou sales, aptes ou non à former des filoches.

Parmi ses modifications si nombreuses, nous nous bornerons à citer : 1° la pile Umpherston, fig. 31 et 32, brevetée en 1880 et dans laquelle le mouvement de la pâte, au lieu de s'opérer horizontalement, a lieu verticalement, dans le sens indiqué par les flèches de la figure. Un système analogue avait, paraît-il, été combiné et essayé par les Montgolfier. La pile Umpherston travaille bien ; mais on lui reproche de n'être pas accessible sous le cylindre et le saut, et de ne pas permettre de spatuler la pâte au besoin.

2° La pile Eichorn, dite *idéale* que, construit M. Allimand, à Rives (Isère), travaille des pâtes très épaisses, ce qui facilite l'engraissage. Un docteur, placé derrière le cylindre et qui en touche presque les lames, empêche la pâte de revenir en avant de ce cylindre, en passant au-dessus de lui. Le cylindre est très gros, le saut très élevé, la rotation très rapide. Malgré son épaisseur la pâte circule très bien. Cet appareil procure une notable économie de force motrice.

3° La pile Hoffsümmer dont M. Allimand a, comme pour la pile Eichorn, le privilège pour la France. Elle se distingue par l'emploi, dans le même bac, de 2 cylindres envoyant chacun la pâte dans une rigole parallèle à leur axe et dans laquelle se mélangent, très complètement, toutes les parties de la masse, ce qui n'a pas lieu avec la pile hollandaise originale, dans laquelle les parties voisines de la paroi extérieure et celles qui touchent la cloison médiane, peuvent tourner très longtemps sans se mélanger ; sans compter que la pâte voisine de la cloison médiane passe plus fréquemment sous le cylindre parce qu'elle a moins de chemin à parcourir. Ces inconvénients de la pile hollandaise ordinaire rendent indispensable le spatulage de la pâte. Voir les fig. 33, 34 et 35.

Dans la pile Hoffsümmer, la matière suit, d'un cylindre à l'autre un parcours minimum et circule très facilement, aussi peut-on y travailler une pâte très épaisse, avantage important, comme on l'a vu plus haut, lorsqu'il s'agit d'engraisser la matière.

4° La pile Taylor, construite à Londres par MM. Masson, Scott et Cie, à Edimbourg par MM. James Milne and Son, et que nous donnons ici comme exemple d'appareil dans lequel la circulation de la pâte ne résulte plus de l'action du cylindre (fonctionnant comme roue élévatoire) mais de celle d'un pro-

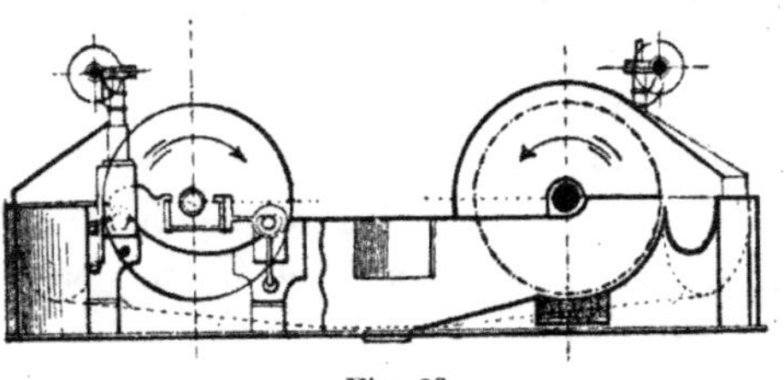

Fig. 33.

pulseur. Celui de la pile représentée est une pompe centrifuge qui, par un robinet à 2 eaux, représenté en bas et à gauche, renvoie la pâte de la cuve de pile au cylindre, par un tuyau vertical, ou la dirige dans les réservoirs à pâte d'une machine à papier. Voir fig. 36.

Nous pouvons citer, comme exemple d'application de cette pile, une installation de 8 appareils exécutée dans l'usine écossaise mentionnée à la p. 77, par MM. Masson, Scott et Cie.

La circulation de cette pile est parfaite avec des matières courtes; mais il n'en serait pas de même avec des pâtes longues et sujettes à former de grandes filoches.

En 1902, M. Clayton Beadle, ingénieur anglais très connu et des plus distingués, a exécuté des expé-

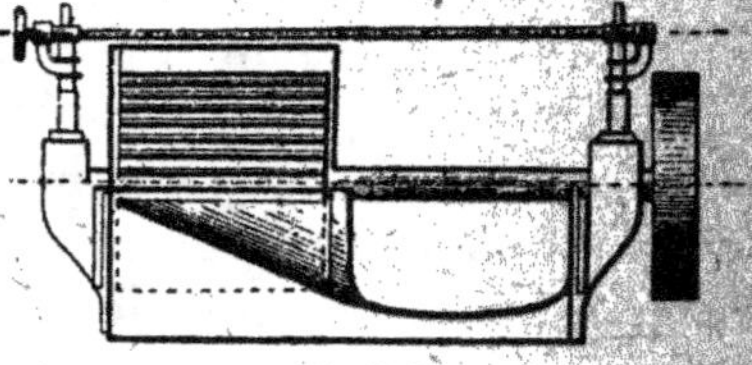

Fig. 34.

riences comparatives sur la défense de force, pour une même quantité de pâte raffinée, avec une pile ordinaire, type hollandais, contenant 136 kil. de pâte sèche; une pile Umpherston contenant 272 kil,; une pile Taylor de 181,50 kil. et une pile du même système, mais contenant 454 kil. de pâte.

La dépense de force, mesurée sur un moteur électrique, c'est-à-dire avec beaucoup de précision, a été par 100 kil. de pâte produite et par heure.

Avec la pile hollandaise............	12^{HP}50	
— — Umpherston...........	21	38
— — Taylor de 181,50.......	8	25
— — — 454 ».......	7	13

Si intéressants que soient ces nombres comparatifs, il serait

utile d'en obtenir d'autres avec des pâtes de différents degrés
de dureté. On sait, en effet, que la perte *relative* de force, avec
une pile sans propul-
seur, est plus grande
quand le cylindre est
peu appuyé sur une
pâte tendre, qu'elle ne
l'est quand une pâte
dure nécessite l'emploi
de toute l'énergie dis-
ponible du cylindre.

Piles perfectionnées.
— Inventé en France
vers 1865, par Mette-
net et Fistié, le cylin-
dre équilibré ne s'est
répandu que dans ces

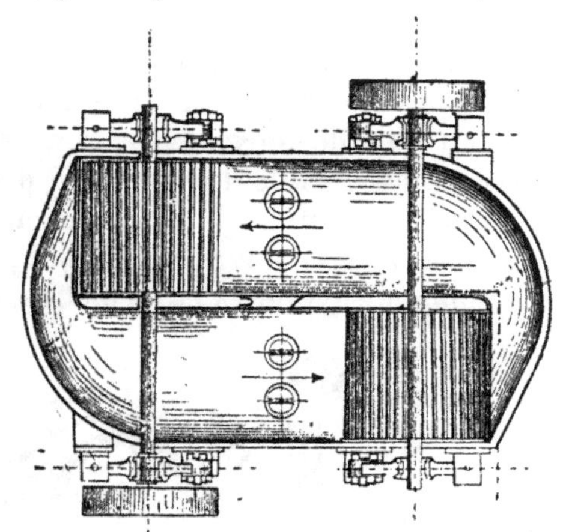

Fig. 35.

derniers temps; on le trouve maintenant, avec des dispositions variées, chez des fabricants habiles, auxquels il donne
toute satisfaction.

Le cylindre équilibré paraît être surtout avantageux dans
les usines qui traitent
des matières de con-
sistance très variable.
Une fois réglé pour
une pâte donnée, il
travaille constam-
ment avec l'énergie
convenable. Le sys-
tème s'applique non
seulement aux raffi-

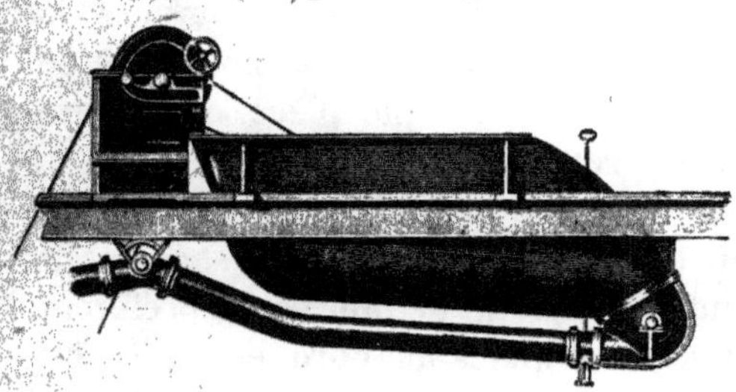

Fig. 36.

neuses mais aussi aux défileuses, et la fig. 37 représente une
de ces dernières piles construites par Nökel et Wellenstein, à
Ratingen (Allemagne).

La contenance des piles raffineuses est très variable. On en
voit qui tiennent 50 kil. de pâte sèche et d'autres 500 kil. et
plus. Les petites n'ont d'avantage que dans les usines où l'on

change souvent de fabrication et où l'on fait des papiers de couleur parce qu'elles permettent de corriger facilement les défectuosités de mise en train d'un papier. Les grandes piles sont, à quantité égale de pâte travaillée, moins encombrantes et plus simples que les petites. Il est plus difficile, avec elles, de mettre en train de nouvelles sortes de papier et d'en corriger, au besoin, les défauts de qualité ou de coloration ; mais, une fois qu'on a obtenu de la pâte convenable, la fabrication du papier peut se poursuivre simplement et avec régularité.

Les lames de cylindres et de platins, qui sont ordinairement

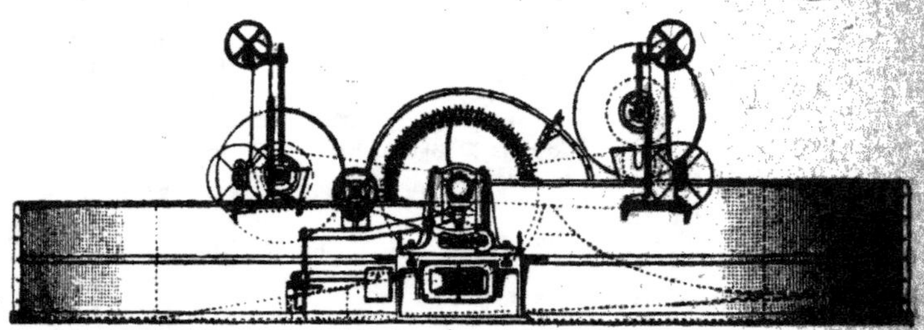

Fig. 37.

en acier pour les défileuses, se font aussi en bronze pour les raffineuses, souvent la platine de ces dernières se compose de lames d'acier prises dans un bloc de métal coulé (zinc allié de plomb), souvent aussi on la fait d'une seule pièce, en bronze dur et tenace (bronze phosphoreux).

On emploie souvent des lames de cylindres et de platines assez peu épaisses et qui travaillent indéfiniment sans avoir besoin d'être retaillées ; mais beaucoup de fabricants préfèrent se servir de lames épaisses, amincies au bord et qu'il faut retailler de temps en temps. On se sert pour cela de petites raboteuses comme celle représentée fig. 38 en train de retailler une platine et avec laquelle on peut aussi retailler les lames de cylindres, à condition de disposer une petite fosse sous la machine. Cette dernière est construite par Bryan Donkin et Cie, à Bermondsey. Des raboteuses encore plus simples et que deux hommes peuvent faire tourner à bras permettent d'affûter les lames de cylindres sur les piles elles-mêmes, voir fig. 39.

On remplace quelquefois le ou les burins de raboteuses de ce genre par des fraises et l'on peut commander ces machines

Fig. 38.

mécaniquement au moyen d'une transmission, s'il en existe une à portée ou, au besoin, d'un petit moteur à essence ou mieux encore d'une petite dynamo motrice.

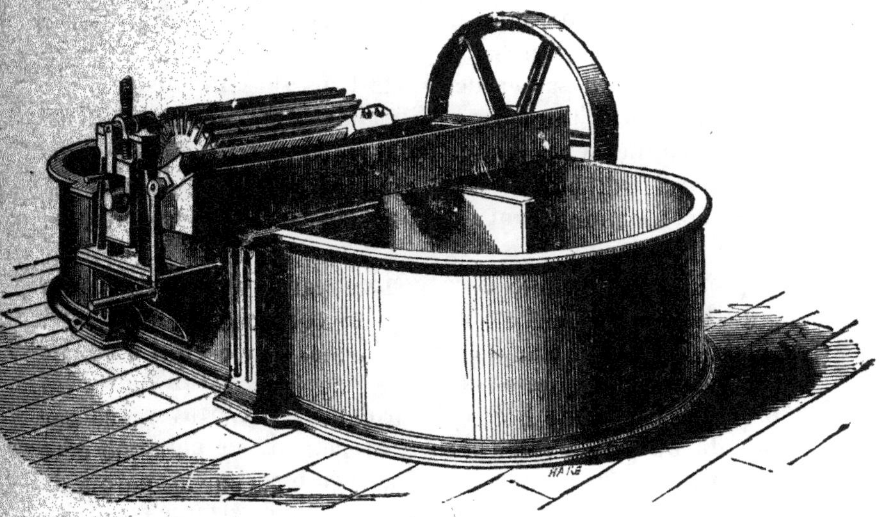

Fig. 39.

Beaucoup de fabricants de papier font remplacer, dans leurs propres ateliers, les lames de cylindres quand elles sont usées. Pour que le cylindre remonté à neuf soit bien régulier de forme, on le met sur le tour; mais on peut aussi le roder dans la pile, en le faisant tourner avec précaution sur une platine en grès ou en faisant passer sur les lames, pendant qu'on fait tourner à sec le cylindre à sa vitesse usuelle de travail, un bloc en composition d'émeri que l'on monte, à l'aide d'un support spécial, sur la machine portative à raboter, fig. 39, citée plus haut.

Nous mentionnerons aussi la pile dite mélangeuse qui sert, dans des usines où l'on emploie des pâtes de consistance très différentes, à mêler les pâtes dures, travaillées dans des piles raffineuses, à des pâtes tendres, de rognures par exemple, dont le broyage exige peu de force. La mélangeuse permet de réaliser une économie importante de force motrice. C'est une grande pile dont l'organe essentiel se compose de 2 disques garnis de lames et frottant l'un contre l'autre comme deux meules de moulin, en produisant un bon affleurage du mélange de pâtes. Les plateaux, par la force centrifuge qu'ils engendrent, donnent lieu, en même temps, à une active circulation de la pâte. Dans les usines qui font des papiers collés ou de couleur, c'est ordinairement dans la mélangeuse qu'on ajoute les ingrédients nécessaires.

Les fabricants de papier des Etats-Unis se sont mis, il y a une cinquantaine d'années, à raffiner la pâte en continu ou du moins à terminer le raffinage commencé dans des piles ordinaires, mais ordinairement de grandes dimensions, dans un appareil à fonctionnement continu chargé, en même temps, d'opérer l'affleurage.

La première machine de ce genre paraît avoir été le pulp engine, de Laban Clarke Stuart. Il se composait d'un disque en métal, garni sur chaque face de lames d'acier, qui tournait entre 2 autres disques aussi garnis de lames et formant les parois latérales d'une boîte cylindrique et fixe, traversée par l'arbre du disque médian. Cet arbre passait, de chaque côté de son disque, dans des presse-étoupes établis sur les parois de la boîte cylindrique et pouvait jouer, dans une certaine mesure, dans le sens de la longueur de son axe. Un appareil de réglage permettait de rapprocher, à volonté, une des parois fixes de la surface du disque tournant.

Une pompe, prenant de la pâte convenablement préparée dans un réservoir où elle arrivait au sortir des piles, l'envoyait par un tuyau près du centre d'une des parois fixes. Refoulée par la pompe, la pâte contournait la périphérie du disque mobile et venait sortir par un orifice pratiqué dans la seconde paroi fixe. En réduisant plus ou moins la section de passage de cet orifice, et le débit de la pompe, on pouvait obliger la pâte à rester plus ou moins longtemps dans l'appareil et la raccourcir où seulement l'affleurer.

Après avoir été en faveur aux États-Unis, et essayé sans grand succès en Europe, où il changeait trop les habitudes des papetiers, le pulp engine a cédé la place au Jordan représenté fig. 40 d'après un modèle de l'Emerson Manufacturing Cy à Lawrence (Mass. E. V.). Cet appareil se compose d'un

Fig. 40.

cône tronqué, garni de lames d'acier, qui tourne dans un autre cône garni de lames semblables. On comprend que ces lames, ou du moins celles de l'une des parties de l'appareil, ne peuvent être dans des plans passant par l'axe de rotation de l'appareil. Il leur faut assez d'obliquité (une douzaine de degrés) pour que les lames mobiles ne puissent s'engager entre les lames fixes. Cela, d'ailleurs, n'est pas moins nécessaire pour les lames de cylindre et de platine des piles ordinaires.

Au petit bout du cône enveloppe, on voit le tuyau par lequel arrive la pâte, envoyée par une pompe qui la puise dans un cuvier de dépôt. Le tuyau d'introduction débouche dans un renflement, au-dessus et au-dessous duquel on voit des conduits bouchés par des plaques de métal. Les corps durs : graviers, fer, etc., qui peuvent se trouver dans la pâte sont projetés, par la force centrifuge résultant du mouvement de rotation, contre la paroi du renflement et tombent dans le conduit inférieur d'où on peut les extraire en démontant la plaque de fermeture. Si des filoches, etc., se sont entortillés autour de l'arbre, on peut les retirer par le conduit supérieur.

A droite de l'appareil on voit un volant à main. Il sert à rapprocher plus ou moins les lames du cône intérieur de celles du cône extérieur, en agissant sur l'arbre dont l'extrémité est pourvue de collets tournant dans un coussinet de butée.

La pâte est seulement raccourcie un peu dans une raffineuse ordinaire où, par exemple, des déchets de lin peuvent rester

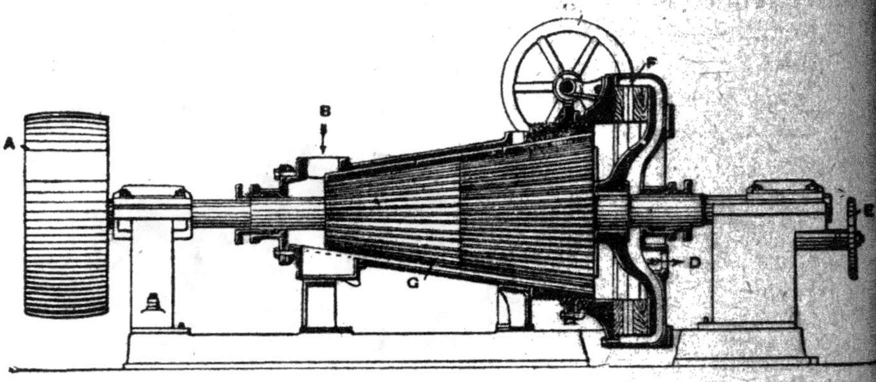

Fig. 41.

pendant une demi-heure. Quelquefois même elle passe directement de la défileuse dans le cuvier d'alimentation du Jordan.

Cette machine, suivant ses dimensions, peut fournir de 5 à 20 tonnes de pâte en 24 heures et prend environ 190 chevaux pour faire 1.000 kil. par heure. Elle permet de réduire considérablement le nombre des raffineuses et, d'après la pratique des usines américaines, on estime qu'elle réalise une économie d'environ 30 0/0 sur la force motrice qui serait dépensée pour effectuer, uniquement dans des piles, le raffinage et l'affleurage.

Certains fabricants américains font agir, successivement, deux Jordans sur la pâte ; nous pensons que le premier est alors destiné à raffiner et le second à affleurer, et que cette disposition permet de mieux régler le travail dans les deux cas.

Sous le nom de F. Marshall (de Turner's Fall (Mass. Etats-Unis), son inventeur, on construit un type de Jordan modifié par l'adjonction, à ce dernier appareil, de deux couronnes planes, garnies de lames d'acier, entre lesquelles se produit l'affleurage. Un mouvement, indépendant de celui du cône mobile, permet de rapprocher, dans la mesure convenable, la couronne fixe de celle qui tourne avec le cône.

Fig. 42.

Le Marshall ne semble pas avoir eu aux Etat-Unis le succès du Jordan, et ces deux appareils sont encore peu employés en Europe, bien que d'excellents constructeurs s'occupent de les propager. Les fig. 41 et 42 représentent l'appareil Marshall, en coupe et en perspective. A est la poulie motrice, B l'orifice d'introduction du défilé, C un volant à main servant à faire mouvoir, sur l'enveloppe conique de l'appareil, une couronne en fonte, filetée, portant de nombreuses lames d'acier qui, en F et dans un plan perpendiculaire à l'axe de rotation de la poulie, rencontrent d'autres lames fixées à une couronne montée sur l'arbre du cône G. Celui-ci est garni d'environ 210 lames d'acier. L'orifice de sortie de la pâte raffinée et affleurée est en D. Le petit volant à main E, visible à droite, sert à régler l'enfoncement du cône G

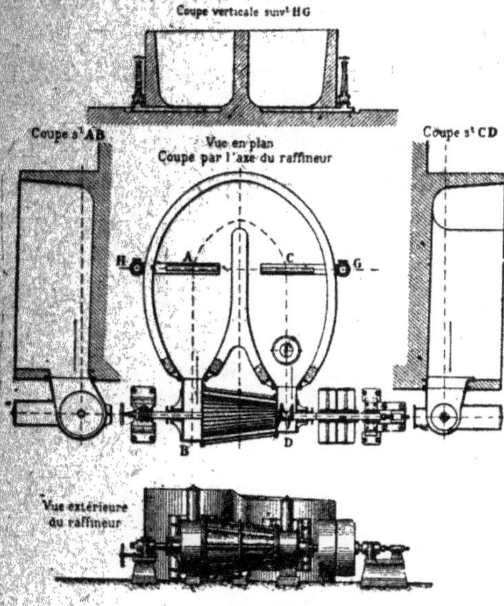

Fig. 43.

dans son enveloppe et, conséquemment, le travail de la machine.

M. André Py, constructeur de machines à Angoulême, construit, depuis quelques années, des raffineurs tronconiques donnant de très bons résultats pour traiter des matières non susceptibles de donner des filoches et, particulièrement, les pâtes de bois chimiques et demi-chimiques, la paille et les rognures. Un de ces appareils, à simple cône, est représenté sur la figure 43. M. A. Py fait aussi des raffineuses à deux cylindres tronconiques. Le second est alors disposé à l'autre bout de la pile, symétriquement à celui que montre la figure. Cette dernière est assez claire pour ne pas nécessiter d'explication. En A et C sont deux ajutages par lesquels on introduit l'eau dans la pile. Le liquide s'écoule dans un sens pour A et dans l'autre pour C, de manière à favoriser la circulation de la matière. On peut monter un tambour laveur sur cette pile, le cône broyeur tourne à 300 ou 350 tours par minute; avec deux cônes, on peut se dispenser de spatuler la matière, ce qui est un grand avantage avec des piles de grande capacité. Ce système de pile procure une notable économie de force motrice.

CHAPITRE IV

Collage. — Coloration.

Collage. — La pâte, préparée avec les matières et les appareils mentionnés dans ce qui précède, ne donnerait que des papiers plus ou moins perméables à l'eau, incapables, par conséquent, de servir pour l'écriture et même pour beaucoup d'autres usages.

Depuis longtemps on connaissait le moyen d'imperméabiliser les papiers en les trempant dans une solution de gélatine alunée, colle de peau, d'où le nom de *collage*, mais ce procédé, très compliqué, exige deux séchages du papier, et il aurait été impossible de l'appliquer, mécaniquement, aux débuts de la machine à papier.

En 1805, un fabricant allemand : M. F. Illig, à Erbach (Bavière), imagina plusieurs procédés très ingénieux de collage dans la pâte. Il les décrivit dans une petite brochure imprimée en 1807 et que Carl Hofmann a reproduite dans l'excellente revue Papier-Zeitung.

Dans ce petit livre, imprimé en dialecte bavarois, Illig décrit, avec beaucoup de précision et de logique, ses expériences sur le collage avec du lait caillé (caséine), de la cire, de la résine, de la poix et des gommes-mastics. Il donne exactement la manière de préparer un savon de résine et celle de précipiter la résine dans la pâte au moyen d'acides minéraux libres et, particulièrement, d'alun. L'invention d'Illig ne lui profita guère, et il mourut pauvre.

Toutes ces inventions ont été appliquées plus tard, mais

7

probablement refaites de bonne foi, par des personnes auxquelles les travaux du pauvre précurseur étaient absolument inconnus.

C'est ainsi que Causon, en 1827, réinventa en France le collage à la résine, puis celui à la cire. Vers 1860 on faisait, en France. des essais de collage à la caséine et à la gomme adragante ; vers 1890, la précipitation de la résine par les acides libres a été proposée comme une nouveauté.

Pour coller à la résine, on prépare d'abord un savon résineux en dissolvant à chaud, dans une lessive sodique, de la résine pulvérisée ou concassée. On peut aussi employer de la résine fondue ; l'essentiel est d'ajouter peu à peu cette matière dans la solution alcaline, afin qu'elle ne forme pas d'agglomérations que l'on aurait trop de peine à dissoudre.

On opère dans un cuvier en métal ou en bois, on chauffe le mélange au moyen d'une injection directe de vapeur ou, indirectement, au moyen d'une chemise de vapeur autour d'un cuvier métallique, ou d'un serpentin au fond de ce cuvier.

Si l'on se sert de vapeur introduite directement, il faut réduire la quantité d'eau employée pour dissoudre la soude.

Les proportions de résine varient : on se sert de colophane, provenant de la distillation de la résine brute ou gemme et qui ne contient pas d'eau comme la résine jaune. Pour 100 kil. de savon résineux, Illig employait 25 kil. de carbonate de potasse ou de soude. Certains fabricants mettent avec 100 kil. de colophane 15 à 18 kil. de soude, beaucoup d'autres, d'après une théorie du Dr Würster, font un savon résineux avec 85 kil. de colophane et 12 à 14 kil. 50 de carbonate de soude, puis ajoutent, quand le savon est préparé, 15 kil. de colophane qui s'émulsionne avec le savon. On obtient ainsi une colle dite *blanche* que ses partisans trouvent excellente. D'autres fabricants préfèrent employer un excès de soude. Il est nécessaire de débarrasser le savon de résine de la lessive en excès (qui prend une couleur brune), par décantations et transvasements ou brassages alternatifs ; or la lessive se sépare mieux quand la soude est un peu en excès.

On reconnait que le savon est formé, à l'aspect que prend la surface du liquide dans le cuvier de cuisson. Si, en outre, on délaie un peu de savon dans de l'eau froide, et si on plonge la main dans le mélange, il ne doit pas adhérer de résine au duvet de la peau si le savon est bien préparé.

Pendant la cuisson, les acides faibles qui constituent la résine se combinent avec l'oxyde de sodium du carbonate de soude, en éliminant l'acide carbonique de ce dernier sel. Il se forme une mousse très abondante et l'on doit modérer le chauffage de manière à ne pas avoir de débordement du liquide.

Certains fabricants se servent de soude caustique (hydrate de sodium) afin de ne pas avoir de dégagement d'acide carbonique.

On peut fabriquer le savon résineux en vase clos, on s'est servi, pour cela, de vieux lessiveurs rotatifs à chiffons, pour brasser le mélange pendant la cuisson; mais on peut aussi, avec un appareil fixe, agiter suffisamment la matière pour obtenir une bonne dissolution.

Si l'on emploie du carbonate de soude dans un appareil clos, le dégagement de l'acide carbonique est, dit-on, beaucoup diminué; il se formerait, d'après une théorie dont le bien fondé n'a pas été beaucoup démontré, du bicarbonate de sodium qui serait favorable au collage.

On emploie environ 85 litres d'eau pour dissoudre 100 kil. de colophane, si l'on opère avec de la vapeur directe; si l'on chauffe avec un serpentin ou une chemise de vapeur, cette quantité d'eau peut atteindre 150 à 165 kil. environ.

Il ne faut pas prolonger trop la cuisson du savon résineux, car il se colorerait au détriment de la blancheur du papier.

Le savon résineux s'améliore par un repos de quelques jours, l'eau mère se séparant plus complètement.

Quand on veut coller le papier, on dissout dans un cuvier, dans lequel il est bon d'avoir un agitateur mécanique, 1 partie pondérale de savon résineux dans 100 parties d'eau modérément chaude. On ajoute fréquemment, à cette dissolution, de la fécule pour donner de la raideur au papier, comme on en donne au linge avec l'amidon.

Le collage en pâte a donné lieu à une foule de théories, souvent contradictoires. Beaucoup de chimistes admettent que le savon résineux est un résinate de soude que l'on décompose dans la pâte, au moyen d'alun ou de sulfate d'alumine, en formant un résinate d'alumine, insoluble, qui adhère aux fibres, tandis que du sulfate de sodium se perd dans l'eau de fabrication, à l'état de résidu.

D'autres fabricants affirment que l'alun, en très minime quantité, peut faire adhérer la résine à la cellulose, en agissant comme un mordant de teinture.

Toujours est-il que le collage en pâte est une opération délicate dont les bons résultats sont soumis à de nombreuses causes de variations ; c'est ainsi, par exemple, que les papeteries alimentées, dans les pays de montagnes, par des eaux dont la composition varie par suite des fontes de neige, sont obligées de tenir compte de ces variations afin d'obtenir des papiers uniformément collés.

Coloration. — La coloration des papiers n'a pris beaucoup d'importance que dans le courant du siècle dernier. On s'est borné d'abord à l'emploi des ocres, puis on a utilisé des réactions chimiques pour obtenir du bleu de Prusse, des chamois au fer puis des chromates de plomb. En même temps, le bleu d'outremer, devenu d'un prix acceptable, a été appliqué de plus en plus à l'azurage. D'autres couleurs, telles que le carmin et les laques végétales ont été aussi très employées.

Actuellement, l'emploi des laques a disparu à peu près complètement, à peine se sert-on du carmin. Quant aux couleurs minérales, on les maintient seulement pour des papiers auxquels on demande des propriétés chimiques particulières, comme celle de résister à certains réactifs, tels que la chaux ou l'alun, ou d'être insensibles à l'action de la lumière. Les Anglais sont restés fidèles, pour de beaux papiers à registres, à l'emploi du bleu de cobalt, dont beaucoup de fabricants de papier de couleur, de qualité courante, n'ont jamais eu l'occasion de voir un gramme dans leurs usines.

La coloration des pâtes est une opération souvent difficile : elle exige beaucoup de pratique et l'on peut avoir avec elle, si l'on n'est pas prévenu, des surprises quelquefois assez gênantes. C'est ainsi qu'un papier coloré avec du bleu de Prusse, obtenu dans la pile, présente au moment de sa fabrication une teinte un peu verdâtre qui, au bout d'une douzaine d'heures, devient légèrement violacée.

Un débutant, à qui l'on a dit que, pour obtenir du chromate de plomb jaune serin, il faut verser une solution de bichromate de potasse *dans* une solution d'acétate de plomb et que, pour obtenir du jaune orangé, il faut au contraire verser la solution d'acétate *dans* celle de bichromate, peut ne pas comprendre que le sel versé se trouve en minorité dans la réaction, ce qui a beaucoup d'importance, de même que la température à laquelle doit se faire le mélange. Il faut, en effet, pour la première couleur, opérer à froid et, pour la seconde, avec des liquides chauds, de préférence.

Il arrive aussi, avec des teintures végétales, que la couleur change considérablement, suivant que le papier est fabriqué avec une eau alcaline (calcaire) ou acide (alunée). Tel rose, par exemple, prendra une teinte cerise avec l'eau calcaire et virera au brique avec l'eau acide.

Vers 1860 on fit, dans les papeteries, quelques essais de coloration avec les premières couleurs d'aniline, dont le prix était alors à peu près inabordable.

Dix ans après, le nombre de ces couleurs s'était beaucoup multiplié, et leur fabrication étant devenue industrielle, on put obtenir avec elles des papiers de très belles nuances, à des prix inférieurs à ceux des papiers colorés au moyen des anciens procédés.

Actuellement, on trouve dans le commerce une quantité de produits donnant une infinité de nuances dont quelques-unes sont fort belles. Pour une même couleur, il arrive que l'on obtient des prix très différents; cela tient à ce que dans les fabriques de couleurs on ajoute, pour des nécessités de fabrication ou pour donner aux produits une apparence de bon marché, des corps dont la valeur est bien inférieure à celle de la couleur pure. Il est bon de se rendre compte, au moyen d'expériences comparatives, de la valeur réelle des produits que l'on achète.

On distingue les couleurs d'aniline acides, basiques et substantives ou dianiles.

Les couleurs acides sont généralement préparées en vue d'obtenir leur solubilité dans l'eau et plus de facilité dans leur emploi. Il en est ainsi pour le violet magenta et le bleu alcalin. Les couleurs acides sont ordinairement moins riches que les couleurs basiques mais produisent des nuances très uniformes.

On dissout les couleurs à l'eau bouillante, à l'exception de l'auramine qu'il faut dissoudre à 80°. Il convient de la filtrer.

L'emploi simultané de couleurs acides et basiques, quand il est judicieusement pratiqué, peut contribuer à augmenter la richesse et la solidité des teintes et diminuer le prix de revient des colorations. Il ne faut, toutefois, jamais dissoudre ensemble une couleur acide et une couleur basique ou substantive. *(Voir tableau p. 103.)*

Si l'eau qui doit servir à dissoudre un colorant basique est calcaire, il convient de la corriger au moyen d'une légère addition d'acide acétique.

Les couleurs basiques acquièrent le maximum d'intensité dans une solution alcaline, sans aucun excès de mordant.

Les couleurs substantives ou dianiles n'ont pas besoin de mordants pour se fixer sur la cellulose.

On doit filtrer les dissolutions de couleur avant de les verser dans la pile, afin d'éviter que des particules mal dissoutes fassent des taches dans le papier. Certaines matières prennent plus de couleur que d'autres, et il est nécessaire de tenir compte de ce fait dans la coloration des papiers. C'est ainsi que la pâte mécanique de bois montre une plus grande affinité, pour les couleurs basiques, que la pâte chimique. Un papier coloré avec de la fuchsine, qui est basique, présente souvent un pointillé désagréable, si la pâte contient du bois défibré.

L'eau qui sort de la pâte teinte avec des couleurs d'aniline acides est généralement colorée. Les couleurs basiques se fixent mieux et donnent une eau peu colorée; souvent l'addition de couleur acide complète, en ce cas, la précipitation d'une couleur basique.

Les fabricants de papiers de couleur ont soin de garder des échantillons de toutes les nuances qu'ils obtiennent, cela facilite beaucoup l'obtention de teintes nouvelles, à faire sur échan-

COULEURS	ACIDES	BASIQUES	SUBSTANTIVES OU DIANILES
Violets	Violet à l'acide, solide.	Héliotrope. Violet méthyle. — cristallin.	
Bleus	Bleu soluble. — Guernesey. — de Chine. — de Lyon. — opale. — alcalin. — pour papier. — lumière. — pur. — à l'acide, solide. — solide. — carmin.	Bleu marine. — méthylène. — Victoria. — Thionine.	Bleu.
Verts	Vert acide.	Vert brillant. — malachite.	Vert.
Jaunes	Jaune pur solide. — pour papier. — méthanile. — Victoria.	Auramine. Flavophosphine.	Primuline. Jaune dianile.
Orangés	Orangé.		Orange.
Rouges	Ponceau. Ecarlate. Eosine. Erythrosine. Phloxine. Rose de Bengale. Rhodamine. Crocéine. Rouge solide. Bordeaux.	Safranine. Cerise. Fuchsine.	Rose. Rouge. Grenat.
Bruns	Vésuvine ou brun Bismarck. Brun solide.	Chrysoïdine. Vésuvine. Brun cachou. Brun foncé.	
Noirs		Noir jute. — charbon.	Noir.

tillon. Les fabricants de couleurs d'aniline fournissent, d'autre part, des collections de papiers colorés avec leurs produits, et cela fournit des données très utiles. Si, pourtant, il s'agit d'obtenir dans une papeterie une teinte nouvelle, voici comment on opère fréquemment.

Après avoir cherché à connaître, au moyen de réactifs chimiques, les couleurs employées pour l'échantillon type, après avoir comparé cet échantillon avec des papiers analogues, dont on connaît les éléments de coloration, en regardant les types à la lumière du jour et à celle d'une lampe ordinaire, d'une lampe électrique à arc ou à incandescence, ou d'une lampe à magnésium (les différentes lumières changent complètement l'aspect de certaines teintes), on choisit les colorants dont on croit l'usage convenable.

On mâche un petit morceau du papier type, afin de le réduire en pâte; puis, avec une ou plusieurs solutions dosées des couleurs dont on dispose, on colore, en se servant de pipettes graduées pour mesurer les dissolutions, un volume connu : un litre par exemple, de la pâte dont on devra se servir, en opérant par minimes adjonctions de couleur, jusqu'à ce que le litre de pâte ait, autant que possible, la nuance du type.

Pour mieux exécuter la comparaison, il est bon de prendre une pincée de la pâte que l'on vient de colorer, de la serrer entre les doigts ou dans un nouet de linge, puis de la serrer de nouveau, contre l'échantillon à imiter, dans un nouet de linge propre que l'on tord assez fortement. Les deux pincées de pâte colorée prennent ainsi le même degré d'humidité, ce qui est important lors d'une comparaison de ce genre.

Il est indispensable que la pâte essayée ne laisse pas échapper d'eau colorée, en proportion capable de modifier, par contact, la teinte de l'échantillon type. Si l'on avait à craindre cet inconvénient, il faudrait serrer les 2 pincées de pâte séparément, mais de manière qu'elles aient, à peu près, autant d'humidité l'une que l'autre.

Avec une partie du litre de pâte colorée on fait alors une petite feuille de papier. Il est nécessaire, pour cela, de diluer la pâte et, si on le fait avec de l'eau pure, on risque beaucoup d'obtenir une petite feuille dont la coloration diffère beaucoup de celle que donnerait, en fabrication normale, une pilée de même pâte colorée exactement de la même manière ; parce que l'eau employée dans la fabrication contient ordinairement de la couleur non fixée, de la colle et de l'alun, parfois de la charge en suspension.

Il faut aussi observer que les petits échantillons d'essai ne sont pas exactement fabriqués dans les conditions d'égouttage, pressage et séchage des papiers courants, ce qui peut modifier considérablement la coloration des échantillons qui, par suite, ne donnent, le plus souvent, que des indications générales, utiles sans doute, mais rarement suffisantes.

En tout cas, la fabrication des papiers de couleur exige, outre certaines connaisances chimiques, beaucoup d'expérience ou une documentation abondante, en échantillons et compositions.

Une teinte dans laquelle n'entre qu'une matière colorante est assez facile à faire, à condition que l'on se serve d'une couleur identique à celle du type. La difficulté de coloration croît, naturellement, avec le nombre des couleurs employées ; mais, avec la variété de celles qu'offrent les fabricants, on doit pouvoir obtenir toutes les teintes avec 3 couleurs au plus, que l'on mélange judicieusement. C'est ainsi que la photographie en couleurs obtient des variétés infinies de nuances, en mélangeant du violet, du vert et de l'orangé.

Les gris peuvent s'obtenir par addition de noir ; mais souvent il est préférable de les obtenir par le mélange de couleurs déjà un peu grises par elles-mêmes, telles que les bruns, qu'on appelle couleurs rabattues.

CHAPITRE V

Pigments et charges.

Les fibres de cellulose qui s'enchevêtrent dans le papier peuvent recevoir, dans leurs interstices, les matières les plus diverses pourvu qu'elles soient convenablement divisées.

On a profité d'abord de cette propriété de la cellulose pour alourdir des papiers communs et des cartons vendus au poids et l'on se servait, pour cela, de terre prise autour des fabriques ; on s'est ensuite avisé de choisir des terres colorantes : ocres de couleurs diverses, pour satisfaire le goût des clients.

On donne aux couleurs de ce genre le noms de pigments, pour les distinguer des teintures. Les premiers sont insolubles ou peu s'en faut, et leur mélange avec les fibres n'est qu'une opération mécanique, tandis que les teintures sont des matières solubles qui se précipitent sur la cellulose en se fixant sur elle en vertu de réactions chimiques.

Si l'on choisit un pigment blanc on peut, en le mélangeant à une pâte colorée, éclaircir la teinte de cette pâte, et c'est ce qu'on fait très souvent, avec les pigments ci-après :

Sulfate de chaux, plâtre, albâtre. — Cette matière s'emploie très souvent, parce qu'elle est peu coûteuse et ordinairement très blanche. On l'obtient ordinairement par mouture du gypse ou pierre à plâtre. On trouve aussi, dans le commerce, sous divers noms, du sulfate de chaux obtenu comme résidu d'opérations industrielles comme la fabrication de l'hypochlorite de soude au moyen du sulfate de soude, décrite à la p. 71.

Carbonate de chaux. — La craie, très blanche, abondante et facile à moudre, donne un pigment très employé. Il se fait aussi du carbonate de chaux artificiel, obtenu comme résidu industriel.

Kaolin ou terre à porcelaine. — Cette argile, très blanche quand elle est de belle qualité, s'emploie beaucoup dans la fabrication des papiers, parce qu'elle est très opaque et se fixe mieux dans la pâte que les matières ci-dessus. Elle donne aussi au papier un toucher plus doux, et les papiers qui en contiennent se satinent assez facilement.

Talc. — Ce silicate de magnésie, avec lequel se fait la *poudre de savon* des cordonniers et gantiers, donne au papier encore plus de douceur que ne fait le kaolin.

Amiante. — Sous le nom d'asbestine ou d'agalite on vend une poudre d'amiante à laquelle on attribue l'avantage de mieux se lier avec la cellulose que les charges précédentes, qui sont à l'état de simples farines. L'amiante a la propriété d'engraisser la pâte. On peut, en broyant cette matière pure dans une raffineuse, ce qui doit se faire avec ménagement, obtenir une pâte extraordinairement grasse et fabriquer des feuilles qui, très molles et sans consistance d'ailleurs, constituent un papier buvard ayant une puissance d'absorption extraordinaire.

Les pigments ou charges mentionnés ci-dessus, et surtout les premiers, ont l'inconvénient de subir un déchet, parce qu'ils se séparent assez facilement de la fibre pendant la formation du papier.

Le sulfate de baryte, employé plutôt comme charge que comme pigment, présente cet inconvénent à un très haut degré, à cause de sa grande densité.

Dans beaucoup d'usines, on facilite la liaison des charges avec la pâte en les mélangeant avec un empois de fécule. Pour cela on délaie, à froid, de la fécule de pomme de terre dans de l'eau, puis on chauffe le mélange avec un jet de vapeur, en l'agitant constamment. D'autre part, on délaie dans de l'eau, habituellement au moyen d'un appareil mécanique, la charge

que l'on veut employer; on fait passer le mélange au travers
d'un tamis en toile métallique, sur lequel restent les impuretés et les parties mal délayées; puis on ajoute le liquide
tamisé à l'empois de fécule, dans un appareil pourvu d'un
agitateur mécanique. Le mélange obtenu peut se conserver dans
un bac sans agitateur; mais, chaque fois qu'on veut s'en servir,
il faut le brasser, car les charges tendent toujours à se précipiter.

CHAPITRE VI

Pâte de bois mécanique.

Cette pâte peut être considérée comme un intermédiaire entre les charges proprement dites et la cellulose. Elle est beaucoup moins dense que les charges minérales, mais se compose de faisceaux de fibres très courts, rigides, qui, tout en se liant facilement avec les fibres de cellulose isolées chimiquement, sont loin de posséder la flexibilité de ces fibres et leur aptitude à s'entrelacer.

Des tentatives avaient été faites par Schaeffer, à Ratisbonne, en 1765 et par Mathias Koop, en Angleterre, au commencement du xixe siècle pour utiliser le bois dans la fabrication du papier; mais les pilons employés par ces inventeurs étaient insuffisants pour produire des quantités un peu importantes de pâte à un prix suffisamment bas.

Plus tard, des fabricants du département de Vaucluse se servirent de meules au lieu de maillets, sans toutefois parvenir à faire, dans des conditions assez économiques, une pâte susceptible d'entrer dans la composition de papiers de qualité moyenne.

Vers 1840, époque à laquelle les chiffons étaient devenus très chers, un tisserand, Friedrich Gottlob Keller, né à Haynichen (Saxe) en 1816 et décédé en 1895 eut l'idée de désagréger du bois pour le réduire en pâte à papier. Ce fut en 1843 qu'il parvint, en usant du bois sur une meule en grès, à réaliser son invention, dont il céda le privilège à Heinrich Völter, fabricant de papier, à Heidenheim-sur-Brenz, pour

2.625 francs. Vers 1860, Völter, après avoir réussi à vaincre les difficultés que présentait la mise au point de l'invention,

Fig. 44.

l'exploita en son propre nom, et bientôt la pâte de bois, fabriquée dans des papeteries ou des usines spéciales, put acquérir,

Fig. 45.

dans l'industrie du papier, une importance qui est devenue prodigieuse.

Les appareils employés par Völter ont été beaucoup modifiés, tant en Europe qu'en Amérique. Les figures ci-après représentent des machines de construction récente.

On se sert de bois aussi tendres et blancs que possible : tremble pour les papiers d'écritures, sapin et pin pour les papiers plus ordinaires et les journaux ; on emploie pourtant d'autres bois, tels que le tilleul et le bouleau.

Les billes de bois sont d'abord coupées en tronçons au

moyen d'une scie circulaire, comme, par exemple, celle représentée fig. 44.

On construit aux Etats-Unis des machines à tronçonner, à grande production, composées d'une demi-douzaine de scies circulaires, montées l'une à la suite de l'autre sur un même bâti. Les billes, amenées par un transporteur à chaînes sans fin jusque sur le bâti, sont poussées succes-

Fig. 46.

sivement contre toutes les scies, dont les plans sont espacés d'environ 30 à 80 cent. et souvent plus, suivant la largeur des meules à défibrer; on en emploie de très larges aux Etats-Unis. Une de ces machines est représentée figure 52.

Le bois est ensuite écorcé, ordinairement au moyen de rabots mécaniques, fig. 45. En Allemagne et en Scandinavie on se sert beaucoup d'un tambour Wertheim (fig. 46) très solide, construit avec des barres en fer, ☐, parallèles à l'axe et dont la longueur est d'environ 2 m. 20, pour un diamètre de 2 m. 15. Le bois est introduit par une ou deux portes. On remplit le tambour en y laissant un espace vide d'environ

Fig. 47.

1/6 de sa hauteur; puis on le fait tourner, à raison d'environ 6 tours par minute, dans de l'eau où il baigne jusqu'au tiers, environ, de son diamètre. Le frottement et les chocs détachent les écorces qui se brisent et passent entre les interstices des fers ☐. Une palette oblique, visible sur la figure, élimine ces

déchets que l'on utilise comme combustible après les avoir
fait sécher.

Si les tronçons de bois sont trop gros, on les fend à la hache
ou au moyen d'une machine analogue à celle représentée fig. 47
(Trevor Manufacturing Cy à Lockport (N.-Y.), Etats-Unis).

Le bois passe ensuite au défibreur, dont il existe beaucoup
de modèles mais dont l'organe essentiel est une meule de grès,
tournant rapidement, contre laquelle le bois est poussé par des

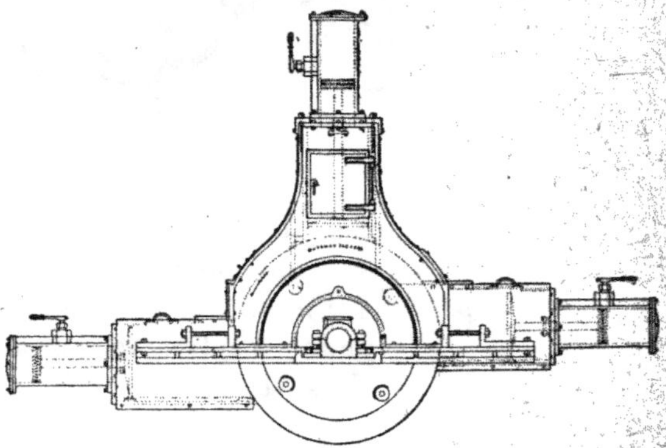

Fig. 48.

presses hydrauliques, comme sur la figure 48, représentant une
machine américaine construite par les Dilts Machine Works à,
Fulton (Etat de New-York), Etats-Unis, ou au moyen de poussoirs mécaniques, à vis ou crémaillères.

On introduit le bois dans des *cabinets* disposés autour de la
meule et l'on fait agir les poussoirs. La meule est constamment arrosée avec de l'eau qui entraîne le bois *défibré*.

Le nombre des cabinets disposés autour d'une meule est
variable. On fait des défibreurs à 6 et 8 cabinets. Ordinairement l'axe de la meule est horizontal; mais on fait aussi
des défibreurs dont l'axe est vertical.

Le bois est ordinairement présenté à la meule avec ses
fibres parallèles à l'axe de rotation; mais on le présente aussi
en sens inverse (les fibres perpendiculaires à l'axe) pour obtenir le défibrage en long qui a pour but d'obtenir des fibres plus
longues.

Depuis environ 25 ans, on pratique beaucoup le défibrage
à chaud, c'est-à-dire en pressant très fortement le bois contre la
meule et en employant une quantité d'eau très réduite (6.1/2
à 8 fois moins que dans le procédé ordinaire). Cette eau

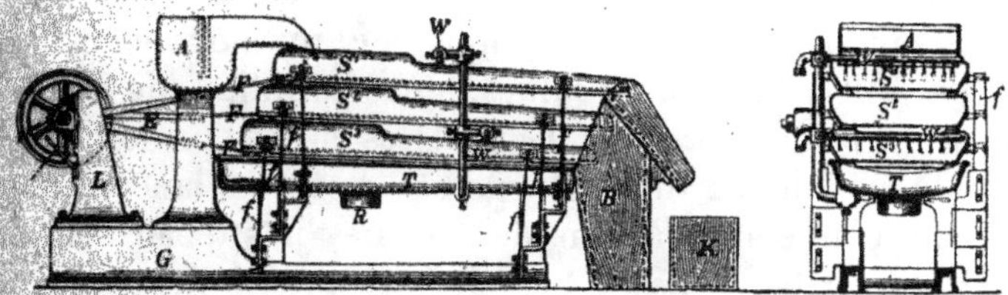

Fig. 49.

s'échauffe et dégage même de la vapeur, d'où le nom de
défibrage à chaud. La production de pâte sèche obtenue est
à peu près, avec ce procédé, de 100 kil. par 24 heures pour
60 chevaux de force, tandis
qu'il faut 72 chevaux pour produire la même quantité de pâte
par le procédé ordinaire.

Le défibrage à chaud permet
d'appliquer une force motrice
beaucoup plus grande à un
même défibreur et, par suite,
de fabriquer davantage avec
un appareil donné. Il produit
une pâte de bonne qualité
et contenant moins de parties
grossières que celle fournie par
le défibrage à froid.

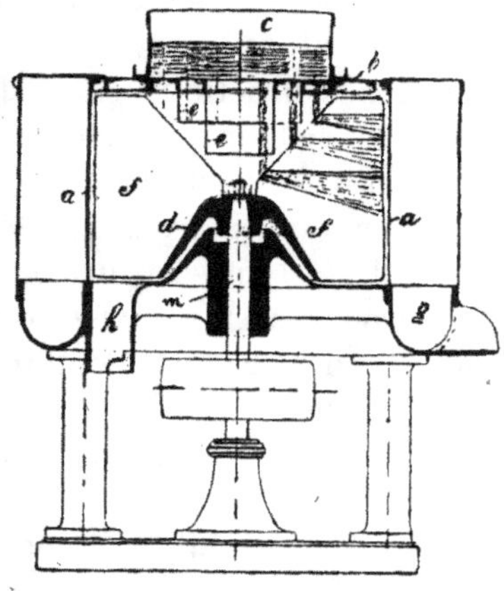

Fig. 50.

Au sortir du défibreur, la
pâte contient des éclats de bois et des parties grossièrement
divisées, que l'on sépare au moyen d'un assortiseur Voith,
fig. 49, d'après E. Kirchner (Das Papier).

A, cuvette d'arrivée de la pâte. B, trémie où tombe la pâte
insuffisamment défibrée. K, caisse recevant les éclats de bois
contenue dans la pâte brute. S^1, tamis en tôle ayant 18.500 trous
ronds de 3, 5 à 3, 6 millim. de diamètre. S^2, tamis ayant

68.000 trous de 1, 5 à 1, 8 millim. de diamètre. S³, tamis avec 160.000 trous de 0, 6 à 1 millim. de diamètre. La partie percée de ces tamis, inclinés à peu près de 50 millim. par m., a environ 1 m. 200 de longueur et 480 millim. de largeur. Des ressorts en bois L supportent les tamis auxquels 3 bielles E F, commandées par un arbre à 3 coudes, impriment un mouvement alternatif de 450 vibrations doubles, de 30 millim. de longueur environ, par minute. L et G sont les pièces principales du bâti de la machine. 2 tubes W, percés de trous, lancent sur les tamis, avec une inclinaison de 45°, des jets d'eau servant à laver les déchets et la pâte grossière et aussi à délayer convenablement la bonne pâte. Cet appareil, très employé en Europe, est construit par J. M. Voith, à Heidenheim-sur-Brenz.

On lui a reproché d'occuper trop de place et de faire trop de bruit, ce qui a conduit le même constructeur à exécuter l'assortisseur à force centrifruge représenté fig. 50.

La pâte délayée tombe du récipient distributeur c, par des orifices entourés de collerettes e destinées à maintenir les jets dans une direction verticale et convenable, malgré l'agitation violente de l'air que produit le moulinet f. Les jets, divisés par le moulinet. porté par l'arbre vertical m, sont projetés à des hauteurs différentes contre le tamis cylindrique a de manière à en utiliser toute la surface. La pâte qui a traversé le tamis (en bronze perforé) passe entre lui et l'enveloppe extérieure, puis s'échappe par le conduit g, tandis que la pâte grossière est éliminée par le conduit h. La lettre d indique le moyeu du moulinet, représenté en coupe ainsi que la douille dans laquelle passe l'arbre m.

La hauteur totale de l'appareil est de 1 m. 50, son diamètre de 0 m. 90 à 1 m., le cylindre extérieur a 0 m. 80 de hauteur et la production varie entre 2.000 et 3.000 kil. de pâte en 24 heures.

Cet assortisseur fonctionne sans bruit et occupe beaucoup moins de place que celui décrit plus haut mais dépense plus de force.

La pâte grossière, séparée par l'assortisseur, est envoyée dans un raffineur, composé de deux meules à axe vertical, analogues à celles des moulins à blé.

Aux Etats-Unis et dans les usines canadiennes, on substitue ordinairement, aux assortisseurs, des épurateurs plats comme il s'en emploie dans beaucoup de papeteries.

Dans les usines qui fabriquent la pâte de bois pour la vente, il est nécessaire de presser cette pâte et souvent même de la sécher, si elle doit être exportée. On se sert, pour cela de machines (fig. 51) composées d'un tambour couvert de toile

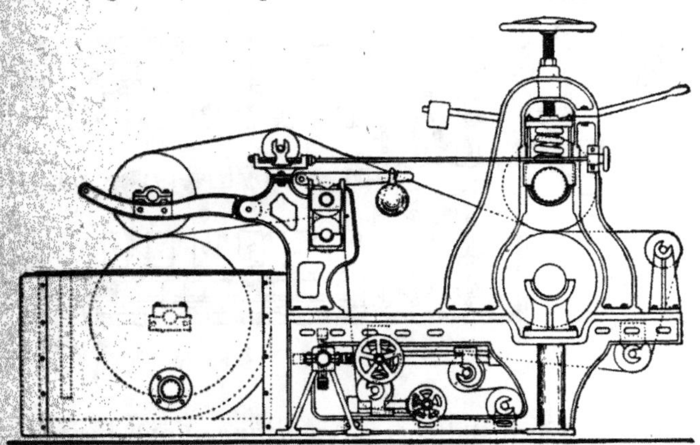

Fig. 51.

métallique et plongé dans la pâte délayée, où il tourne constamment. Un tissu de laine, passant autour d'un rouleau qui porte sur le tambour, détache la pâte qui, par suite d'une différence de niveau entre le liquide contenu dans le tambour et la pâte dans laquelle plonge ce tambour, se fixe sur ce dernier.

Sur la figure 51, enrouleuse des Dilts Machine Works, à Fulton (N.-Y., Etats-Unis), le tambour tourne dans un sens contraire à celui des aiguilles d'une montre. Le tissu de laine, dit *feutre*, porte la couche de pâte dans un laminoir visible à droite, et la pâte, pressée et égouttée par ce laminoir, s'enroule autour de son rouleau supérieur, en couches superposées que la pression fait adhérer entre elles en formant une sorte de carton (ce qui fait donner à cette machine le nom d'enrouleuse).

Quand le carton est assez épais, on le coupe parallèlement à l'axe du rouleau au moyen d'une lame manœuvrée par un levier visible en haut et à droite de la figure, et l'on obtient une feuille, puis d'autres, que l'on met en balles (après un nouvel égouttage entre des toiles, sous une presse hydraulique) pour les expédier.

S'il est nécessaire de sécher les feuilles, on le fait au moyen d'appareils dont nous n'avons pas à nous occuper ici.

La fig. 52 représente le plan général d'une fabrique de pâte

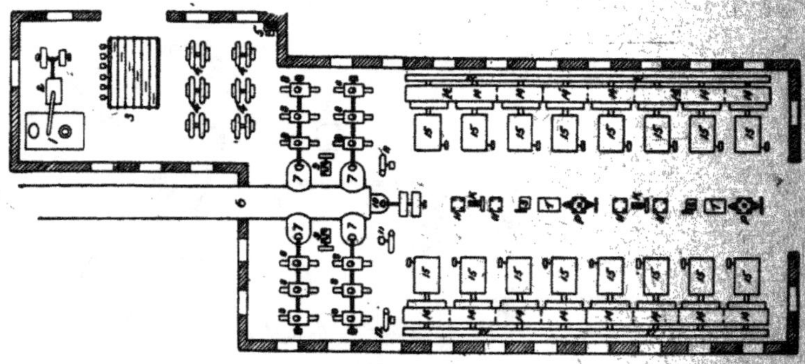

Fig. 52.

de bois mécanique installée en Amérique. Voici l'explication des chiffres et lettres de référence :

1. Chaudière à vapeur. — 2. Machine à vapeur. — 3. Machine à tronçonner. — 4. Machines à écorcer (assemblées par paires). — 5. Fendeuse. — 6. Conduit d'amenée de l'eau motrice. — 7. Turbines et huches de ces moteurs. — 8. Défibreurs. — 9. Pompes foulantes actionnant les poussoirs de défibreurs. — 10. Huche et turbine pour travaux divers. — 11. Pompes à pâte. — 12. Pompe à basse pression pour l'alimentation de l'usine. — 13. Chéneaux à pâte. — 14. Épurateurs (à secousses). — 15. Presse-pâte ou enrouleuses. — H. Presses hydrauliques. — K. Pompes foulantes pour le service des presses. — S. Bascules. — T. Tables. — P. Presses pour l'emballage.

On voit que cette usine, toute moderne, est installée pour livrer la pâte à l'état humide. Les machines mentionnées dans la légende sont décrites, pour la plupart, dans les pages précédentes.

En France, la maison Neyret-Brenier et Cie à Grenoble est

très connue pour ses machines à fabriquer la pâte mécanique de bois.

En 1870, M. Alexandre Aussedat, fabricant de pâte de bois à Annecy, imaginait, pour obtenir une séparation plus complète des fibres, sans employer d'agents chimiques, de cuire le bois à la vapeur avant de le défibrer. La pâte obtenue, beaucoup plus fibreuse et souple que celle fabriquée par le procédé dont on vient de lire plus haut la description, a pris une grande importance sous le nom de pâte brune ou demi-chimique. Elle sert, particulièrement, à fabriquer des cartons très solides, dits cartons cuir, et de bons papiers d'emballage.

Souvent on cuit le bois en bûches, à la vapeur, dans des chaudières en fonte dont les dimensions varient beaucoup mais qui ont souvent environ 3 m. de longueur et 1 m. 25 de diamètre dans leur partie cylindrique, avec des fonds bombés et des orifices circulaires, d'introduction et de sortie du bois, de 0 m. 500 de diamètre environ. Une chaudière de ce genre se compose ordinairement de 4 pièces, sans compter les couvercles d'orifices.

Il se produit, pendant la cuisson du bois, de l'acide acétique (on dit aussi de l'acide formique), et le liquide : vapeur condensée, sève et humidité naturelle du bois, qui tombe sous un double fond perforé contenu dans l'appareil, peut contenir 1,0 gr. et plus de cet acide, par litre, ce qui donne lieu à une attaque rapide des chaudières en fer, qui ne peuvent guère durer plus d'un an. La fonte résiste mieux ; mais sa faible ténacité, qui a causé plusieurs fois des accidents, empêche de construire ces appareils de grandes dimensions.

Vers 1880, G. Schumann, à Zeitz (Saxe), s'est occupé de construire des chaudières, pour la cuisson du bois, avec de la tôle intérieurement doublée de cuivre rouge. La tôle est percée, de distance en distance, de petits trous par lesquels s'écoule du liquide, ou sort de la vapeur, si une fuite se produit dans la garniture en cuivre.

Ces chaudières, qui se font verticales ou horizontales, cylindriques ou sphériques, fixes ou rotatives. sont essayées de 6 à 15 atm. Il s'en fait couramment qui, grâce à la ténacité de l'enveloppe en tôle, peuvent contenir 15 à 16 m^3 et plus.

La tension usuelle de cuisson est de 5 à 6 atm. Il faut ordinairement 3 ou 4 heures pour échauffer la chaudière et son contenu et la pression est maintenue à son maximum pendant

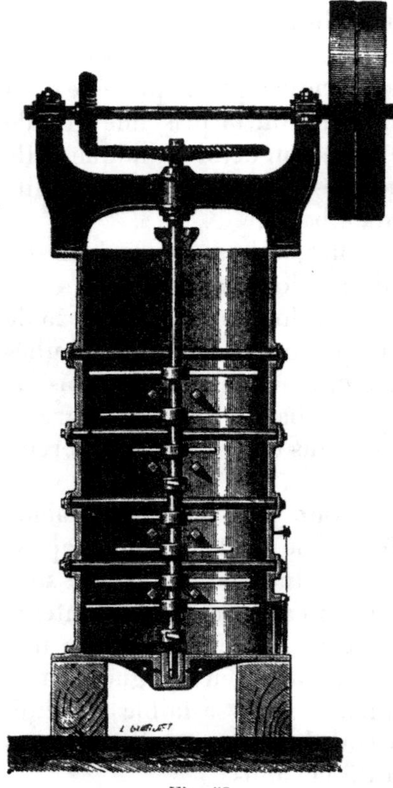

Fig. 53.

1 heure. Il est essentiel de ne pas laisser le liquide sortant du bois en contact avec ce dernier. On l'évacue, de temps en temps, par un robinet prévu à cet effet.

Quelques fabricants de pâte brune ont fait construire des chaudières tout en cuivre ; c'est peut-être pour pouvoir constater et réparer, avec plus de facilité, les fuites qui peuvent se produire dans les coutures de rivets.

Les pâtes de bois chimique et mécanique, ainsi que les papiers défectueux, peuvent se refondre dans une pile, de préférence une raffineuse type hollandais. Il est bon d'humecter ces matières à l'avance, de ne pas mettre beaucoup d'eau dans la pile et de spatuler fréquemment la matière, on fait souvent arriver un jet de vapeur dans la pile, ce qui facilite la refonte des papiers collés.

On peut d'ailleurs délayer les pâtes de bois et les papiers en les humectant et en les faisant tourner dans un malaxeur pourvu d'un axe horizontal ou vertical. Le frottement réciproque des particules de la matière suffit pour obtenir une désagrégation suffisante. Nous donnerons comme exemples : 1° un malaxeur horizontal, cylindrique, de 2 m.$\times$1 m. 30 à l'intérieur avec agitateur composé de 16 bras diamétraux reliés quatre par quatre à leurs extrémités par des barres qui passent tout près de la paroi intérieure du malaxeur ; 2° un malaxeur vertical, cylindrique, dit *barbotte*, d'environ 1 m. 45 de hauteur intérieure et 0 m. 85 de diamètre, avec agitateur composé de 9 bras diamé-

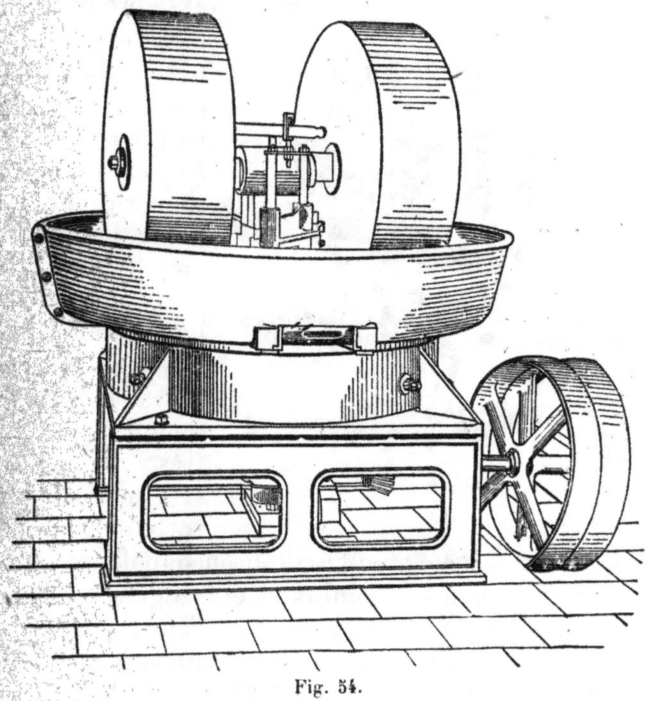

Fig. 54.

traux qui passent entre des barres très solides écartées réciproquement d'une douzaine de centimètres. Voir fig. 53 une barbotte de la maison Victor Liné, à Albert, Somme. Les malaxeurs et barbottes sont ordinairement chauffés au moyen d'une injection de vapeur et, à leur partie inférieure, ont une petite porte à coulisse pour l'évacuation des matières. Les malaxeurs horizontaux sont couverts et l'on y introduit les matières par une porte placée au sommet. Les barbottes sont ouvertes en haut. Leur action peut être, à volonté, intermittente ou continue. Dans le premier cas, après fermeture de la porte d'évacuation, une charge de matière, mouillée d'avance, est jetée peu à peu dans l'appareil, dont on fait tourner l'agitateur. Quand la désagrégation est complète, on vide la pâte en ouvrant la porte. On peut aussi, après avoir commencé le travail comme il est dit ci-dessus, ne donner à la porte qu'une petite ouverture, par laquelle peu de pâte peut sortir à la fois. On remplace alors, au fur et à mesure qu'il se produit du vide

Fig. 55.

dans l'appareil, la matière sortie par de la matière à désagréger. Ce procédé s'emploie souvent dans la cartonnerie ; il demande de l'attention de la part de l'ouvrier chargé d'alimenter la barbotte ; car il faut que les matières soient fournies par petites quantités à la fois et très régulièrement, si l'on veut qu'elles sortent bien fondues.

Les malaxeurs ont été modifiés de beaucoup de manières, en vue de les rendre moins encombrants et d'augmenter l'activité de leur action. Les uns n'ont qu'un axe, d'autres en ont deux ; parmi ces derniers on peut citer le triturateur Simonnet, composé de 2 pignons hélicoïdaux, à filets très allongés, engrenant ensemble, dont les dents sont de plus en plus fines et nombreuses à mesure qu'elles s'approchent de la sortie de la matière.

Beaucoup de ces appareils fonctionnent bien ; il est essentiel de ne pas y faire passer de la matière trop mouillée.

La fig. 54 représente un *meuleton* anglais, construit par Bertram. Cet appareil a des meules en granit roulant sur un gîte également en granit mais auquel on substitue quelquefois une platine circulaire en lames d'acier assemblées. On creuse ordinairement, à la périphérie des meules, des tailles en forme de V très ouvert, qui servent à empêcher les meules de glisser sur les matières à broyer. Un racloir ramène constamment sous les meules la matière que la pression tend toujours à écarter. On a, toutefois, supprimé très avantageusement ce racloir en donnant à la cuvette ou *conche* des meuletons beaucoup de profondeur, comme on le voit sur la fig. 55 (Wagner et Cie, à Cothen-Anhalt, Allemagne). Les matières se travaillent très bien dans cet appareil qui produit plus que le meuleton à cuvette basse. Les meuletons exigent tous une matière peu mouillée, si l'on veut qu'ils fassent un bon travail. Ils se construisent maintenant dans beaucoup de maisons.

Ces appareils sont particulièrement appréciés pour le broyage de la paille. Dans les cartonneries, où l'on travaille des matières d'une extrême impureté, il ont l'avantage (que beaucoup de malaxeurs perfectionnés ne possèdent pas) de ne pas être arrêtés par les chiffons, ficelles, fragments de bois, etc., qui se rencontrent fréquemment dans les vieux papiers que traitent ces usines.

Ces matières étrangères, qu'un triage préalable devrait séparer, peuvent s'éliminer, après broyage au meuleton, en jetant la pâte meulée sur une claie analogue, comme disposition, à celles dont se servent les maçons et les cantonniers ; mais constituée par une forte toile, en fil de fer, ayant des mailles de 16 à 20 milim.

Le travail des appareils à désagréger les pâtes et papiers ne dispense pas du raffinage, ni de l'affleurage, qui sont absolument nécessaires quand on veut obtenir des papiers bien fabriqués.

CHAPITRE VII

Formation du papier.

Fabrication à la cuve. — Quand il s'agit de faire de très petites feuilles de papier, au laboratoire, pour essayer des colorations, des fibres, etc., on se sert avec avantage d'un petit appareil inventé par B. Dropisch, de Zurich, et représenté fig. 56.

Un petit récipient en zinc, sans fond, contenant un litre, est cloué sur un cadre en bois, à jour, qui emboîte un petit tamis, *forme* en fine toile métallique, auquel on le fixe solidement au moyen de 4 petits crochets.

La toile métallique de la *forme* est convenablement soutenue et, sous son châssis, s'adapte hermétiquement un entonnoir en zinc pourvu d'un robinet.

Après avoir fermé ce robinet, on verse dans le récipient la pâte à essayer, puis on agite doucement l'appareil, pour faciliter l'enchevêtrement des fibres qui se déposent assez rapidement sur la toile métallique. On ouvre alors le robinet inférieur et l'eau s'écoule, en laissant les fibres déposées en couche régulière. On peut rendre l'égouttage de la pâte plus rapide et plus énergique, en adaptant au petit robinet un tube de caoutchouc dont on plonge l'extrémité inférieure dans un seau d'eau. L'eau de la forme, en s'écoulant, produit alors une aspiration, et l'air, pressant la couche de pâte, la comprime et l'égoutte.

Avec un petit rouleau en bois, couvert de feutre et humecté, on détache la pâte de la forme et on la transporte sur une feuille de papier buvard, avec laquelle on la fait sécher.

Dans la fabrication courante du papier à bras, dit à la cuve, on emploie des formes composées d'un châssis rectangulaire, en bois de chêne ou d'acajou, à l'intérieur duquel, parallèlement aux petits côtés du rectangle, sont fixés à 27 millim. l'un de l'autre des lames de sapin de Riga, à section en forme de couteau à dos semi-circulaire. Le taillant de toutes ces lames se trouve dans un même plan, sur lequel s'appliquent 2 tissus métalliques superposés : un à grandes mailles, en dessous, l'autre, à petites mailles, en dessus.

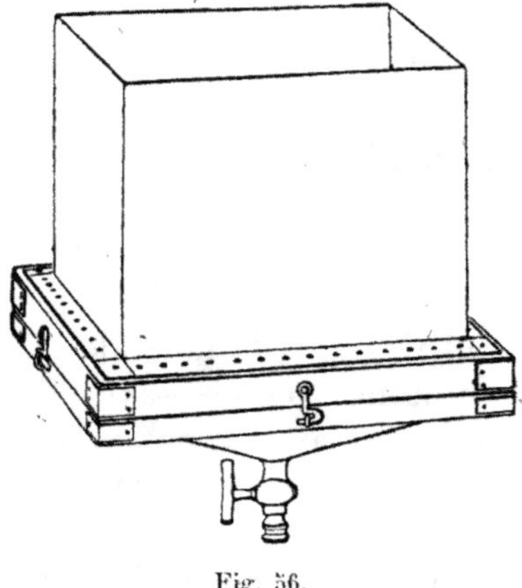

Fig. 56.

On fait des tissus de ce genre, dits toiles, avec des fils de laiton parallèles que maintiennent des torsades de fil fin. C'est avec des toiles de ce genre, dites vergées, que tout le papier se faisait encore jusqu'en 1750. A cette époque, Baskerville, célèbre imprimeur anglais, inventa, dit-on, le papier vélin, pour lequel il fallut fabriquer des toiles de formes à mailles fines et carrées. Ce fait est contesté, même par les Anglais ; toujours est-il que le papier vélin fut imité en France, à Annonay, par les Montgolfier, en 1777.

Sur la forme, un cadre léger, dit couverte, s'applique très exactement sur la toile métallique ; il est pourvu d'un rebord inférieur, qui entoure le cadre de la forme afin d'obliger la couverte à se placer, pour ainsi dire d'elle-même, à sa position normale sur la forme. La couverte, qui sert à retenir une certaine hauteur de pâte sur la forme, est arrondie en dessus, pour qu'il n'y séjourne point de fibres, et creusée en dessous, dans la partie en contact avec la toile, pour que le bois ne touche la toile métallique que par une surface très étroite, ce qui, en produisant un joint très précis, empêche la pâte de couler entre la toile et la couverte.

Il faut, pour le travail à la cuve, 2 formes avec une seule couverte qui se place alternativement sur chacune d'elles.

La cuve de travail est ronde ou rectangulaire et l'on peut en échauffer le contenu au moyen d'un jet de vapeur, parce que la pâte, délayée dans l'eau tiède, s'égoutte plus facilement; ce qui permet de produire plus de feuilles dans un temps donné.

Trois ouvriers travaillent à une cuve ordinaire; mais, pour de grands formats comme le grand monde et le grand aigle, il en faut au moins quatre, et l'on voit, en Angleterre, fabriquer le format *antiquarian*, 0 m. 774×1 m. 333, à des cuves desservies par 10 et 11 ouvriers dont plusieurs, il est vrai, lavent les formes ou les couvertes ou relaient de temps en temps leurs camarades.

Les 3 ouvriers d'une cuve ordinaire sont : 1° *l'ouvreur* ou *puiseur* qui plonge obliquement la forme dans la cuve et la tient dans une position horizontale, dès quelle est sortie du liquide, en inclinant un peu, alternativement, la forme à droite et à gauche, et en donnant quelques petits mouvements d'avant en arrière, afin d'égaliser la pâte et de bien enchevêtrer ou feutrer les fibres; c'est ce qu'on appelle enverger *l'ouvrage* et pousser devant. Le mot d'ouvrage désigne la pâte délayée; cette pâte s'égoutte rapidement sur la forme; quand il la trouve à point, l'ouvreur pose la forme sur une planchette placée à sa gauche, au-dessus de la pâte, et, tout en enlevant la couverte, pousse la forme à portée du second ouvrier, appelé *coucheur* (2°) qui en soulève de la main gauche un des grands côtés et l'appuie contre une sorte de petit piquet, taillé en crémaillère, avec des dents obliques, sur l'une desquelles le coucheur fait porter la forme en lui donnant une position fortement inclinée, ce qui produit l'égouttage d'une nouvelle quantité d'eau sortant de la couche de pâte déposée. Le piquet à crémaillère, dit *égouttoir* ou *acotay*, est planté, à gauche de l'ouvreur, dans une planche dite *trapan* ou *pont* de cuve, qui traverse cette dernière.

La forme couverte de pâte restant contre l'égouttoir, le coucheur prend, à sa droite, une étoffe de laine dite *flôtre* ou *feutre*; parce qu'autrefois c'était, en effet, un morceau de véritable feutre de laine, et l'étale devant lui sur un plateau en bois couvert de plusieurs feutres, cousus ensemble de manière à former une sorte de matelas élastique appelé *tape*; la tape ayant été mouillée d'avance, le coucheur prend de la main droite, par le grand côté supérieur, la forme égouttée contre l'égouttoir puis, faisant porter son long côté inférieur sur le feutre appliqué sur la tape, et appuyant sur ce côté avec la main gauche, fait tourner la forme sur ce côté comme sur une charnière, jusqu'à ce que toute la surface de la forme, avec la couche de pâte qu'elle porte, ait été appliquée sur le feutre. Ce mouvement fait adhérer la couche de pâte au feutre et la toile métallique de la forme se trouve découverte.

Aussitôt le coucheur renvoie, en la faisant glisser sur le trapan, la forme à l'ouvreur qui peut y appliquer la couverte et puiser une nouvelle feuille. Les mouvements des deux ouvriers sont si bien coordonnés qu'il ne se produit pas, dans leur travail, la moindre perte de temps.

Le coucheur superpose, alternativement, une couche de pâte et un feutre jusqu'à ce qu'il ait ainsi empilé un nombre de feutres et de feuilles variables suivant la grandeur et le poids du papier que l'on fabrique. Pour beaucoup de papiers, on empile 126 feutres, entre lesquels se trouvent 125 feuilles de papier, et cet ensemble s'appelle une *porse*, en anglais *post*, par analogie au relais des anciens services de poste.

Les ouvriers de cuve ont d'ailleurs, quand la porse est terminée, un instant de repos ; car la pile dite *porse feutres* est poussée sous une presse à vis et manœuvrée par les ouvriers dans les vieilles usines, hydraulique et commandée par moteur mécanique, dans toutes les usines modernes, et les ouvriers se reposent pendant l'égouttage.

Pendant la pression, l'eau sort à flots de la porse, et les couches de pâte égouttée prennent assez de consistance pour pouvoir se détacher des feutres quand on a sorti la porse de la presse.

3° C'est alors qu'intervient le troisième ouvrier, dit *leveur*, qui sépare une à une les feuilles des feutres et les empile sur une planche placée obliquement devant lui, sur un chevalet. Ce même ouvrier pose les feutres sur une planche appelée *mule*, ou un tréteau, pour que le coucheur puisse s'en servir de nouveau.

Le leveur était, autrefois, aidé souvent d'un gamin dit vireur de feutres.

Comme l'ouvrage s'éclaircit, à mesure que l'ouvreur puise des feuilles, cet ouvrier a soin, au milieu et à la fin de la porse, de remettre de la pâte dans la cuve. Il doit aussi avoir soin de brasser de temps en temps l'ouvrage, car la cellulose tend constamment à se déposer ; il profite d'ailleurs de cette propriété de la matière pour retirer, de temps en temps, l'eau qui peu à peu se trouve en excès.

Les feutres sont ras sur une face pour faciliter l'adhérence du papier lors du couchage, l'autre face, au contraire, a de longs poils et se sépare facilement du papier au moment du levage. Le tissu doit être très perméable à l'air et absorber et perdre facilement l'eau. A part l'avantage d'une surface rase pour le couchage, l'absence de longs poils permet d'appliquer la feuille de papier sur le tissu, sans qu'il reste beaucoup d'air entre elle et lui ; or, s'il en restait trop, la pression que l'ouvrier exerce sur la porse pour coucher une nouvelle feuille expulserait cet air en produisant dans la feuille qui le couvre un défaut appelé *bouteille* qui obligerait souvent à mettre cette feuille aux rebuts.

A force de servir, les feutres se salissent, au bout de cinq ou six jours il faut les laver dans de l'eau savonneuse et bien les rincer ensuite. Les feutres salis ou *gras*, comme disent les papetiers, absorbent et perdent difficilement l'eau ; le papier s'en détache avec difficulté lors du levage, pendant lequel on entend un petit cri, indice certain de la nécessité du lavage.

Le collage à la résine, que son inventeur voulait appliquer à la fabrication du papier à la cuve, salit très rapidement les feutres ; aussi l'emploie-t-on seulement pour certains papiers qui exigent un collage excellent. Tel est le cas pour les papiers destinés au lavis et à l'aquarelle : ainsi que pour des papiers à registre, qui sont ensuite collés à la gélatine, et ont une qualité tout à fait supérieure.

Les papiers à la cuve, quand ils sont fabriqués avec soin, sont *échangés*, ou changés ; c'est-à-dire qu'après les avoir pressés à l'état de *porses blanches*, ou porses sans feutres, on sépare les feuilles une à une, en en faisant une nouvelle pile, sans les retourner, afin que les mêmes surfaces ne puissent se trouver en contact, comme celles des pages d'un livre que l'on peut feuilleter indéfiniment sans que, par exemple, le titre du verso d'une page cesse de se trouver en face du titre du recto de la page suivante et en contact avec lui quand le livre est fermé.

Après avoir ainsi changé une porse, on la remet sous presse. Le grain du papier est atténué par l'échange et, pendant longtemps, cette opération répétée plusieurs fois donna aux papiers hollandais une supériorité incontestable. L'échange fut introduit en France, vers la fin du XVIIIe siècle, par les Montgolfier.

Le séchage du papier à la cuve s'opère dans des *étendoirs* où les feuilles sont placées en pages, c'est-à-dire par trois ou quatre à la fois et jusqu'à sept ou huit, quand le papier est très mince, sur des cordeaux ou des liteaux de bois arrondis.

Si le papier doit être collé, on prépare une dissolution de gélatine en faisant cuire à 90°C environ, des rognures de peaux non tannées. On réitère l'opération plusieurs fois, pour extraire la totalité de la gélatine, puis on mélange les solutions obtenues et l'on y ajoute une solution d'alun qui produit une clarification et sépare une matière dite chondrine.

Dans la solution gélatineuse alunée, bien clarifiée et chauffée au bain-marie, l'ouvrier colleur plonge une porse séchée en pages, en la maniant dans le liquide à l'aide de deux palettes en bois mince. Par un tour de main spécial, il feuillette la porse pour que la colle en imbibe toutes les feuilles. Après avoir opéré ainsi en tenant la porse, avec les palettes, par un des bords étroits, il la prend par l'autre bord et sépare de nouveau les feuilles pour que la colle pénètre par les deux bouts de la porse. Quand l'imbibition de la colle est jugée complète, l'ouvrier met la porse encollée sur le plateau inférieur d'une presse. Il colle de même une autre porse et la superpose à la première, puis il couvre les deux porses d'un feutre, sur lequel il met deux nouvelles porses, et ainsi de suite, jusqu'à ce que la presse soit garnie. Il serre alors pour chasser l'excédent de colle qui imprègne les feuilles et l'on porte de nouveau celles-ci dans un étendoir pour les faire sécher.

Deux porses de papier de dimensions et poids moyens font une *ramette* de 250 feuilles.

Les papiers collés en pâte à la résine, et auxquels on veut

faire subir un second collage, à la gélatine, ne sont pas immergés dans une solution de colle mais arrosés avec cette solution. Pour cela on met, au-dessus d'un cuvier, une planche sur laquelle on empile les feuilles préalablement séchées, en les arrosant, l'une après l'autre, avec la solution de gélatine dont l'excédent retombe dans le cuvier. Il va sans dire que l'on emploie la solution à la température convenable. On peut aussi opérer au moyen d'une machine spéciale, dite à coller.

Dans les papiers à la cuve, on observe presque toujours un *filigrane*, c'est-à-dire un dessin accompagné souvent du nom du fabricant ou de son usine, parfois de la date de fabrication, comme cela se voit dans le papier du timbre français. En terme de métier, ce filigrane porte le nom *d'enseigne* et, en effet, il reproduisait autrefois l'enseigne du *moulin* où le papier avait été fabriqué.

Peu à peu les fabricants se mirent à copier les filigranes de leurs concurrents, et les enseignes ne servirent plus qu'à désigner des formats de grandeur convenue. Ils présentent toutefois un assez grand intérêt historique en ce qu'ils permettent quelquefois de constater l'âge de certains papiers anciens. De nos jours, même, les filigranes ont servi à démasquer de nombreuses fraudes, et l'on cite une histoire de testament dont la fausseté fut démontrée, parce qu'on l'avait écrit sur un papier dont la fabrication, comme le démontrait son filigrane, était postérieure à la date du testament.

Les filigranes anciens étaient tous produits au moyen de fils de métal tordus suivant les contours du dessin voulu et cousus sur la toile des formes. La saillie de ces fils amincissait la couche de pâte déposée sur les formes et le papier était plus translucide à l'endroit des traits du dessin.

Vers la fin du XVIIIe siècle, quand il s'agit de fabriquer les assignats de la première République, on imagina les filigranes *ombrés*, qui s'obtiennent avec des formes dont la toile est gaufrée en creux, dans lesquels il se dépose plus de pâte, ce qui rend la feuille plus épaisse et plus opaque.

Depuis longtemps déjà on fait, en gaufrant les toiles de formes, de manière à obtenir à la fois des saillies et des creux plus ou moins prononcés, de très beaux filigranes ombrés qui représentent des figures ou d'autres sujets. On en voit de beaux exemples dans le papier des billets de banque. L'étude des papiers filigranés serait très intéressante; mais le cadre restreint de ce manuel ne permet pas de l'aborder ici. L'application du filigrane ombré aux papiers fabriqués mécaniquement a été brevetée en 1869 et 1884, par de La Rue, papetier anglais renommé.

Les anciens filigranes en clair s'obtenaient au moyen de fils de laiton et quelquefois d'argent que l'on courbait suivant le dessin voulu et dont les raccords étaient soudés à l'étain ou mieux à l'argent. Le filigrane était ensuite cousu au moyen de fil de laiton très mince, sur la toile des formes ou soudé sur elle. Ces filigranes en fils métalliques se brisaient très facilement et, pour leur donner plus de résistance, on eut l'idée de les découper, à la scie à repercer, dans de minces feuilles de métal; ce procédé s'emploie beaucoup pour les filigranes comportant des caractères avec pleins et déliés.

La galvanoplastie a permis d'obtenir, avec facilité, des filigranes compliqués et résistants. Pour cela, on couvre une plaque de cuivre d'un vernis isolant, dans lequel on grave, en creux, le dessin du filigrane comme s'il s'agissait de faire une gravure à l'eau-forte. On obtient ensuite un électrotype du dessin, dans un bain de sulfate de cuivre. On comprend que le métal de la plaque ne doit pas être à nu dans les creux du vernis gravé, pour que le cuivre déposé ne puisse adhérer à la plaque. Quand on juge l'épaisseur du dépôt suffisante, on sépare facilement le filigrane obtenu.

D'autres fois, les filigranes sont gravés en creux dans une plaque d'acier, sur laquelle on estampe une feuille de laiton qui prend exactement l'empreinte du creux. On découpe ensuite, à la scie, les contours du relief obtenu. C'est ainsi qu'on opère pour des filigranes en clair dont il faut de nombreux exemplaires, ce qui a eu lieu pour la fabrication des billets de banque, papiers de timbres d'Etats, etc.

Les filigranes ombrés représentant des figures modelées se font d'après un bas-relief en cire blanche, modelé sur une plaque de verre, ce qui permet d'en apprécier l'effet par transparence. On obtient ensuite un moulage en plâtre d'après lequel on exécute un relief et un creux en laiton, entre lesquels on gaufre, en plusieurs fois, les toiles métalliques préalablement bien recuites.

On obtient aussi le relief et sa contre-partie au moyen de la galvanoplastie.

On a enfin employé un curieux procédé pour obtenir des étampes à gaufrer les toiles ; il consiste à faire, au moyen de gélatine bichromatée, un cliché photographique plus épais dans les parties où l'action de la lumière a été plus énergique. Ce cliché remplace le modelage en cire mentionné plus haut.

En taillant, dans l'épaisseur de plaques en laiton fabriquées avec les reliefs et les creux destinés à la production d'un filigrane ombré, des stries étroites et profondes qui se coupent perpendiculairement, au milieu de l'épaisseur des plaques, on obtient dans ces dernières des perforations et, si l'on monte une de ces plaques à la place de la toile d'une forme à papier, on peut obtenir des feuilles filigranées avec tous les détails que l'on désire et qui, en même temps, présentent des rayures parallèles d'un très bel effet.

Ce genre de filigrane a été imaginé par le comte de Sparre, ingénieur suédois, et employé dans la papeterie d'Arches (Vosges) dont les produits remarquables sont bien connus.

Le comte de Sparre a construit, il y a quelques années, des formes à filigranes ombrés basées sur le même principe mais obtenues plus économiquement, la taille des plaques de laiton dans les conditions indiquées ci-dessus étant difficile et onéreuse.

Le remplacement des filigranes en fil métallique par des plaques estampées, ou obtenues par électrolyse, peut procurer des avantages énormes. Ure a cité les formes des billets de 5 livres sterling de la banque d'Angleterre, pour lesquels il fallait 1.056 fils, 67.584 torsions et plusieurs centaines de mille points de couture par paire de formes. Les procédés électro-mécaniques ont prodigieusement facilité l'exécution de leurs filigranes, tout en donnant à ceux-ci une identité parfaite et une solidité que ceux en fils métalliques étaient loin de posséder.

Le carton n'est autre chose qu'un papier très épais. On le

fabrique surtout avec du vieux papier, de la paille et des pâtes de bois.

Pour le faire à la main, on se sert de grandes formes et pour accélérer l'égouttage de la couche de pâte, on la comprime entre la forme employée à la fabrication et une autre forme. Pour obtenir des cartons épais, on couche plusieurs feuilles l'une sur l'autre. On peut obtenir à bras de très grandes feuilles; c'est ainsi que l'on a fait pour apprêter les châles, très en vogue autrefois, des feuilles de carton de 2 m. $\times$ 2 m. qui, non rognés, mesuraient 2 m. 10 $\times$ 2 m. 10. Il fallait cinq ouvriers pour faire ces feuilles et la forme se manœuvrait à l'aide d'un petit treuil.

CHAPITRE VIII

Fabrication du papier en continu.

On a donné, avec raison, la fabrication du papier à la machine, en feuilles sans fin, comme un modèle de transformation de travaux intermittents, exécutés par des hommes, en opérations successives et ininterrompues exécutées par un moteur.

Au XVIIIe siècle, les ouvriers papetiers avaient constitué une association au moyen de laquelle ils pouvaient, en imposant au besoin des amendes aux maîtres de moulins à papier, et même en arrêtant les moulins, obtenir des fabricants les conditions de salaires ou autres qu'ils désiraient. A plusieurs reprises des règlements royaux avaient été promulgués pour éviter ces abus, et l'on peut lire, dans l'Encyclopédie méthodique, des détails intéressants au sujet des pratiques de l'Union des ouvriers papetiers vers 1775, dans différentes usines et particulièrement dans celle de Courtalin, près Coulommiers, qui appartenait à Réveillon, fabricant de papiers peints à Paris.

Louis XVI entreprit de remédier aux abus de l'Union, au moyen d'un arrêté en date de 1777 ; mais cette tentative n'eut pas de succès et, le 27 avril 1788, la manufacture de Réveillon, à Paris, fut pillée et brûlée sous prétexte d'une intention attribuée par les ouvriers à cet industriel de réduire leurs salaires de moitié.

L'émission des assignats, d'autre part, en nécessitant la fabrication immédiate d'une très grande quantité de papier, contribua tout à coup à rendre insuffisant le nombre des ouvriers papetiers, au point qu'une loi fut promulguée, pour empêcher ceux qui travaillaient à faire le papier des assignats de quitter les moulins pour se rendre, comme volontaires, aux frontières envahies par l'étranger, la direction de ce personnel turbulent était devenue très difficile.

Il semble probable que la nécessité de produire beaucoup de papier, malgré l'insuffisance, de jour en jour croissante de la main-d'œuvre, ait fait songer à obtenir le papier mécaniquement. Le problème était des plus difficiles, et sa première solution fut bien imparfaite; mais le principe de la merveilleuse machine à papier était trouvé, les améliorations devaient venir plus tard.

L'homme de génie qui, le premier, eut l'idée de fabriquer le papier sur une toile sans fin était un Parisien, Nicolas-Louis Robert, né le 2 décembre 1761. Occupé en 1793-1794, comme correcteur à l'imprimerie Didot, il passa bientôt à l'usine d'Essonnes, occupant 300 ouvriers et dirigée par Didot-Saint-Léger.

Ce fut peu de temps après son entrée à l'usine que Robert eut l'idée de la fabrication continue. Il fut encouragé par Didot-Saint-Léger; mais il lui fallut cinq ans pour obtenir un premier modèle, très imparfait. Toutefois, ce modèle, perfectionné et agrandi, permit d'obtenir, bien qu'avec beaucoup de difficultés, du papier acceptable. Robert avait alors à peu près 33 ans.

Trop pauvre pour payer comptant un brevet, il sollicita un délai de paiement, par une lettre du 9 septembre 1797, dans laquelle il affirmait avoir réussi à fabriquer mécaniquement des feuilles de 40 à 50 pieds de longueur.

Nous ne pouvons donner en détail l'histoire de la machine à papier et nous bornerons à dire que ce fut en Angleterre et grâce à Didot-Saint-Léger, John Gamble, beau-frère de Didot-Saint-Léger, Henry et Sealy Fourdrinier, grands marchands de papier à Londres, et Bryan Donkin, mécanicien de grand talent, qu'elle put fonctionner pratiquement.

Il existe des modèles innombrables de machines à papier; mais on peut en distinguer deux groupes principaux : les *machines à table plate*, que les Anglais appellent machines

Fourdrinier, et les *machines à forme ronde*. La feuille continue que fait chacune de ces machines est égouttée et séchée dans des appareils dont les dispositions sont très variées mais dont le principe est toujours le même. Nous examinerons plusieurs de ces machines; mais, quel que soit le type adopté, il faut un ou plusieurs *cuviers* pour recevoir la pâte raffinée, que la machine doit transformer en papier, et toutes les machines bien établies ont, en outre, un *régulateur* pour mesurer la pâte, proportionnellement à la quantité de papier à fabriquer, et des *épurateurs* pour éliminer les corps étrangers et les parties de pâte mal travaillées, susceptibles de nuire à la qualité du papier.

Les cuviers sont quelquefois verticaux et de forme cylindrique, à section circulaire, rarement elliptique; un ou deux agitateurs, tournant autour d'axes verticaux, agitent sans cesse la pâte pour l'empêcher de se déposer.

Beaucoup de machines que l'on construit actuellement sont pourvues de cuviers dans chacun desquels tourne un agitateur dont l'axe est horizontal. On installe habituellement, sur cet axe, une roue à écopes servant à élever sans cesse la pâte du cuvier dans un chéneau, d'où elle coule vers la machine à papier; des organes très simples permettent de ne faire tomber, dans ce chéneau, que la quantité de pâte exactement nécessaire au travail de la machine à papier, et cette disposition constitue un régulateur de pâte ordinairement très efficace.

Avec les cuviers verticaux on emploie souvent une pompe qui, recevant la pâte du fond d'un cuvier, l'envoie dans un petit réservoir pourvu d'un trop-plein afin d'obtenir un écoulement constant. Du petit réservoir, une partie de la pâte coule vers la machine; tandis que l'excédent retourne, par le trop-plein, au cuvier de dépôt.

Souvent aussi le régulateur se compose d'un petit cuvier dans lequel un flotteur, agissant sur la valve d'arrivée de pâte, maintient un niveau constant pour que l'écoulement, du petit cuvier à la machine, soit aussi constant.

Il existe beaucoup de systèmes de régulateurs; mais les lignes précédentes indiquent le principe du fonctionnement des meilleurs d'entre eux.

La pâte livrée par le régulateur reçoit une grande quantité d'eau, nécessaire aux opérations qui vont suivre, et souvent il faut une pompe ou quelque autre appareil élévatoire, pour faire arriver le mélange sur le *sablier* ou épurateur à graviers.

Sablier. — Cet appareil se compose d'un chéneau assez étroit, que l'on allonge autant que possible, en le faisant au besoin revenir plusieurs fois sur lui-même. Au fond de ce chéneau sont des liteaux, en bois ou en métal, qui, généralement, présentent l'aspect de lames de persiennes. La pâte coule, en ruisseau peu profond, dans le chéneau, et les petites pierres, fragments métalliques, débris de boutons d'os, de nacre ou de porcelaine, tombent entre les lames de persienne, tandis que la pâte, débarrassée d'eux, continue son trajet vers la machine à papier. De temps en temps on enlève les corps étrangers déposés dans le chéneau et cela se fait souvent en renversant ce dernier, monté, à cet effet, sur des tourillons. Plus la pâte est liquide, plus les corps étrangers et lourds s'en séparent facilement[1].

La dilution de la pâte n'est pas moins favorable au fonctionnement des *épurateurs*, qui sont des espèces de tamis formés de plaques de laiton ou de bronze percées, au moyen de scies circulaires très fines, de fentes d'une dizaine de centimètres de longueur et assez écartées l'une de l'autre, pour qu'une fibre de pâte raffinée se trouve toujours trop courte pour que ses bouts arrivent, à la fois, dans deux fentes voisines. Il faut d'ailleurs, au point de vue de la solidité de l'appareil, que les fentes ne soient pas trop rapprochées.

Une toile métallique, au travers de laquelle on voudrait tamiser la pâte liquide, serait, pour peu qu'elle fût un peu fine, très vite bouchée par la pâte, dont les fibres, se plaçant à cheval sur les fils de métal, rempliraient bientôt toutes les mailles du tissu.

Il existe une variété infinie de systèmes d'épurateurs; mais

---

1. Des sabliers *magnétiques* ont été construits pour retenir les parcelles de fer contenues dans la pâte; mais ce métal, et d'autres qui ne sont pas moins nuisibles, se déposent naturellement, en vertu de leur densité.

on peut distinguer : 1° les épurateurs plans, 2° les épurateurs cylindriques.

A gauche de la fig. 57, on voit un épurateur américain,

Fig. 57.

1° Epurateur, table de fabrication et presses. — 2° Sécherie. — 3° Apprêteuse, enrouleuse, coupeuse en long et bobineuse.

système Gould, dont les plaques fendues sont montées dans un cadre en bois, en forme de tiroir, dont elles forment le fond et qui plonge dans une solide cuve en fonte.

Beaucoup de machines à papier, en Europe, sont pourvues d'épurateurs cylindriques système Wandel, dont la fig. 58 représente un des nombreux modèles.

La pâte arrive, aux deux bouts de l'appareil par des conduits coudés, à section rectangulaire, dont l'un est visible sur la figure. Le cylindre tourne très lentement mais repose sur des leviers auxquels un arbre avec des roues à ro-

à rochets imprime un rapide mouvement de vibration, grâce
auquel la pâte traverse les plaques cylindriques fendues, de
dedans en dehors, pour s'écouler ensuite par une large bavette
visible au premier plan. Les boutons retenus par les plaques
sont détachés par de petits jets d'eau coulant du tuyau placé au-
dessus du cylindre et tombent sur une table garnie de rebords

Fig. 58.

et placée dans le cylindre, de là ils sont entraînés au dehors
avec l'eau de rinçage. La plaque se plie sur des charnières placées au milieu de sa largeur, afin qu'on puisse l'introduire
dans le cylindre et l'en sortir. Il se dépose, au dehors du
cylindre, des filoches que l'on enlève de temps en temps.

On reproche à cet épurateur d'être bruyant et, à l'engrenage
qui fait tourner le cylindre, l'usure rapide de ses dents; on a
construit beaucoup d'appareils pour supprimer ces inconvénients; le meilleur paraît être celui de MM. E. et M. Lamort,
ingénieurs-constructeurs à Vitry-le-François (Marne).

On a fait des épurateurs tournants cylindriques et prisma-
tiques, immergés complètement dans la pâte, et d'autres à

plaques fixes, horizontales, inclinées ou verticales, au travers desquelles une pompe à mouvement très rapide faisait passer la pâte. La plupart de ces appareils ont été abandonnés à

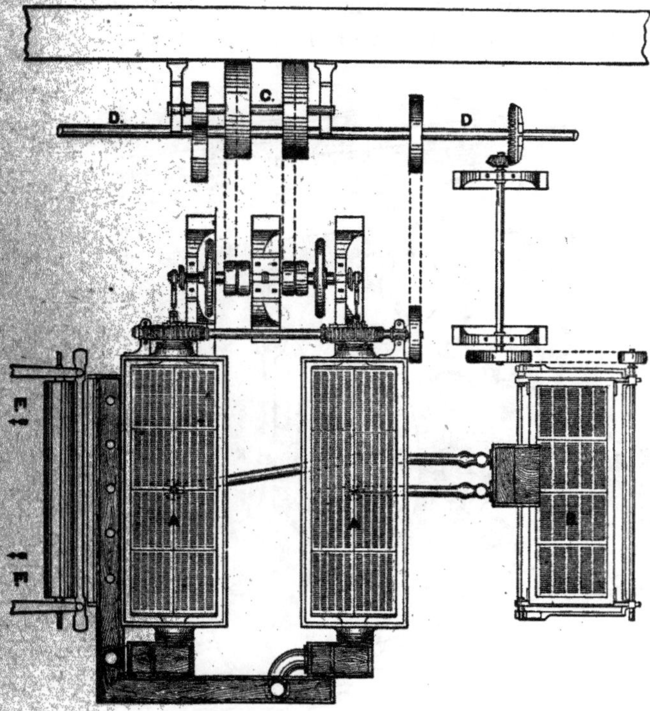

Fig. 59.

cause de leur complication, des frais de leur entretien, de la difficulté de les nettoyer, etc.... Nous signalerons, toutefois, parmi les épurateurs de ce genre qui ont donné les meilleurs résultats : l'épurateur tournant de Bertram L^d, fig. 59, et l'épurateur plat, à nettoyage automatique, des mêmes constructeurs, fig. 60.

Le premier de ces appareils a, ordinairement, des plaques de 2 m. 10 sur 0 m. 47 de largeur formant les quatre côtés de parallélipipèdes AA, qui plongent dans la pâte et dans lesquels des pompes à soufflet produisent un vide relatif. Les boutons qui ne peuvent traverser les plaques tombent au fond des caisses dans lesquelles tournent les épurateurs AA et sont conduits, avec une partie de pâte brute, par deux tuyaux, sur un épurateur plat B, qui les retient et renvoie la pâte débarrassée d'eux à une pompe qui la remonte dans le cuvier à pâte. Un arbre C commande le mouvement des soufflets, à membrane

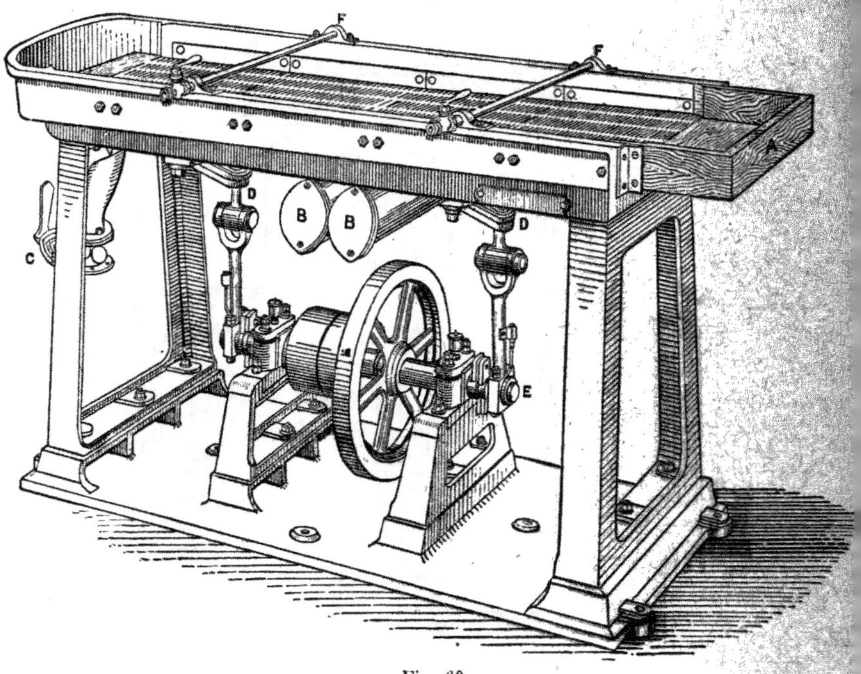

Fig. 60.

en caoutchouc; un autre, D, fait tourner les épurateurs A. La pâte épurée par ces derniers tombe, par les tourillons creux visibles au bas de la figure, dans un chéneau en bois, en forme d'équerre, qui la conduit, en EE, sur la toile de la machine à papier.

L'appareil à nettoyage automatique, fig. 60, reçoit la pâte brute en A et la rend par les tuyaux BB. Les rebuts de la pâte sont évacués par une valve C. Les plaques ont, sur leur longueur, une pente de 25 millim. environ, et les plus rapprochées de A, par où la pâte arrive, ont des fentes plus larges. C'est la force du courant qui pousse les impuretés à l'autre bout de l'appareil. Des pompes DD, commandées par l'arbre E, aspirent la bonne pâte au travers des fentes. Les tubes FF lancent de l'eau sur les plaques pour les débarrasser des impuretés grossières. L'appareil peut suffire à une production de 18.000 à 20.000 kil. de très beau papier par semaine.

Nous avons choisi, comme type, fig. 57, une machine américaine de la Pusey and Jones Company, parce que la tendance actuelle des constructeurs européens est d'imiter les machines américaines, à papier, dont les dispositions sont très bien étudiées.

De la caisse verticale, dont il a été fait mention à propos de l'épurateur américain, la pâte arrive sur la toile métallique sans fin par un déversoir aboutissant à une plaque de caoutchouc sur laquelle cette pâte s'étale régulièrement, avant de passer sous les règles, lames de laiton ou bronze qui traversent à peu près la largeur de la toile, à une petite distance au-dessus de la toile. On place ces règles plus ou moins haut, suivant qu'on fabrique du papier plus ou moins épais, on peut même les faire descendre plus ou moins vers les bords ou le milieu de la toile, afin d'obtenir du papier d'épaisseur uniforme dans toute sa largeur.

La toile métallique est tendue de manière à former, à peu près en dessus, un plan horizontal dans le sens de la longueur. La pâte qui arrive sur ce plan tendrait à déborder sur les côtés de la toile ; mais des courroies en caoutchouc, très épaisses et appelées *couvertes* par analogie aux cadres qu'on applique sur les formes servant à faire le papier à la main, limitent la largeur du ruisseau de pâte liquide formé sur la toile. Le brin inférieur de ces courroies en caoutchouc porte directement sur la toile. Le brin supérieur est porté par les deux grandes poulies extrêmes et les deux galets intermédiaires que l'on voit sur la figure. Des deux côtés de la machine, l'ensemble de ces poulies et galets est porté par une règle en bronze qu'un mécanisme permet de déplacer parallèlement à elle-même, quand on veut fabriquer du papier plus ou moins large. L'ensemble des règles, poulies et galets s'appelle *chariot*.

A un moment donné, l'égouttage spontané de la pâte ne se produit presque plus. Pour le prolonger, Etienne de Canson, à

Annonay (1826), eut l'idée de placer, sous la toile, une caisse dans laquelle il produisait une aspiration au moyen de soufflets. Il retira de grands avantages de cette invention, qu'il eut soin de tenir secrète pendant assez longtemps.

Sur notre figure on distingue, sous la partie droite de la table, trois caisses dans lesquelles des pompes produisent un vide relatif. La couche de pâte, en passant au-dessus d'elles, perd, instantanément, une grande partie de l'eau qui l'imprègne.

Après avoir remplacé, par des cloches aspirantes, les soufflets d'Étienne de Canson, les constructeurs ont employé des pompes à pistons. Vers 1860, un inventeur nommé Kauffmann réussit, en formant un joint hydraulique aux extrémités d'une caisse aspirante, à obtenir un vide suffisant par le seul effet de l'écoulement de l'eau du papier coulant dans la caisse, puis dans un tuyau dont l'extrémité inférieure baignait dans un récipient d'eau. L'aspiration se produisait en vertu d'une action analogue à celle des anciennes trompes catalanes, mentionnées dans les traités de sidérurgie.

L'appareil Kauffmann fonctionne très bien quand il passe sur lui une couche de pâte très chargée d'eau. Un appareil semblable à la suite du premier aspire plus difficilement, parce qu'il y passe moins d'eau, mais devient efficace si on lui fournit, au moyen d'une conduite spéciale, le complément de liquide nécessaire.

Toute la partie supérieure, plane, de la toile métallique, se nomme la *table* et les machines du type représenté s'appellent machines à *table plate*. Comme la toile ne pourrait manquer de fléchir sous le poids de la pâte, on la soutient au moyen de petits rouleaux en cuivre, très nombreux et très rapprochés (il y en a plus de 20 sur la figure) que l'on appelle *pontuseaux*, par analogie aux lames de sapin qui soutiennent la toile des formes à main. La toile des premières machines glissait, d'ailleurs sur de véritables pontuseaux en bois.

Les petits rouleaux ainsi nommés doivent tourner très librement sur des coussinets, autant que possible à pivot, qu'on peut faire monter ou descendre pour que les rouleaux aient tous leur génératrice supérieure dans le même plan. Les coussinets à pivot ont l'avantage de suivre exactement les mouvements imprimés aux tourillons des pontuseaux par le branlement, dont il sera question plus loin.

Les pontuseaux de machines à papier, comme ceux des formes de cuve, servent beaucoup à faciliter l'égouttage de la pâte sur la table. On voit, en effet, l'eau ruisseler sous chacun d'eux, tandis qu'elle adhère, sans tomber, à la surface inférieure de la toile, entre ces rouleaux.

Plus les papiers que doit fabriquer une machine sont épais, plus il convient d'avoir des pontuseaux nombreux et rapprochés, afin de mieux soutenir la toile et faciliter l'égouttage.

La pâte, en avançant avec la toile, perd de moins en moins d'eau et les derniers pontuseaux, ordinairement, sont plus espacés, mais plus forts, parce qu'on fait porter, à

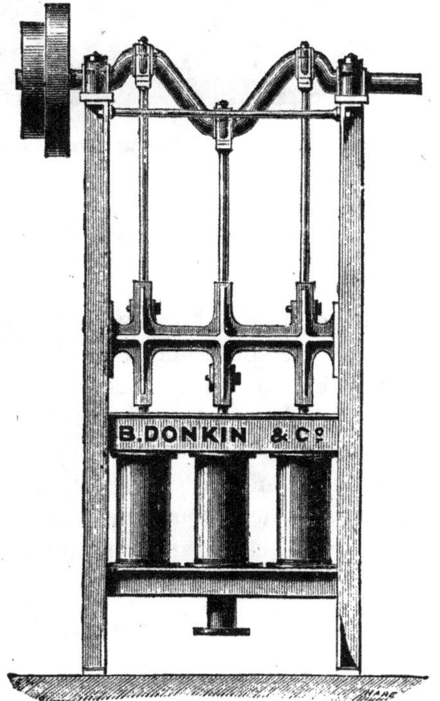

Fig. 61.

chacun d'eux, une charge plus grande de toile métallique et de pâte.

On a construit beaucoup d'aspirateurs hydrauliques ; mais leurs inventeurs ont voulu, trop souvent, les faire fonctionner avec une faible quantité d'eau, tombant d'une hauteur plus grande (moins d'un mètre suffit quand la pâte fournit assez d'eau). C'était une erreur que MM. Bertram L^d, à Édimbourg, ont heureusement évitée au moyen d'éjecteurs, dans lesquels une pompe centrifuge envoie une quantité d'eau assez grande. L'appareil ainsi établi a obtenu un grand succès en Angleterre.

Les pompes, avec pistons à disque ou plongeurs, donnent de très bons résultats avec des papiers minces ou sur des

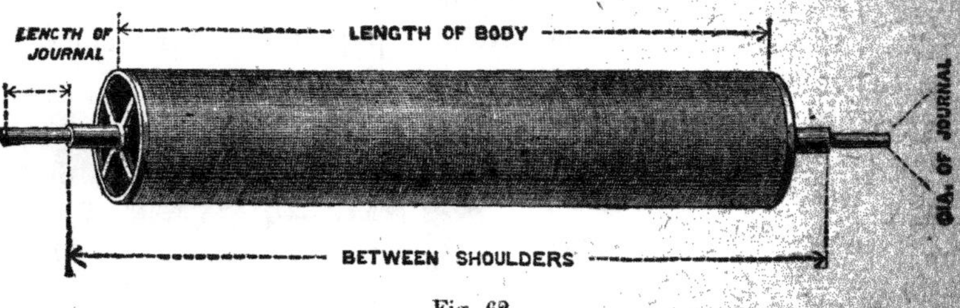

Fig. 62.

Length of journal = Longueur de portée. — Length of body = Longueur de corps.
Between shoulders = Entre épaulements. — Dia. of journal = Diamètre de portée.

machines à marche rapide. La fig. 61 représente une de ces pompes, de construction anglaise.

Souvent les caisses aspirantes découvertes ont seulement, au milieu de leur largeur, un liteau servant à supporter la toile. Souvent aussi on met, sur ces caisses, un couvercle en laiton, en bois ou en caoutchouc (on en a fait en verre), percé de trous et suffisamment soutenu. L'aspiration se fait alors au travers des trous et la toile fatigue moins.

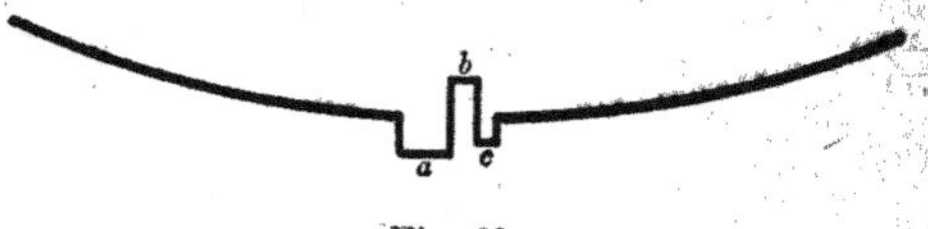

Fig. 63.

Au-dessus de la toile, entre les deux dernières caisses aspirantes, se voit un rouleau que l'on appelle *égoutteur* (les Anglais le nomment *dandy*) mais qu'il serait plus juste de nommer *égaliseur*, car il sert plutôt à régulariser l'épaisseur de la couche de pâte sur la table; on emploie même quelquefois deux rouleaux de ce genre, dont le premier fonctionne sur de la pâte encore très mouillée, presque liquide, afin de donner à certains papiers, de pâte maigre et peu travaillée, une translucidité (*épair* en terme de métier) plus uniforme.

Le rouleau égoutteur est en toile métallique, véline (fig. 62) pour les papiers ordinaires et vergée (fig. 63) pour les papiers auxquels on veut donner l'apparence de papiers anciens, à la forme. L'empreinte du rouleau s'imprime, en effet, sur la pâte encore inconsistante et, si des filigranes sont appliqués sur lui comme sur une forme de cuve, ils marquent les feuilles fabriquées. On peut même obtenir, au rouleau, des filigranes ombrés : mais ils sont, ordinairement, très inférieurs à ceux que donne le travail de la forme. Le procédé a été breveté par de La Rue en 1869 et 1834. La fig. 63 montre en coupe un schéma de rouleau ombré. La saillie *a* produit un clair dans le papier, le creux *b* une ombre, la petite saillie *c* donne un clair mais rejette la pâte en *b* pour augmenter l'effet d'ombre.

Le rouleau égoutteur est quelquefois assez lourd ; en ce cas

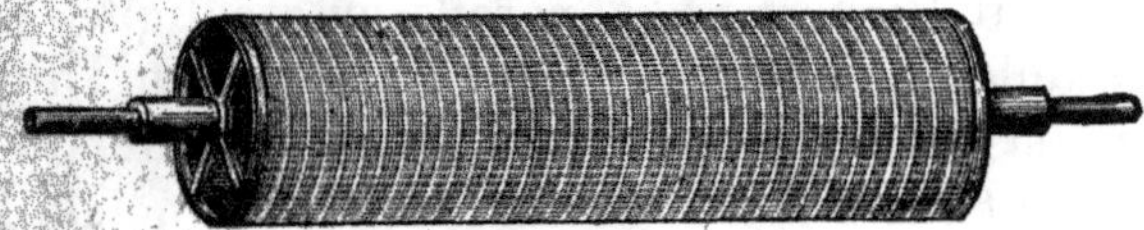

Fig. 64.

on peut le placer dans des supports permettant d'équilibrer son poids. Au-dessus de lui est un tube percé de petits trous, par lequel on peut faire arriver de l'eau servant à détacher les pâtons qui, pouvant adhérer à la toile cylindrique, enlèveraient, à chaque tour de rouleau, un peu de pâte de la table, ce qui donnerait lieu à des trous dans le papier. On se débarrasse aussi de ces pâtons au moyen d'un petit rouleau en bois ou en cuivre, parallèle à l'égoutteur et qu'on fait porter contre lui. L'eau avec laquelle on arrose le rouleau tombe d'abord sur une bande de feutre qui frotte sur lui. S'il se produit de la mousse sur le rouleau, on verse un peu d'huile sur cette bande de feutre. On ajoute quelquefois de l'eau, pour que le rouleau agisse sur de la pâte plus mouillée ; en tout cas il est bon de placer ce rouleau, comme on le voit sur la fig. 57, entre deux caisses aspirantes servant à régler, suivant le besoin, le degré de liquidité de la pâte sur la table.

La partie supérieure de la toile métallique, continuant d'avancer vers la droite de la figure, passe sur un petit rouleau appelé quelquefois *rouleau guide*, parce qu'il sert souvent à guider la toile, en l'empêchant de se porter contre l'un ou l'autre des bâtis de la machine.. A cet effet, les coussinets du rouleau guide peuvent se déplacer, au moyen de vis, parallèlement à l'axe longitudinal de la machine. Si la toile tend, par exemple, à venir du côté du *conducteur*, c'est-à-dire vers le bâti que le lecteur voit immédiatement devant lui, le conducteur (ouvrier chargé de la conduite de la machine) pousse vers la droite le coussinet du rouleau guide qui est à sa portée ; aussitôt la toile tend à se diriger vers le bâti opposé.

On peut aussi bien déplacer le coussinet de l'autre côté de la machine, sur le bâti *d'arrière ;* mais il faut opérer les déplacements avec précaution, pour ne pas rendre trop brusque les déplacements de la toile, ce qui pourrait la détériorer.

On construit beaucoup d'appareils automatiques servant à guider les toiles métalliques ; celui de la maison Thiry à Huy (Belgique) est un des plus estimés. Il est essentiel que le rouleau guide soit placé à un endroit où la toile métallique subit une flexion. C'est une condition absolue du fonctionnement de ce rouleau.

Le principe du guidage des toiles, et aussi des feutres dont il sera question plus loin, est que le tissu tend à se déplacer dans son propre plan et à se diriger perpendiculairement à la dernière génératrice du rouleau guide que touche ce tissu en quittant ce rouleau.

La toile, avec sa couche de pâte, va ensuite entre les cylindres de la presse humide, visibles sur la figure et dont les axes de rotation se trouvent, comme on peut le voir, dans un même plan incliné de 70 à 72° sur le plan horizontal. L'objet de cette inclinaison est de faire porter une plus grande surface de toile contre le rouleau supérieur et d'obtenir une compression graduée de la couche de pâte pour que l'eau en sorte avec une lenteur relative, sans laquelle la couche, *écrasée*, ne donnerait qu'un papier n'ayant aucune homogénéité et parfois plein de trous.

Pour contribuer encore à rendre moins brusque l'égouttage de la pâte, on recouvre les deux rouleaux de manchons en feutre épais. Le manchon du rouleau supérieur doit avoir de longs poils pour que la pâte n'y adhère pas. Il doit être constamment lavé, pour qu'il n'y reste pas de fibres adhérentes, auxquelles la couche de pâte se collerait, ce qui la ferait *monter au rouleau* et déchirerait la feuille déjà formée, mais encore sans consistance.

Le lavage du manchon s'obtient au moyen d'un madrier parallèle à l'axe du rouleau au-dessus duquel il est placé, un peu à gauche de la génératrice supérieure, de manière qu'il existe, entre la surface plane du madrier et la surface cylindrique du rouleau, une sorte de gouttière, dans laquelle on entretient un courant d'eau servant à emporter, vers les bâtis de la machine, les fibrilles détachées par le lavage du manchon.

Pour éviter l'usure de ce dernier et empêcher l'eau de passer entre lui et le madrier, on interpose une bande de feutre entre les surfaces flottantes. Des vis permettent de rapprocher, au degré voulu, le madrier du rouleau de presse et, ordinairement, on peut relever brusquement ce madrier, monté sur des tourillons, quand un amas de pâte arrive, malgré le lavage, à se former contre lui, ce qui pourait donner lieu à une déchirure du manchon.

On remplace souvent le madrier par un rouleau (*lavage à roulement*); quelquefois on réunit les deux organes. Après avoir contourné le rouleau inférieur de la presse, la toile revient en dessous (vers la gauche du dessin), en passant sur des rouleaux plus petit; le deuxième que l'on voit, à partir de la presse est monté, sur la machine représentée, comme rouleau guide; un petit volant à main sert à déplacer l'un des coussinets.

Les deux rouleaux suivants, toujours en allant vers la gauche, sont des tendeurs, leurs coussinets peuvent glisser sur des tiges verticales sur lesquelles on les arrête, au moyen de vis de serrage, à la hauteur nécessaire pour obtenir une tension convenable. Beaucoup de machines modernes ont un de ces rouleaux monté à bascule et que des poids font porter contre la toile, pour la tendre. On obtient ainsi une tension bien régulière et dont il est facile de connaître exactement la valeur.

Les rouleaux qui portent la partie inférieure de la toile sont exposés à se couvrir peu à peu de fibres restées adhérentes à la toile; aussi a-t-on la précaution de les en débarrasser au moyen de racles, dites *docteurs*, ou de jets d'eau lancés par des tubes percés de nombreux petits trous.

Enfin, la toile revient au point de départ de notre description, en contournant un fort cylindre, dit *rouleau de tête*, que l'on voit tout à fait à sa gauche. Ce rouleau a besoin d'être constamment propre; aussi est-il pourvu d'un docteur, et un puissant jet d'eau le nettoie constamment.

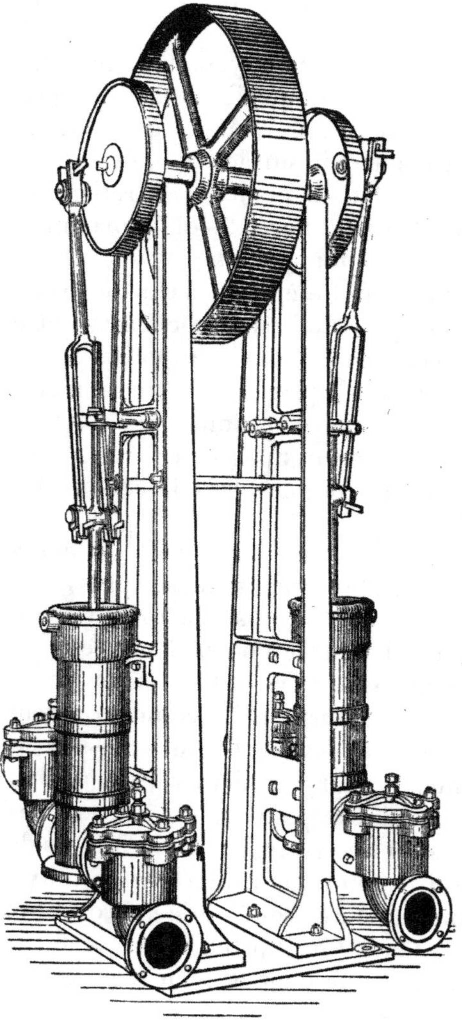

Fig. 65.

Sous les pontuseaux de la table, on voit trois caisses portées par des pieds en fonte. Elles constituent ce que l'on appelle le plancher de table et reçoivent l'eau qui s'écoule de la pâte, pendant le passage de la toile au-dessus des pontuseaux.

Cette eau, à laquelle on donne souvent le nom *d'eau collée* ou *eau blanche*, contient de la colle quand on fait des papiers collés, mais toujours des fibrilles très ténues qui ont pu passer au travers des mailles de la toile métallique. On réalise une notable économie en faisant servir l'eau collée au délayage de la pâte avant son arrivée sur les sabliers. Le nom anglais du plancher de toile : *save all* ou sauve-tout, rappelle très bien l'utilité grande de cet accessoire des machines à papier. La fig. 65 représente un des nombreux systèmes de pompes (type Bertram L^d) et autres élévateurs, employé pour les eaux blanches.

Notre dessin de machine à papier n'a pas permis d'indiquer plusieurs détails intéressants : des rinceurs destinés à laver constamment les couvertes, d'autres qui tranchent nettement les bords ou *rives* de la couche de pâte, pour en supprimer toute amorce de déchirure pendant la suite de la fabrication. Enfin, beaucoup de machines ont un petit appareil dit coupe-feuille, placé à la suite des caisses aspirantes, et composé d'un petit jet d'eau, alimenté par un tube flexible en caoutchouc et que l'on peut porter d'un côté à l'autre de la machine, pendant la marche. Il coupe la couche de pâte en biseau et forme une *pointe* qui facilite beaucoup le passage de la feuille de papier formée, entre la presse décrite ci-dessus et la suite de la machine à papier.

Le coupe-feuille permet très souvent d'arrêter une déchirure du papier avant qu'il y ait complète solution de continuité.

Cet utile et ingénieux appareil a été imaginé par un conducteur de machines à papier nommé Biermans. On en a fait plusieurs modifications, mais le modèle de l'inventeur paraît préférable.

La table des machines à papier a toujours son bâti monté de manière à pouvoir osciller, horizontalement et perpendiculairement à l'axe longitudinal de la machine, autour de deux goujons, montés sur la partie fixe du bâti, à gauche des caisses aspirantes sur la fig. 57. Ce mouvement a pour but de répartir également les fibres sur la toile métallique et de les enchevêtrer ou feutrer. Il correspond à la *poussée devant* exécutée avec les formes à main et a son maximum au rouleau de tête, pour devenir nul à la hauteur des goujons d'articulation de longerons.

On nomme habituellement *branlement*, cette oscillation de la table des machines à papier qui, toutes, sont établies de manière que l'amplitude et la rapidité du branlement puissent varier suivant le besoin. On a pour cela des appareils très divers, et beaucoup d'entre eux peuvent modifier l'amplitude et la rapidité de branlement en pleine marche.

Habituellement, la toile de la machine à papier a une pente légèrement ascendante, du rouleau de tête aux caisses aspirantes. Vers 1896, Andres, puis Schmidt et Seybold, ont imaginé de lui donner une inclinaison variable, suivant la nature des pâtes à travailler. Pour cela ils ont suspendu tout le châssis, avec les caisses aspirantes, à des lames d'acier, portées par un solide bâti. Un système à vis permet de lever ou baisser à volonté les longerons du châssis, montés à charnière sur un bâti fixe, en arrière des caisses aspirantes.

Cette disposition, notablement simplifiée, est devenue d'usage très courant. Divers constructeurs ont préféré ne pas employer de ressorts de suspension mais monter toute la partie oscillante de la table sur des semelles pouvant se soulever plus ou moins, près du rouleau de tête.

Récemment Martin et Eibel ont imaginé de donner à la table de fabrication une pente descendante, du rouleau de tête au petit rouleau placé devant la presse humide, afin que la pâte, après être passée sous les règles, descendît d'elle-même avec une vitesse égale, ou à peu près, à celle de la toile. Les inventeurs pensent obtenir ainsi un meilleur feutrage des fibres et une ténacité plus égale du papier dans le sens de marche de la machine et perpendiculairement à ce sens.

La tête de machine a pu, ainsi, être soulevée de 35 à 38 centim., et des papiers, particulièrement pour journaux, ont pu se fabriquer à très grande vitesse (150 m. par minute), avec des pâtes de qualité très secondaire, tout en présentant beaucoup d'homogénéité, alors qu'avec une pente ascendante de la table il était impossible d'obtenir une bonne fabrication sans réduire beaucoup la vitesse et, par suite, la production de la machine.

La presse à manchons décrite plus haut se nomme, en France, *presse humide*, parce qu'elle est constamment mouillée par son appareil de lavage. En Angleterre et en Allemagne, on l'appelle presse coucheuse, alors que les papetiers français donnent ce nom à la seconde des trois presses visibles sur la fig. 57.

Depuis une quinzaine d'années, au moins, on a construit, souvent, aux Etats-Unis, des caisses aspirantes rotatives. Primitivement appliquées aux machines à forme ronde, elles ont servi plus tard sur les machines à table plate et l'on est arrivé, en produisant un vide énergique dans une caisse de ce genre, mise à la place du rouleau inférieur de presse humide, à pouvoir supprimer complètement le rouleau supérieur de cette presse.

Dans les caisses aspirantes ordinaires, le vide varie ordinairement de 8 à 20 cm. d'eau, et l'on ne peut le pousser plus haut sans risquer de détériorer la toile métallique, en augmentant par trop son frottement sur les bords des caisses ou sur leurs couvercles perforés.

Un rouleau aspirant, qui soutient parfaitement la toile dans toutes ses parties sans causer de frottement, permet de porter la hauteur de la colonne d'eau aspirée à 3 m. et plus. La feuille de papier perd alors autant d'eau que si elle était soumise à la pression de deux cylindres de presse humide, sans aucun risque de s'écraser sous la pression. La toile fatigue moins et les manchons de presse humide deviennent inutiles. Par contre, un rouleau aspirant exige une grande force motrice : environ 17 HP pour une petite machine de 1 m. 50 marchant à 50 m. par minute, et 30 et même 50 chevaux avec les grandes machines actuelles, de 3 m. de largeur et plus, qui arrivent aux vitesses de 100 et 150 m. par minute.

Un appareil de ce genre, modifié par M. W.-H. Millspaugh de Sandusky a été présenté comme une grande nouveauté et s'est beaucoup répandu dans les papeteries d'Amérique et d'Europe. Le rouleau Millspaugh est construit, en France, par la maison Neyret-Brenier et Cie, de Grenoble.

Il est représenté, en schéma, sur la fig. 66 et se compose d'une caisse aspirante fixe, placée à l'intérieur d'un cylindre parfaitement alésé et percé de trous coniques très rapprochés, qui remplace le rouleau inférieur de presse humide et entraîne la toile métallique. La caisse aspirante est pressée contre la surface intérieure du cylindre, par des ressorts, et ses bords sont garnis de bourrages en caoutchouc pour prévenir toute rentrée d'air. Pour la même raison, des cloisons amovibles, analogues à celles des caisses aspirantes ordinaires, se placent sous les rives du papier. Un manomètre indique la tension à l'intérieur de la caisse.

On entretient un vide dans deux caisses aspirantes ordinaires, qu'il est nécessaire de conserver pour préparer l'action du rouleau Millspaugh et faciliter, au besoin, le filigranage. Le rouleau filigraneur est indiqué par un cercle que traversent deux lignes croisées à angle droit.

La pâte, égouttée par la première presse ou l'aspirateur rota-

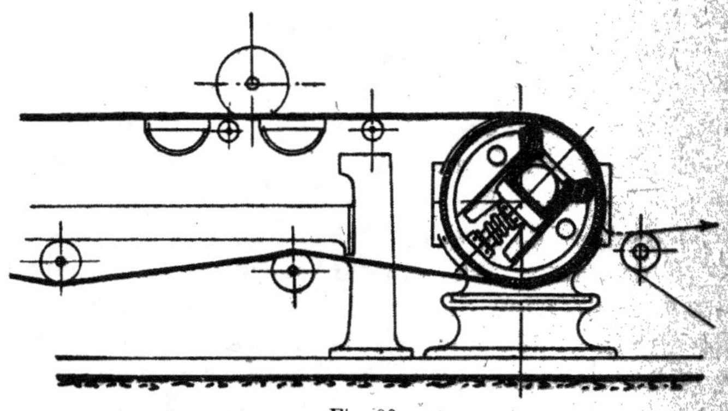

Fig. 66.

tif, est détachée de la toile métallique, ordinairement avec la paume de la main et portée, d'un mouvement rapide, sur le feutre coucheur dont on distingue le parcours. Si l'on dispose d'un coupe-feuille, il suffit de porter ainsi la pointe du papier sur le feutre pour que toute la largeur de la feuille y soit en un instant. A défaut de cet appareil, deux ouvriers coupent la la feuille sur la toile métallique, contre le rouleau inférieur de presse humide, en passant un doigt fortement appuyé sur la couche de pâte.

Une fois que le papier formé, mais encore inconsistant, est posé sur le feutre *coucheur*, il va seul entre les rouleaux de la seconde presse, qui en font sortir une nouvelle quantité d'eau et lui donnent, ainsi, assez de solidité pour qu'on puisse manier la feuille comme un linge mouillé, très facilement quand elle est solide et un peu épaisse.

Le feutre coucheur doit être en tissu lainé, assez perméable pour que l'eau et l'air le traversent facilement; mais il faut que son tissu soit en fils assez fins et rapprochés pour ne pas laisser d'empreinte dans le papier.

Cette dernière condition n'a toutefois pas d'importance

quand il s'agit de fabriquer des papiers communs et opaques.

Les rouleaux de seconde presse n'ont pas de manchon; celui du haut est ordinairement en fonte dure très polie. Le rouleau inférieur est souvent couvert d'une enveloppe en caoutchouc durci, mais cependant assez souple pour pouvoir céder à la pression d'un corps dur. Le feutre doit passer tout à fait à à plat entre les rouleaux de la presse : s'il vient à former des plis, il faut desserrer de suite la presse et faire disparaître complètement les plis, en tendant convenablement le feutre, avant de serrer de nouveau. Si un pli prononcé venait à passer dans la presse serrée, le feutre serait coupé dans toute la longueur de ce pli. Les rouleaux de presses couverts de caoutchouc réduisent notablement ce danger.

La conduite des feutres demande beaucoup d'attention, car non seulement on peut facilement les perdre en leur laissant former des plis et ces tissus coûtent cher, mais un feutre mal conduit peut donner de nombreux défauts dans le papier.

Les feutres sont livrés, par leurs fabricants, avec quelques fils colorés, formant une raie transversale très visible, c'est ce que l'on appelle la *couture*, bien que beaucoup de feutres de presse, tissés comme des mèches cylindriques de lampe, ne soient pas réellement cousus. Il est essentiel que les deux extrémités de la couture soient constamment en face l'un de l'autre sur la machine à papier, pendant la marche du feutre. Si une extrémité se trouve en arrière de l'autre, c'est que le feutre est plus tendu de son côté et que l'extrémité de la couture a un plus grand trajet à faire, de ce côté, pour revenir à son point de départ. Plus un bout de la couture est en avance sur l'autre, plus les fils du feutre, parallèles à l'axe longitudinal de la machine, tendent à se rapprocher les uns des autres, à resserrer les mailles du tissu et à rendre ce dernier moins perméable à l'eau et à l'air. Il peut aussi se former, dans le feutre inégalement tendu sur ses deux rives, des plis susceptibles de le couper. Pour ramener les extrémités de la couture l'une en face de l'autre, il faut tendre le feutre du côté où la couture avance. Le même principe s'applique à la conduite des toiles métalliques. Si l'on oblique un rouleau guide ou un rouleau tendeur, et chaque feutre a un tendeur commandé par des vis, le feutre, en quittant ces rouleaux, tend à se déplacer dans son propre plan, perpendiculairement à la dernière génératrice avec laquelle il se trouve en contact, sur le rouleau.

On observe souvent, pendant la marche des feutres, que la couture prend une courbure dont la partie médiane est en avance sur les deux extrémités. Cela tient à ce que les rouleaux sur lesquels passe le feutre fléchissent tous un peu, par suite de la tension du tissu et que celui-ci, au milieu de sa largeur, a moins de chemin à faire que sur ses bords. Il y a contraction du feutre vers le milieu et, par suite, serrage des fils longitudinaux. On peut alors redresser la couture en enroulant une bande de calicot ou de papier sur les deux extrémités d'un rouleau. Il se produit ainsi, vers les rives, un tirage qui fait avancer la couture en ces endroits.

Pour que les feutres soient bien tendus, on a un rouleau sur lequel s'enroulent à partir du milieu, des hélices à pas contraire dont les filets, espacés de 12 à 15 centim. forment sur l'enveloppe du rouleau une saillie de 5 millimètres environ. Le feutre, à mesure qu'il avance, doit porter sur des parties d'hélices de plus en plus éloignées du centre. On se sert aussi d'un *rouleau brisé* composé de deux rouleaux de feutre dont les axes font, à partir du milieu de la machine, un angle d'une quinzaine de degrés. Ces deux rouleaux, qui vont chacun du milieu de la machine à un bâti, agissent séparément comme des rouleaux guides et on les place de manière qu'ils tendent, chacun, à pousser vers un des bâtis une des rives du feutre.

Les rouleaux de presses doivent avoir leurs axes exactement dans le même plan, première condition pour que la pression s'exerce bien également sur toute la largeur du papier.

Sur le rouleau supérieur, un docteur en acier ou en bois, très bien ajusté, enlève toutes les fibrilles qui peuvent rester adhérentes au rouleau. Souvent on dispose aussi un docteur sur le rouleau inférieur, quand il n'a pas de chemise en caoutchouc. L'eau exprimée de la pâte traverse le feutre et vient tomber dans une rigole, d'où un tube en caoutchouc la mène hors de la machine.

On voit sur la figure le dispositif de tension du feutre coucheur. Il se compose de 2 vis que l'on peut faire agir simultanément au moyen d'engrenages d'angle commandés par un volant à main. Il est d'ailleurs facile, en décalant un des engrenages, d'avancer ou reculer un des bouts du rouleau tendeur pour corriger un défaut de parallélisme des autres rouleaux.

Une troisième presse, dite montante, parce que son feutre monte sur un bâti vertical, est disposée de façon que son rouleau supérieur se trouve en contact avec la face du papier qui, précédemment, touchait la toile métallique ou le feutre coucheur. Ce retournement de la feuille a pour but d'effacer l'empreinte de la toile métallique. Il n'est pas appliqué sur toutes les machines à papier, et des fabricants habiles le considèrent comme sans importance pour les papiers ordinaires. Les papiers à cigarettes ne sont, ordinairement, pas retournés dans la troisième presse, pour la facilité de leur passage d'une presse à l'autre.

Le tendeur et le guide du feutre sont établis sur le bâti vertical de la presse représentée.

Les machines qui font des papiers épais, ou marchent à grande vitesse, ont souvent une quatrième presse pour que le papier, pressé plus graduellement, ait le temps de perdre son eau sans risquer d'être écrasé.

Les feutres de troisième et quatrième presse peuvent être plus épais et plus serrés que ceux de seconde ; car ils ont moins d'eau à éliminer et reçoivent du papier plus résistant : mais la perméabilité moindre de ces feutres oblige, ordinairement, à en écarter un peu le papier avant qu'il s'engage entre les rouleaux presseurs, pour que des bulles d'air interposées entre lui et le tissu ne donnent pas lieu à des défauts.

Peu à peu les mailles des feutres se remplissent de fibrilles de colle, de charge ou de couleur, suivant la nature des papiers qu'on fabrique. On démonte alors le feutre sali pour le laver dans une machine, dite foulon, composé de deux rouleaux entre lesquels le feutre, passant dans une cuve dans laquelle on fait arriver de l'eau propre, est pressé pour être de nouveau mouillé puis pressé encore. Les feutres coucheurs ont besoin d'être lavés très souvent ; aussi beaucoup de machines sontelles pourvues d'un laveur continu, dans lequel le feutre est nettoyé constamment, ce qui permet de le laisser monté pendant plusieurs jours. Cet appareil est à peu près indispensable sur certaines machines; mais on lui reproche souvent de laisser trop d'humidité dans le feutre, et certains fabricants ont renoncé, pour ce motif, à son emploi en pleine marche. Quelquefois, le laveur de feutre, sur machine, se compose d'un moulinet à deux ou quatre barres parallèles, montées autour d'un arbre qui tourne avec rapidité. Le feutre, copieusement arrosé ou même baigné dans une cuve d'eau, est battu par le moulinet et se nettoie rapidement. On ne fait agir cet appareil que pendant les arrêts de la machine après avoir détendu un peu le feutre coucheur.

En sortant de la dernière presse, le papier ne contient plus qu'un poids d'eau à peu près égal au sien; il est devenu très maniable et, sur la figure, on le voit qui forme comme un dais entre la troisième presse et les cylindres sécheurs. Pour en arriver à ce point, il faut que la couche de pâte égouttée sur la toile métallique soit serrée de plus en plus fort dans les presses.

Beaucoup de machines ont des presses dont le serrage s'obtient uniquement au moyen de vis agissant directement sur les coussinets supérieurs des cylindres de presses. Souvent on interpose un ressort entre chaque vis et son coussinet pour que le cylindre puisse se soulever un peu dans le cas où un corps étranger ou un pli de feutre viendrait s'engager dans la presse. Sur la machine représentée, le serrage s'obtient au moyen de leviers, chargés de poids que l'on distingue à la partie inférieure du bâti. Des volants à bras permettent, au moyen d'un mécanisme à mouvement parallèle, de soulever le rouleau supérieur de chaque presse, par exemple, pour en changer le feutre.

On obtient le même résultat, sur certaines machines, en déplaçant le poids qui charge le levier de pression, sur un levier prolongé de l'autre côté du point d'appui. On voit, enfin, des machines à presses chargées au moyen de poids, dans lesquelles un déplacement des points d'appui, constitués par de simples goupilles, permet d'agir sur les coussinets du rouleau supérieur d'une presse, de haut en bas quand on veut presser, de bas en haut quand on veut dépresser.

Le papier qu'on a égoutté dans les presses, autant qu'il a été possible de le faire, s'engage ensuite dans la sécherie composée d'un nombre de cylindres d'autant plus grand que l'on veut sécher du papier plus épais ou faire marcher la machine à plus grande vitesse pour produire davantage en un temps donné. Sur la machine représentée, les cylindres sécheurs ont 0 m. 90 de diamètre ; leur nombre a été réduit pour que la figure n'ait pas de trop grandes dimensions ; mais des machines avec vingt sécheurs ne sont pas rares et l'on peut en citer qui en ont quarante, quarante-cinq et davantage ; non seulement afin de pouvoir évaporer beaucoup d'eau dans un temps donné mais aussi afin d'opérer le séchage très graduellement, ce qui contribue à améliorer la qualité des papiers collés.

L'application des cylindres sécheurs aux machines à papier est due à un Anglais, T. B. Crompton (1821). Primitivement on se servit de cylindres dont les fonds étaient en fonte et la périphérie en cuivre ; il fallait alors que chacun d'eux fût muni d'une soupape dite reniflard par laquelle de l'air pouvait rentrer quand, après la fermeture du robinet d'admission, la vapeur se condensait par refroidissement spontané en produisant, dans le cylindre, un vide relatif. Faute de reniflard la pression atmosphérique aurait écrasé un cylindre sécheur en peu d'instants.

On voit souvent des sécheurs plus gros que ceux de la machine représentée : 1 m. ou 1 m. 20 de diamètre sont des dimensions très usitées. Avec de grands diamètres, la surface des fonds croît plus vite que la surface cylindrique utile.

Les anciennes machines américaines avaient tous leurs sécheurs à la suite l'un de l'autre, sur une seule rangée ; mais la tendance à augmenter la production a conduit à superposer deux rangées de ces cylindres afin de ne pas trop augmenter la longueur de sécheries.

Ordinairement, dans les usines européennes, le papier est appuyé contre les cylindres sécheurs par un ou plusieurs feutres de laine très épais et, dans ce cas, des cylindres spéciaux servent à sécher ce feutre, afin d'en prolonger la durée. Un feutre, en effet, se détériore d'autant plus rapidement qu'il est plus humide pendant son travail. On se sert aussi de tissus de coton.

Le montage d'un feutre sans fin, dans une sécherie composée d'un grand nombre de sécheurs, étant une opération longue et pénible à cause du poids du tissu, on se sert habituellement, aux Etats-Unis, de feutres en pièce. Après avoir coupé en travers le vieux feutre que l'on veut remplacer, on coud grossièrement, à l'extrémité arrière de ce feutre, un bout du tissu neuf; puis on fait marcher la sécherie et l'on enroule le vieux feutre mécaniquement sur un abre de dévidoir, il tire alors le nouveau feutre jusqu'à ce que ce dernier ait complètement pris sa place. A ce moment on découd les points provisoires et, au moyen d'une couture rabattue, on rejoint les deux bouts du feutre neuf. L'épaisseur de la couture ne nuit ni au fonctionnement du feutre ni à la qualité du papier.

Il va sans dire qu'on se réserve la possibilité de tendre le feutre neuf quand il est en place. A mesure que ce dernier s'engage dans la sécherie, on roule le vieux autour d'une barre ronde, en bois, sur un cylindre sécheur, dont la rotation facilite beaucoup ce travail.

Les sécheries américaines n'ont pas de sécheurs de feutres.

On a essayé plusieurs fois de remplacer les feutres sécheurs par des toiles métalliques; mais l'usage ne s'en est pas répandu, sauf dans les cartonneries où l'on se sert, assez fréquemment, de tissus dies *retors veloutés* dont on obtient de bons résultats.

Au sommet et à gauche de la sécherie représentée, on distingue un petit rouleau de feutre dont le support a, sur la gauche, un bras au bout duquel une petite plaque carrée se présente à la hauteur du bord du tissu. Un dispositif tout à fait semblable existe de l'autre côté de la sécherie et l'ensemble constitue un guide feutre automatique. Les deux bras sont reliés par une tringle légère qui les oblige à se mouvoir parallèlement et chacun d'eux est muni, à angle droit, d'un autre bras plus petit et tourné vers le feutre.

Dès que celui-ci tend à se porter d'un côté, vers le lecteur par exemple, il repousse de ce côté le grand bras visible sur le dessin. Le bras correspondant de l'autre côté du feutre se meut parallèlement, car il est tiré par la tringle.

Pendant ce temps les extrémités des petits bras de ces leviers coudés à angle droit se déplacent au sens contraires, et les coussinets de rouleau guide, montés sur ces bras, se déplacent avec eux. Celui qui est du côté du lecteur est porté vers la droite. Le rouleau guide se trouve ainsi placé obliquement, dans le sens voulu pour ramener le feutre à sa place normale.

Un appareil identique se voit tout au bas de la sécherie, entre les troisième et quatrième sécheurs du bas.

La fig. 67 représente un autre système de guide feutre con-

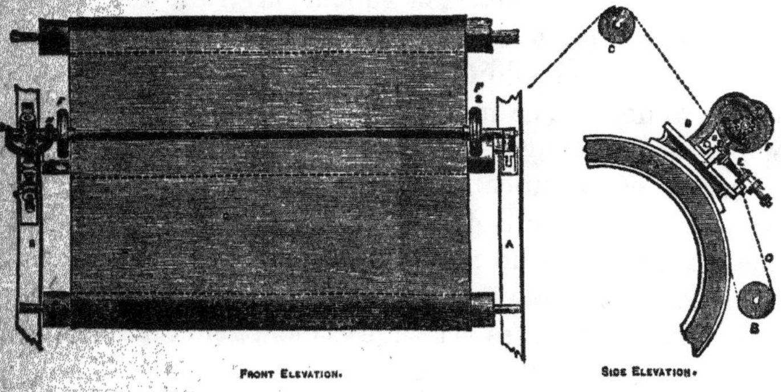

Fig. 67.

Front elevation = Elévation de face. — Side elevation = Elévation latérale.

struit par MM. Bentley et Jackson, de Bury, près Manchester. A A, sont les bâtis de la sécherie, B B B, des rouleaux de feutre. C est le feutre sécheur ; D, un chariot commandé par une vis E, sur lequel porte une extrémité du rouleau guide B. Un arbre C traverse la machine et passe, à frottement doux, dans un manchon sur lequel sont calés un galet F et un pignon d'angle H. Un second galet F^2 et un second pignon d'angle 2 sont calés sur l'arbre C, et les deux pignons engrènent avec une roue d'angle I, agissant, par l'intermédiaire de son arbre et de deux petits pignons d'angle, sur la vis E, qui traverse un écrou fixé au chariot. Si le feutre se déplace et va, par exemple, vers la gauche, il s'engage entre le galet F et le rouleau guide B et fait tourner le galet F et la poulie H puis la raie I, dans un sens. Si, au contraire, le feutre se porte à droite, le galet F^2, l'arbre C et le pignon 2 tournent ensemble

11

et entraînent la roue I dans le sens contraire. Les deux sens de rotation sont calculés de manière à produire le redressement du feutre.

Les guide feutres fonctionnent très bien avec les gros tissus employés dans les sécheries. On a cherché souvent à les appliquer aux feutres de presses; mais ces tentatives n'ont pas eu beaucoup de succès.

Les cylindres d'une sécherie doivent être d'autant plus chauds qu'il passe sur eux du papier plus sec. On a construit des sécheries dans lesquelles la vapeur, arrivant dans le dernier cylindre, passe successivement dans tous les autres jusqu'au premier d'où elle doit sortir à l'état d'eau condensée. On paraît avoir renoncé à ce mode d'emploi de la vapeur. Il peut arrêter le fonctionnement d'une sécherie en cas d'avarie à un des tuyaux de communication.

La vapeur avec laquelle on chauffe les cylindres se condense et l'on est obligé d'extraire, au fur et à mesure, l'eau qui résulte de la condensation. Cela se fait souvent au moyen d'un tube courbé dont une ouverture arrive près de la génératrice interne et inférieure de chaque cylindre. La pression de la vapeur dans ce cylindre fait monter l'eau dans le tube qui, par un tourillon du cylindre, la conduit au dehors.

Beaucoup de constructeurs de machines et de fabricants de papier aiment mieux extraire l'eau condensée au moyen d'écopes, tubes coudés adaptés intérieurement à un fond du cylindre et dont une extrémité, souvent munie d'une sorte d'entonnoir, vient, à chaque tour du cylindre, prendre l'eau amassée à sa partie inférieure pour la monter, en vertu de la rotation qu'on lui imprime, jusqu'au tourillon par lequel se fait l'évacuation. Ce dispositif peut fonctionner sans qu'il arrive de vapeur dans la sécherie.

Le cylindre sécheur à écope, représenté fig. 68, est construit par Bentley et Jackson, de Bury, près Manchester, d'après un système particulier à cette maison. Les boulons passent dans des encoches (et non des trous) pratiquées sur un rebord ménagé, sur les fonds bombés, vers l'intérieur du cylindre. Il est impossible, grâce à cette disposition, que des fuites se produisent par des trous de boulons. Tous les sécheurs de 90 centim. de diamètre et plus ont un trou d'homme, comme on le voit sur la figure. Ils sont équilibrés avec soin et éprouvés à 2 kil. 50 par cm². La maison a exécuté, d'après ce système, des cylindres de 60 à 300 centim. de diamètre.

Dans les anciennes machines à papier, un des tourillons de chaque cylindre sécheur servait à l'introduction de la vapeur et l'autre à l'expulsion de l'eau condensée. Actuellement, le même tourillon sert aux deux fins et cela procure une simplification de machines.

Le raccordement des tubes d'admission, qui sont fixes, aux tourillons des sécheurs, qui sont mobiles, s'effectue au moyen

Fig. 68.

de presse-étoupes mais aussi de plateaux entre lesquels on interpose des garnitures en chanvre, en coton et souvent en métal. Dans le cas le joint reçoit ordinairement la forme d'une rotule, afin qu'il puisse subir les petits déplacements de tubes résultant de l'usure des parties.

Comme c'est la chaleur latente de la vapeur qu'on utilise dans une sécherie, la tension de cette vapeur est tout à fait secondaire, et une très basse pression suffit, pourvu qu'elle puisse vaincre les frottements et faire passer la vapeur, avec une vitesse suffisante, dans les tubes, valves, etc., de la sécherie.

Il est inutile de produire de la vapeur à haute pression pour la détendre avant de l'envoyer dans une sécherie. Ce serait perdre inutilement l'énergie emmagasinée dans cette vapeur.

Par contre, on peut se servir, pour alimenter un moteur sans condensation, de vapeur à haute pression qui se détendra dans ce moteur en produisant du travail et pourra encore se condenser utilement, en séchant du papier. Beaucoup de sécheries sont établies pour fonctionner dans ces conditions et, depuis quelques années, on prend souvent une partie de la vapeur, détendue dans le petit cylindre d'une machine à vapeur compound de grande puissance, pour l'envoyer dans une sécherie.

Si l'échappement de la machine à vapeur dont on dispose ne suffit pas au séchage, on introduit de la vapeur prise directement à une chaudière et détendue.

Quelquefois on a une chaudière spéciale, à basse pression, pour le chauffage des cylindres sécheurs, et c'est ce qui se voit ordinairement dans les usines qui disposent de grandes forces hydrauliques.

Quand on chauffe les cylindres de sécheries avec la vapeur d'échappement d'un moteur, il est indispensable de séparer l'huile que cette vapeur peut contenir.

L'eau de condensation, provenant des sécheurs, peut être renvoyée aux chaudières.

La sécherie de certaines machines à papier est partagée en deux parties, entre lesquelles se trouve un laminoir dont les rouleaux, en fonte dure parfaitement polie (fig. 69), donnent au papier un bel apprêt. Quand la pâte du papier n'est pas très pure, cet appareil a l'inconvénient d'agrandir, en les aplatissant, les impuretés qui deviennent alors beaucoup plus apparentes. D'autres fois une lisse semblable se place derrière la sécherie (fig. 70). Ces deux lisses sont de Bryan Donkin et Cie.

Ces appareils n'existent pas dans la sécherie représentée fig. 57; mais elle en a un autre, composé de huit rouleaux en fonte polie, entre lesquels passe le papier complètement sec; les impuretés, alors moins écrasées, n'ont plus tant d'inconvénients qu'avec une apprêteuse agissant sur une feuille encore humide.

La quantité considérable de vapeur qui se dégage du papier pendant son séchage sur des cylindres chauffés produit, en hiver, dans quelques usines, une buée qui empêche de voir à quelques mètres de distance et qui, de plus, se condense souvent en gouttes qui, tombant sur le papier humide ou même déjà séché, produisent de nombreux déchets. Cet inconvénient se présente dans des pays de climat très tempéré.

La première condition pour l'éviter est d'éliminer, au moment de leur production, toutes les vapeurs qu'une ventilation bien entendue peut capter au-dessus de la sécherie. On en produit l'aspiration au moyen d'une bonne cheminée d'appel ou d'un ventilateur, vers lesquels on dirige souvent les vapeurs au moyen d'une hotte établie au-dessus des sécheurs.

Fig. 69.

Comme il arrive aussi que des courants d'air dévient, dans l'atelier de machine, une partie des vapeurs dégagées dans la sécherie et que l'eau, qui ruisselle de toute part dans cet atelier, sature partiellement l'air d'humidité, de la vapeur invisible peut se condenser sur le plafond, les murs, certaines pièces mécaniques, etc., et tomber en gouttes sur le papier, elle peut aussi passer dans des

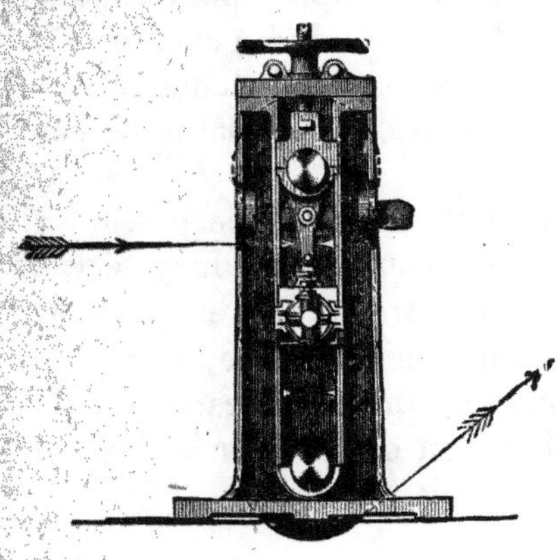

Fig. 70.

locaux voisins mal isolés et s'y condenser de façon nuisible.

On évite complètement cet inconvénient au moyen de radiateurs, disposés près du plafond de l'atelier, et ordinairement composés de tubes unis ou à ailettes, rarement de tôles assemblées sous forme de tables creuses, dans lesquels on introduit de la vapeur.

L'air échauffé dissout la vapeur d'eau en excès, et l'atmosphère des ateliers est complètement assainie et rendue transparente par ce procédé commode et peu coûteux ; mais il est indispensable d'évacuer l'humidité dissoute dans l'air, au moyen d'une bonne ventilation.

Aux Etats-Unis, où les machines à papier sont souvent établies au-dessus d'une salle où l'on dispose une partie de la transmission, les cuviers à pâte, pompes, moteurs, etc., on utilise souvent des chaleurs perdues pour envoyer, par les conduits de passage de courroies, baies d'escaliers, etc., de l'air chaud, de la salle inférieure dans celle où se trouve la machine à papier. Ce procédé de suppression des buées est aussi très efficace ; mais toujours à la condition d'éliminer, par ventilation, l'air chaud qui doit emporter la vapeur en excès.

Les fonds de sécheurs et tuyaux de vapeur, qui rayonnent de la chaleur, inutile au séchage, dans un atelier de machine à papier, sont souvent laissés à nu tout exprès pour chauffer l'air et le rendre apte à dissoudre l'humidité gênante. Par contre, ils peuvent alors rendre le séjour de l'atelier pénible pendant les chaleurs de l'été ou dans les climats naturellement chauds.

Vient ensuite un dévidoir à deux arbres superposés, sur lesquels s'enroule le papier ; puis une coupeuse en long servant à le diviser, au moyen de couteaux circulaires, en plusieurs bandes longitudinales ; enfin, tout à fait à droite, une bobineuse à vitesse constante forme des bobines beaucoup plus serrées et dures qu'il est possible d'en obtenir sur le dévidoir ordinaire, qui suit l'apprêteuse à huit rouleaux.

Rouleaux montés à billes. — Il se produit beaucoup de déchets, sur la machine à papier, par suite de ruptures de la feuille sur les petits rouleaux qui la conduisent dans les presses et la sécherie. Ces rouleaux, dont on réduit le diamètre pour les avoir plus légers, font relativement travailler beaucoup le papier à leur circonférence, pour vaincre le frottement des tourillons, qui doivent être assez forts pour résister aux tractions.

Beaucoup de ruptures, et partant de déchets, sont évités au

moyen des paliers à billes de l'ingénieur Lhomme[1]. Avec eux le papier, encore peu consistant, peut faire tourner les rouleaux avec beaucoup plus de facilité, ce qui présente de très grands avantages dans la fabrication des papiers de pâte peu solides, ou très minces. Beaucoup de rouleaux à billes s'emploient sur les machines à fabriquer les papiers à cigarettes ou les pelures, les papiers à journaux, etc., et rendent de très grands services.

La machine à papier n'est pas, comme beaucoup d'autres appareils mécaniques, susceptible de tourner dans toutes ses parties, avec des vitesses exactement proportionnelles entre elles et invariables. Non seulement il faut que la machine marche lentement pour faire des papiers épais, et vite pour faire des papiers minces ; mais sa partie antérieure, cuviers à pâte, épurateurs, pompes ou autres appareils élévateurs doivent avoir une vitesse constante, quelle que soit l'épaisseur du papier à fabriquer.

Aussi arrive-t-il souvent, avec les grandes machines dont on se sert à présent, que l'on emploie deux moteurs, l'un à vitesse constante, l'autre à vitesse variable. Il convient, en tout cas, de donner à ces moteurs une indépendance complète, par rapport aux autres appareils moteurs et opérateurs d'une papeterie, afin que la formation du papier ne soit en rien dérangée par des changements de vitesse de ces appareils.

Les parties de la machine à papier commandées à vitesse variable s'étendent depuis le rouleau de tête jusqu'aux dévidoirs inclusivement et quelquefois jusqu'à une coupeuse servant à diviser le papier transversalement.

Pour que le papier ne forme pas de plis pendant sa fabrication, il est nécessaire qu'il soit constamment soumis à une tension, lorsqu'il passe d'une presse à une autre, des presses aux sécheurs, de ceux-ci dans l'apprêteuse, puis dans les dévidoirs. La constance de la tension s'obtient en faisant marcher les parties successives de la machine avec des vitesses de plus en plus grandes et, pour cela, on commande ces parties avec des organes tels que des cônes opposés ou des poulies

---

1. Lhomme et Argy, successeurs (éditeurs de la revue *La Papeterie*).

extensibles, dont la description exigerait des détails hors de proportion avec le cadre de cet ouvrage.

Par contre, les arbres de dévidoirs doivent tourner de plus en plus lentement à mesure qu'ils sont couverts d'une grande quantité de papier. On obtient ce résultat au moyen d'embrayages à friction d'une grande simplicité.

La conduite d'une machine à papier exige beaucoup d'intelligence et de pratique ; aussi les bons conducteurs sont-ils très considérés dans les papeteries.

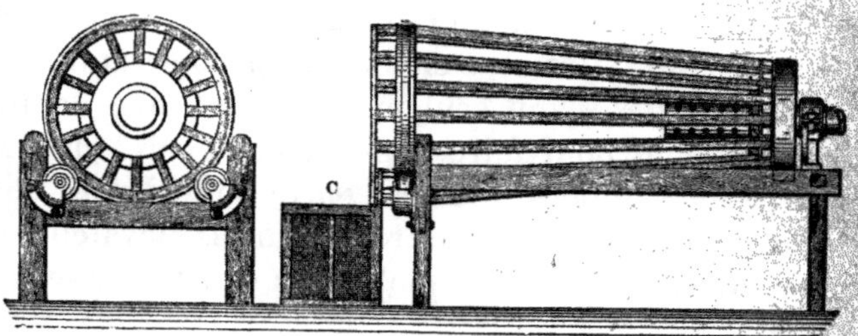

Fig. 71.

Il faut d'abord diluer la pâte d'après l'épaisseur du papier à fabriquer, en tenant compte de l'aptitude de cette pâte à s'égoutter ; faire fonctionner convenablement le régulateur à pâte, les épurateurs, s'assurer qu'il ne se produit pas de défauts : *mousse*, *roulés*, *queues*, dès l'arrivée de la pâte sur la table de fabrication. Il est nécessaire de régler la fréquence et l'amplitude du branlement, pour rendre homogène la couche de pâte et enchevêtrer les fibres de cellulose. L'aspiration des caisses à air, le fonctionnement du rouleau égoutteur ou filigraneur, le serrage et le lavage de la presse humide sont des points auxquels il faut apporter beaucoup d'attention.

Il faut veiller à ce qu'il ne se produise pas, sur les rouleaux guides ou tendeurs de la toile, des amas de pâte qui feraient varier la direction de la toile et pourraient la faire goder ou plisser, ou même la mettre hors de service.

Les feutres demandent aussi de grands soins, non seulement pour qu'ils marchent sans accidents mais aussi pour qu'ils ne causent pas, en se salissant, des défauts dans le papier. Il faut veiller, si le papier est collé à la résine, à l'égoutter le plus possible entre les presses, en serrant celles-ci fortement. Il faut aussi que les presses agissent bien régulièrement sur toute la surface du papier, afin que des parties plus humides que d'autres ne donnent pas lieu à des godes pendant le séchage. Il ne faut pas qu'un excès de séchage, en certains points, crispe le papier, que les feutres y laissent une empreinte, etc.

La transmission demande aussi de l'attention, pour que les courroies ne glissent pas, que les tirages soient bien réglés et que les réparations se fassent en temps utile, afin d'éviter des accidents en cours de fabrication.

La machine à papier est ordinairement pourvue d'un *ramasse-pâte*, fig. 71, avec lequel on recueille les fibres entraînées par l'eau du rinçage de la toile. Cet appareil procure une économie très appréciable. On fait aussi des ramasse-pâte construits comme des tambours laveurs et plongeant dans une cuve où arrive l'eau chargée de fibres. Ces dernières, retenues sur une toile fine qui couvre le tambour, en sont détachées par un rouleau couvert de feutre, duquel un docteur en bois les fait tomber quand elles forment une couche assez épaisse.

Il y a beaucoup de types de machines à papier, appropriés à la fabrication de toutes sortes de produits. La machine Harper représentée fig. 72 d'après un

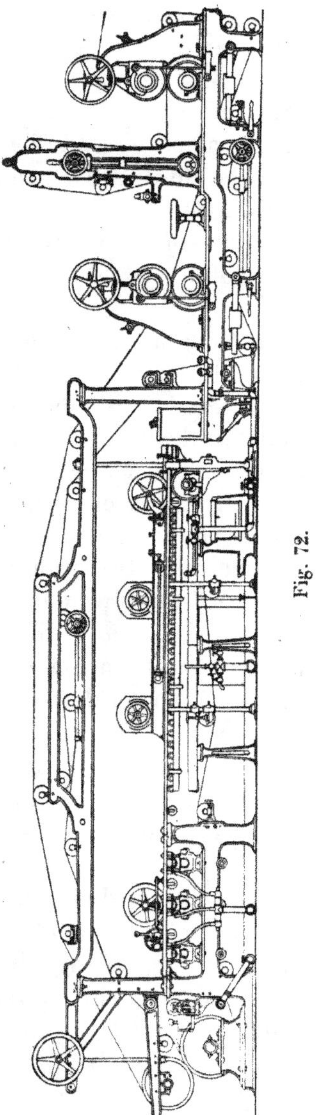
Fig. 72.

modèle des Sandy Hill Iron and Brass Works (Etat de New-York), a pour objet la fabrication de papier mince ou en pâte peu solide.

On peut reconnaître, sur la figure, les parties de la table de fabrication décrites à propos de la machine précédente ; mais sur la machine de la fig. 72, la toile progresse, avec la couche de pâte, de droite à gauche.

Le rouleau inférieur de presse humide est très gros ; il est à claire-voie, comme un rouleau égoutteur, mais beaucoup plus solide, car il doit résister à la pression du rouleau supérieur.

Autour de ce dernier passe le feutre coucheur, qui est très long et couvre toute la table de fabrication avant d'arriver aux presses. A gauche de la seconde presse il passe entre deux petits rouleaux servant à l'égoutter, quand on le lave, au moyen de jets d'eau lancés par deux tuyaux visibles plus bas, sur le bâti. Il y a en outre un moulinet laveur dont on ne voit qu'un palier ; un moulinet semblable, plus visible, est figuré à gauche du bâti montant de troisième presse.

On dit qu'une machine de ce genre est *à levage automatique*, parce que la feuille de papier est levée de la toile sans aucune intervention d'ouvrier. La sécherie de la machine Harper n'a rien de particulier ; aussi n'a-t-il pas été utile de la figurer.

On construit plusieurs types de machines à levage automatique et ces machines sont très employées en Allemagne, pour la fabrication des papiers minces, sous le nom de Gustav Schäuffelen, leur inventeur, qui employait un seul feutre, passant autour du rouleau supérieur de presse humide et serré contre un gros cylindre sécheur par un rouleau composé d'un arbre en fer, très solide, autour duquel on enroulait en hélice des bandes de feutre pliées, par le milieu de leur largueur, sur une ficelle, de façon que le plan de ces bandes fut sensiblement perpendiculaire à l'axe de l'arbre en fer. Les bandes de feutre, comprimées à la presse hydraulique, étaient ensuite tournées de façon à présenter une surface bien cylindrique.

La machine Schäuffelen a été perfectionnée par un autre fabricant allemand, nommé Oechelhäuser, et la figure 73 représente une machine construite par la Maschinenfabrik de Coethen avec le perfectionnement imaginé par Oechelhäuser et qui consiste dans l'emploi d'un second feutre ; *a* est le gros sécheur, *b* le rouleau supérieur de seconde presse ; *c* le rouleau inférieur de presse humide. Le rouleau *b* presse le feutre

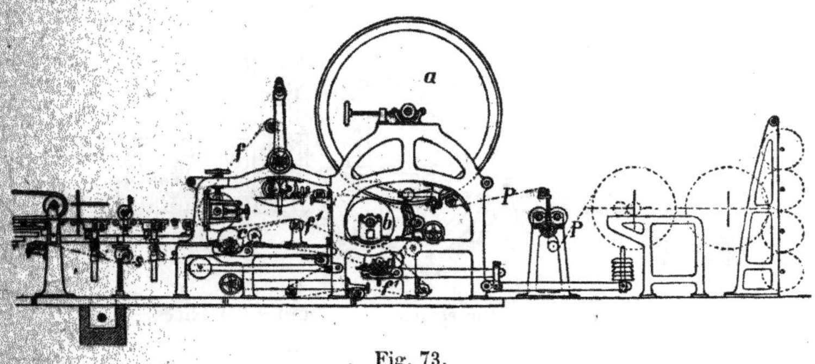

Fig. 73.

supérieur *f*, auquel adhère la feuille de papier, contre le cylindre sécheur. Un feutre f¹ est pressé, au moyen de leviers, contre le rouleau *b* et le papier est comprimé entre les deux feutres, avant de l'être par la presse *b* contre le cylindre sécheur. On voit les leviers chargés de poids qui produisent le serrage des presses.

Le rouleau *a* est monté sur des paliers que des vis, dont l'une est visible sur la figure, permettent d'écarter du rouleau *b* afin que le feutre ne se trouve pas, lors des arrêts, en contact avec un cylindre chaud, ce qui le détériorerait rapidement. *S* est la toile de la machine, *pp* montre le trajet du papier sec. Après être passé dans une coupeuse en long il va, suivant le besoin, sur des dévidoirs, indiqués par deux cercles assez grands, en pointillé, ou sur une bobineuse au moyen de laquelle on peut en faire des rouleaux, figurés par quatre cercles plus petits, en pointillé, tout à fait à droite de la figure. Les dévidoirs servent à couper le papier en formats.

Le prototype des machines à levage automatique est la machine à forme ronde, inventée par Dickinson en 1809 et dont l'organe principal : la forme, est représenté fig. 51.

Cette machine peut travailler en continu ; elle s'emploie beau-

coup pour la fabrication de papiers d'emballage et particulièrement du papier paille, avec une seconde presse et des
sécheurs.

On emploie aussi la machine à forme ronde à la fabrication
du papier, en feuilles séparées, imitant le papier à la main.

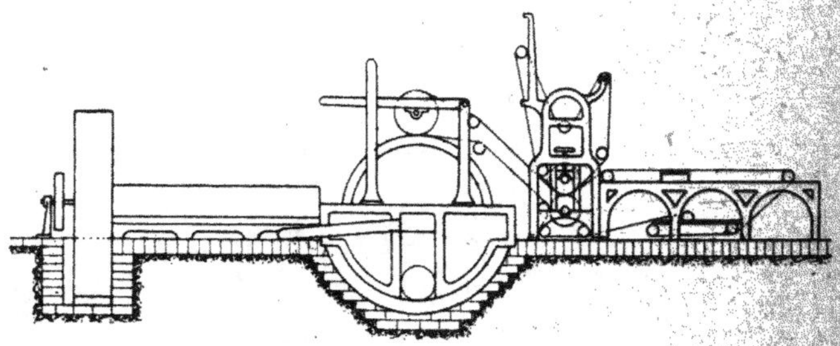

Fig. 74. — Machine espagnole, à feuilles détachées.

Dans ce cas le feutre coucheur, assez long, passe dans une ou
deux presses dont le rouleau supérieur est muni d'un feutre,
dit *de bricole*, servant à empêcher le papier d'adhérer à ce
rouleau. Ordinairement, quand il y a deux presses, elles ont
un feutre supérieur commun.

Au sortir des presses, le feutre coucheur se prolonge de
plusieurs mètres au-dessus de tables sur lesquelles il glisse
bien à plat. Des femmes détachent le papier du feutre, au-
dessus des tables et en font des piles que l'on porte ensuite
dans un étendoir pour les faire sécher (voir fig. 74).

C'est ainsi qu'on opère dans beaucoup de petites usines
d'Espagne ou d'Italie ; mais on fait aussi des machines, à
forme ronde et à feuilles détachées, qui sont pourvues de
cylindres sécheurs. Le feuilles sont alors dirigées, dans la
sécherie, entre le feutre sécheur et des fils de laine qui les
suivent jusqu'à ce qu'elles soient complètement sèches (voir
fig. 75).

M. Dupont de Bussac, ingénieur de la Banque de France,
a adapté à la machine à forme ronde le système de couchage
sur une toile métallique très fine qui, après avoir entouré
complètement le feutre coucheur usuel, passe entre lui et le
feutre supérieur dans les presses, après quoi il porte le papier

sur tous les cylindres de la sécherie. Ceux-ci doivent être couverts de cuivre ; car le papier humide et chauffé, entre la toile en cuivre et les cylindres en fonte, se colore instantané-

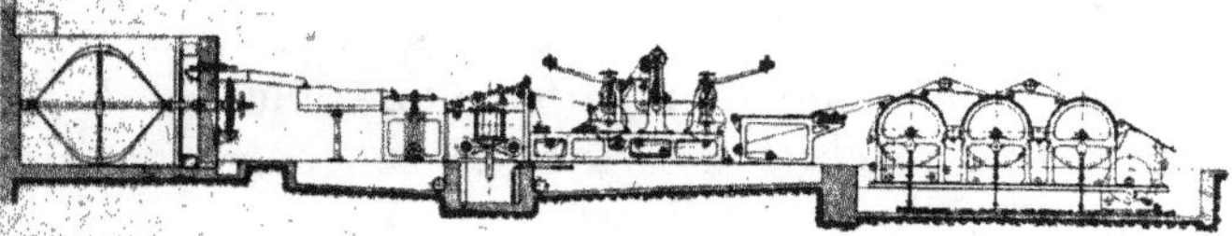

Fig. 75. — Machine Escher-Wyss, pour la fabrication du papier timbré, à Thiers.

ment en chamois par suite d'une action galvanique d'où résulte de la rouille.

La machine à forme ronde donne de beaux filigranes en clair et même ombrés. Elle peut faire des feuilles de forme

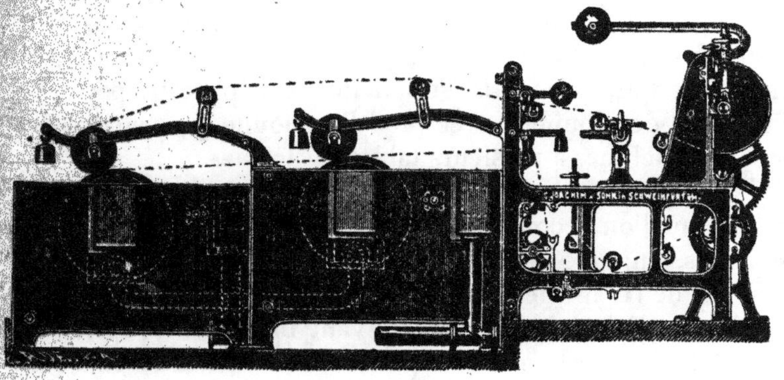

Fig. 76.

quelconque, et c'est sur elle qu'on obtient les papiers à filtre de forme circulaire.

Cette machine s'emploie aussi pour faire des papiers composés de plusieurs feuilles superposées et quelquefois diversement colorées, comme celles des papiers à empaqueter les bougies ou le sucre. Voir fig. 76 une machine à doubler de C. Joachim et fils, à Schweinfurt-sur-Mein (Allemagne).

Dans ce cas un même feutre coucheur passe sur plusieurs formes disposées successivement dans des cuves séparées.

Chaque forme a son rouleau presseur. On est ainsi arrivé,

pour fabriquer des cartons, à mettre une dizaine de formes sous un feutre coucheur commun et, malgré le poids considérable des feuilles superposées, l'adhérence au feutre est telle que le carton obtenu ne s'en détache pas.

L'égouttage et le séchage de feuilles aussi épaisses devant s'opérer très graduellement on emploie une douzaine de presses et l'on cite une machine à carton de ce genre, américaine, pourvue de 45 cylindres sécheurs.

On a construit des machines à doubler avec deux tables plates ; on a même ajouté une forme ronde pour superposer trois feuilles.

Quelques fabricants appliquent un système de doublage très simple et consistant à faire arriver, sur une couche de pâte, partiellement égouttée sur la toile d'une machine ordinaire, à table plate, de la pâte amenée par un chéneau disposé en travers de la machine. On peut, par ce moyen dû à un Autrichien, M. A. Diana, déposer une couche de pâte très mince ce qui, joint à la simplicité de l'appareil, permet de fabriquer des doublés, avec plus d'économie que ceux obtenus sur les machines à plusieurs tables ou formes.

Parmi les machines à levage automatique, on peut citer celles que l'on a construites pour faire du papier en feuilles séparées, sur une chaîne sans fin de forme à papier, ou sur une ou deux formes distinctes. On s'est proposé, avec ces machines, d'obtenir des papiers ayant toutes les propriétés de ceux fabriqués à la main et, particulièrement, une égale résistance à la traction dans le sens de la longueur de la machine comme dans celui de la largeur.

Les premières tentatives en ce genre paraissent dues à Henry Fourdrinier (1806) et à Léger-Didot ; ce dernier, en 1812, imaginait une machine continue, à chaîne sans fin de formes à papier, qui fut, dit-on, montée à la papeterie de Jeand'heurs (Meuse) probablement sans succès.

Vers 1872, M. Dupont, ingénieur de la Banque de France, dont nous avons mentionné déjà le nom, imaginait et faisait construire, pour cette grande administration, une machine à chaîne de formes, sur laquelle il réalisait mécaniquement, pour la première fois, le couchage sur toile métallique imaginé en

1863 par Eugène Maché, habile papetier qui dirigeait, aux papeteries du Marais et de Sainte-Marie, la fabrication, à la cuve, du papier des billets de banque.

En 1883, Sembritzki, directeur de papeteries en Autriche, construisait une machine à feuille séparée, à mouvement alternatif d'une ou deux formes. Cette machine, très ingénieuse, fonctionnait parfaitement; mais sa complication et l'insuffisance de sa production l'ont fait abandonner par les fabricants chez qui elle avait été monté, à de rares exceptions près, si tant est qu'il en existe.

Il se fait, en Angleterre, beaucoup de papiers à lettres collés à la gélatine. La gélatine augmente notablement la ténacité du papier, tandis que la résine et l'alun employés dans le collage dit *végétal* la diminuent.

La préparation de la gélatine, au moyen de peaux, a été sommairement décrite à la p. 130. Il suffit d'ajouter que, dans les usines où se pratique le collage mécanique à la gélatine, on a soin de laver les rognures de peau, afin de les débarrasser de la chaux dont on les imprègne d'ordinaire, pour en faciliter la conservation. Ce lavage s'opère souvent au moyen d'un tambour perméable, que l'on fait tourner dans l'eau courante après l'avoir rempli de rognures de peaux.

On peut coller le papier à la gélatine seule ou le coller plus ou moins, à l'avance, à la résine. Il peut passer directement de la machine à papier, après avoir été séché, dans la cuve à colle; mais souvent on le conserve en bobines pour le coller plus tard à la gélatine.

La machine à coller se compose d'un bac, quelquefois assez long, dans lequel la solution de gélatine est maintenue à une température et un niveau constants. Le papier, qui se déroule d'une bobine placée hors du bac, passe sur plusieurs rouleaux de façon à mettre ses deux faces en contact avec la solution; il va ensuite entre des rouleaux comprimeurs, qui expulsent la gélatine en excès; puis s'enroule, tout humide, en bobines que l'on conserve quelque temps, afin que la colle ait tout le temps de pénétrer dans le papier.

Souvent, et toujours quand il s'agit de coller des feuilles séparées, le papier est conduit dans la colle entre deux feutres sans fin qui passent avec lui dans les rouleaux presseurs.

Il y a deux manières de sécher le papier collé à la gélatine; on peut, en effet, le sécher en feuilles, comme on le fait quand il a été fabriqué à la cuve, ou en continu.

Dans le premier cas on le coupe, avant ou après son immersion dans la colle, au moyen d'une machine spéciale; puis on le fait sécher dans un étendoir sur des cordes, ou mieux sur des tringles en bois, arrondies.

Pour sécher en continu, on se sert d'un appareil composé d'un très grand nombre de tambours à claire-voie (quelquefois plus de 300) composés de liteaux parallèles, assez espacés. Dans chacun de ces tambours peut tourner un agitateur à quatre palettes, de toute la longueur du tambour qui, lui-même, reçoit un mouvement de rotation en sens inverse de l'agitateur. Des rubans conduisent le papier d'un bout à l'autre de la sécherie.

Le bâtiment qui contient l'appareil de séchage est chauffé au moyen de tuyaux dans lesquels circule de la vapeur, et l'air chaud, mis en mouvement par les agitateurs, se sature en partie d'humidité au contact du papier imprégné de colle.

On peut varier dans une certaine limite la vitesse des agitateurs, régler la température de séchage dans les parties d'avant et d'arrière de l'appareil de séchage, et certains fabricants expérimentés estiment que les agitateurs doivent tourner moins rapidement à l'origine de la sécherie qu'à la fin; tandis que la température doit être plus élevée vers l'arrivée du papier que vers sa sortie.

Beaucoup de fabricants ajoutent, à la solution de gélatine, du savon préparé avec du suif et, quelquefois, un peu d'huile de noix de coco. Ce savon aide à donner au papier un plus bel apprêt. On ajoute aussi, quelquefois, des couleurs à la gélatine pour teindre des papiers fabriqués blancs, ce sytème de coloration est attribué à M. Pirie.

CHAPITRE IX

Apprêts du papier.

Beaucoup de machines à papier sont dépourvues de l'apprêteuse représentée fig. 58, 70, etc. En ce cas, si le papier doit être satiné ou glacé, il faut le faire passer dans des appareils spéciaux, dont il sera question ci-après.

Avant le xixe siècle, les papetiers satinaient le papier en le frottant avec un silex ou en le soumettant, par pincées, à l'action de pesants marteaux, mus par une roue hydraulique. A la fin du xviiie siècle, on eut l'idée de se servir d'un laminoir, dans lequel on faisait passer des pincées de papier.

Plus tard, on imagina de mettre le papier entre des feuilles de carton mince et dur, très satinées elles-mêmes, auxquelles on substitua, plus tard, des feuilles minces de cuivre rouge, puis de zinc.

On superposait alternativement des feuilles de carton ou de métal, et de papier, de manière à obtenir une pile qui ne fût pas trop lourde, et l'on faisait passer cette pile dans le laminoir autant de fois qu'il le fallait pour obtenir l'apprêt désiré.

Il fallait avoir soin de superposer les feuilles de papier bien exactement dans le paquet de feuilles de métal ou de carton, sans quoi les bords du papier n'auraient pas été apprêtés aux endroits moins serrés que d'autres. Pour cela, on empilait les feuilles contre deux tasseaux à angle droit, qui servaient de guides pour les placer.

Si l'on voulait obtenir un apprêt très brillant, dit glaçage, on laissait reposer pendant plusieurs jours le papier déjà laminé; puis on le remettait entre des feuilles polies pour le faire passer de nouveau dans le laminoir.

Cet appareil, dont les fig. 77 et 78-79 montrent deux modèles, le premier de la maison Bryan Donkin et Cie, le second, représenté de face et de profil, de la maison Bentley et Jackson, fonctionne à volonté dans les deux sens, grâce à des systèmes inverseurs de mouvement comportant, pour le premier de ces appareils, trois poulies de même largeur dont une folle, au milieu, une courroie et trois engrenages d'angle; pour le second deux larges poulies folles et une poulie fixe placée entre elles, avec deux courroies, dont une croisée. A gauche du second de ces appareils on voit un levier à contrepoids servant à repousser le paquet de plaques et de papier, au moment où il vient d'échapper à la

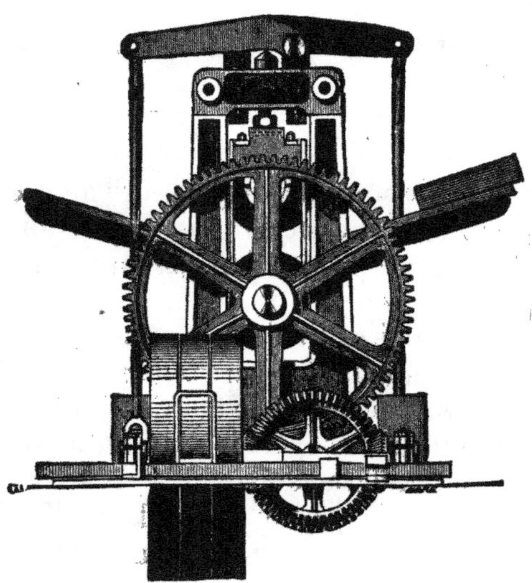

Fig. 77.

pression des rouleaux. C'est à ce moment que le sens de marche du laminoir doit être renversé, pour que le paquet revienne en arrière.

On remplace souvent ce levier à contrepoids par un ressort, composé d'une lame de métal ou de bois, et même par une courroie chargée d'un poids que la courroie, repoussée par le paquet, soulève un peu. Le poids, redescendant au moment où l'on renverse le sens de mouvement du laminoir, tend la courroie qui repousse le paquet entre les cylindres.

La pression de ceux-ci est obtenue au moyen de leviers chargés de poids. Ordinairement les cylindres sont reliés par

un engrenage à dents en développante de cercle, forme qui
leur permet de bien fonctionner malgré les variations de distance qui se produisent entre
les axes. Cet engrenage est
visible à gauche de la fig. 78.

Les laminoirs de ce genre,
dit *lisses à plaques*, cèdent
peu à peu la place à des
appareils qui satinent et glacent en continu, presque
sans intervention de main-
d'œuvre ; mais on en con-
serve cependant pour le sati-
nage des papiers fabriqués en feuilles, à la cuve ou mécaniquement et aussi pour filigraner ou gaufrer certains papiers.

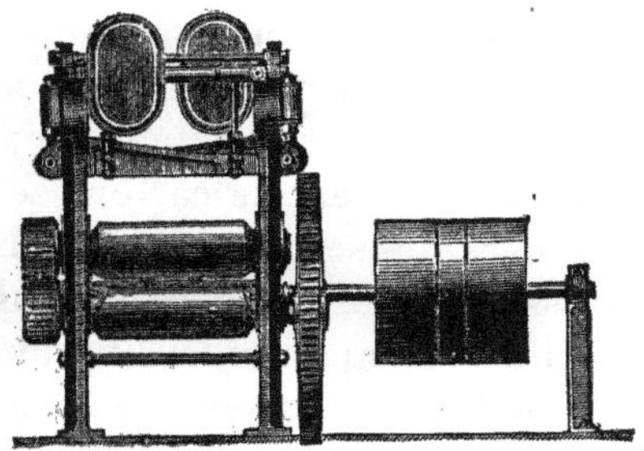

Fig. 78.

Beaucoup de filigranes s'obtiennent, en effet, au moyen de
cartons fabriqués de la manière suivante ; nous supposons que
l'on veuille obtenir en clair sur du papier à lettres un filigrane
quadrillé.

Tout autour d'un cadre en bois, dont le vide est un peu plus
grand que le format de papier à fili-
graner, on plante à égale distance
de petits clous espacés de la largeur
du filigrane et l'on tend, sur ces
clous, des fils de lin ou de coton de
grosseur convenable, de façon que
ces fils soient bien parallèles, équi-
distants et se croisent à angle droit.

On couvre ensuite de colle de pâte
deux feuilles assez minces de papier
très tenace, puis on les applique de

Fig. 79.

chaque côté du treillis de fils, en ayant soin de ne pas déran-
ger ces derniers ; après quoi on laisse bien sécher. On superpose, au besoin, de nouvelles feuilles de papier aux premières.

Pour se servir d'un carton de ce genre, on prend 2 plaques
d'acier polies, sur l'une desquelles on met trois ou quatre
feuilles du papier à filigraner, puis le carton fabriqué ainsi

qu'il est dit ci-dessus, puis encore trois ou quatre feuilles de papier et, enfin, une seconde plaque d'acier.

Si l'on passe le tout dans le laminoir, les fils du carton faisant surépaisseur font leur empreinte dans les feuilles qui les maintiennent au moyen de la colle, mais aussi dans les six ou huit feuilles de papier à filigraner ; mais, de ces dernières, les deux qui touchent le carton se trouvent ordinairement trop filigranées, les suivantes le sont bien et les dernières ne le sont pas assez. On observe assez facilement cet effet en examinant un cahier de papier ainsi filigrané.

Avec des cartons composés de plusieurs feuilles découpées et superposées, avec insertion de fils, on obtient des filigranes à la fois clairs et ombrés, très inférieurs à ceux que donnent les toiles estampées sur la pâte du papier, pendant sa fabrication ; mais les faussaires savent utiliser ce procédé pour imiter, tant bien que mal, et plutôt mal que bien, des papiers fiduciaires.

Quand il s'agit de filigraner beaucoup de papiers au même dessin, les cartons se coupent bientôt à l'endroit des fils. On trouve, en ce cas, avantage à se servir de plaques d'acier gravées en relief au moyen d'acides.

Ce procédé s'applique aussi à la gravure de rouleaux très employés actuellement pour le filigranage du papier à cigarettes. Le dessin du filigrane se reporte sur le métal au moyen de papier sur lequel on l'imprime avec une encre capable de résister à l'acide.

Pour filigraner au rouleau, on met celui-ci, dans une machine spéciale, entre deux rouleaux plus gros dont la périphérie est constituée par des feuilles de papier très fortement serrées les unes contre les autres et ayant toutes leur plan perpendiculaire à l'axe du rouleau. Le papier à filigraner passe d'abord, bien tendu et très légèrement humecté, entre un de ces rouleaux et celui d'acier, contourne celui-ci et passe entre lui et le second rouleau de papier.

Outre le mouvement de rotation commun aux trois rouleaux, ceux de papier en ont un, longitudinal et alternatif, afin que l'empreinte du filigrane s'y trouve constamment effacée. Le cylindre gravé est chauffé par un courant de vapeur.

Avec un seul rouleau en papier et un rouleau gravé, souvent en laiton ou en bronze et chauffé, on obtient le papier gaufré qui se fait ordinairement chez les fabricants de papiers de fantaisie; mais quelques fabricants de papier livrent, pour des usages spéciaux, des papiers gaufrés dans une lisse, avec une plaque d'acier gravée en creux et une contre-partie en cuir ou en caoutchouc.

On voit souvent des papiers très satinés d'un côté et bruts de l'autre; on les obtient au moyen d'une machine pourvue d'un gros cylindre sécheur contre lequel le papier, très humide, est pressé par un rouleau en laine. Souvent on mouille le papier, au moment où il se présente devant le rouleau presseur, au moyen de pulvérisateurs d'eau ou de quelque appareil équivalent; d'autres fois, on mouille le rouleau presseur.

Comme c'est le poli du cylindre sécheur qui produit le satinage du papier, il faut que ce poli soit parfaitement entretenu et qu'aucune parcelle de papier, colle, etc., ne reste adhérente au cylindre. Pour cela on munit ce dernier d'un ou plusieurs docteurs animés d'un mouvement de va-et-vient. Depuis quelques années, on emploie souvent un docteur en bois, formé de planchettes, dont le fil est oblique par rapport à la génératrice du cylindre sur laquelle porte le docteur. On arrose ce dernier pour faciliter le décollement des corps étrangers restant sur le métal du cylindre.

Actuellement, la plupart des papiers se satinent et se glacent au moyen de *calandres* composées de rouleaux en fonte très polie, alternant avec d'autres en papier comprimé. Les calandres, essayées vers 1862, ont commencé à devenir d'un usage courant quelques années plus tard. Construites d'abord avec un petit nombre de rouleaux, elles en ont maintenant dix ou douze, comme on peut le voir sur les figures représentant une calandre construite par M. Ferdinand Dehaitre de Paris[1], avec un système d'alimentation pneumatique dont il sera question plus loin.

On donne ordinairement un grand diamètre au rouleau inférieur et à celui du sommet, parce qu'ils supportent toute la

1. Le Saché, Virvaire et Cie, successeurs.

pression de calandrage. Le dernier rouleau en bas supporte,
en outre, le poids de tous les autres. Les cinq gros rouleaux

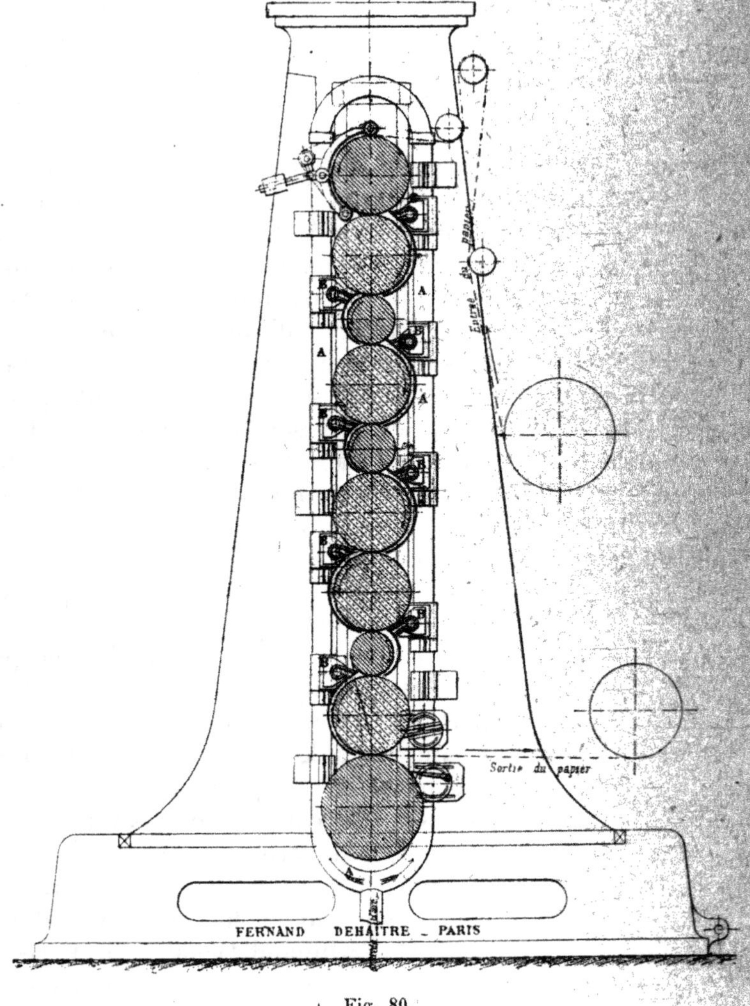

Fig. 80.

que l'on voit entre ceux du haut et du bas sont en papier;
les petits, comme les deux rouleaux extrêmes, sont en fonte,
coulée en coquille, c'est-à-dire dans des moules en fonte, afin

que la surface en soit plus dure et ils sont parfaitement polis.

On peut observer que les rouleaux en fonte et en papier alternent, sauf que le sixième et le septième sont tous deux en papier, afin que les deux faces du papier à satiner soient également traitées.

L'engagement du papier entre cette série de cylindres est

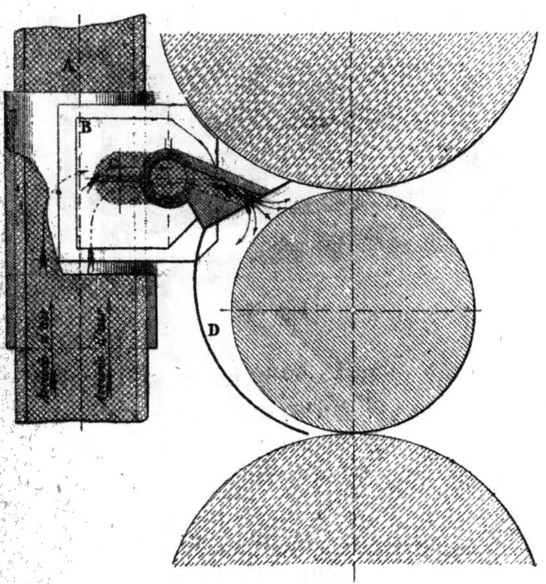

Fig. 81.

très dangereux, si on le fait à la main ; aussi a-t-on soin de pourvoir toutes les calandres d'appareils de sûreté dont la disposition varie beaucoup. Celui que représente la figure est du système Smith, très répandu aux États-Unis, où on l'applique souvent aux apprêteuses disposées à la suite des machines à papier, comme on le voit fig. 57.

Une soufflerie envoie de l'air dans un conduit principal A, sur lequel sont branchés des tubes B, percés intérieurement d'un conduit cylindrique C d'où partent de nombreux orifices C, très voisins les uns des autres et par lesquels l'air est lancé contre le cylindre correspondant. Cet air s'échappe ensuite et, passant sous une plaque D, fait adhérer le papier au cylindre et expulse les poussières ou impuretés.

Les calandres dépourvues d'appareil pneumatique ont, pour l'engagement et la conduite du papier, des sangles, des ressorts contournant les cylindres comme le font les plaques D du système Smith ; d'autres, rectilignes et pointus, frottent sur les cylindres en fonte pour en détacher le papier qui, de

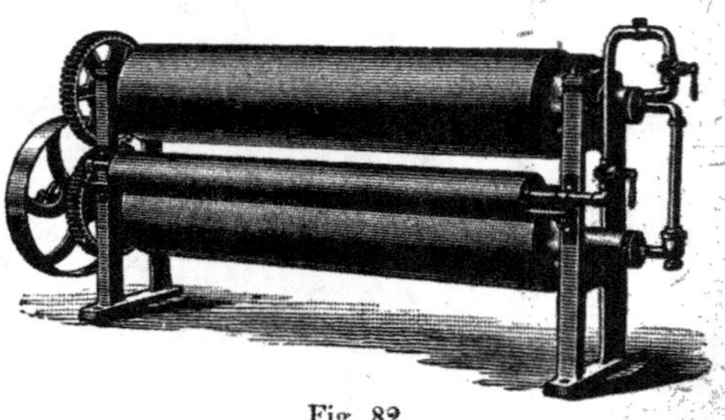

Fig. 82.

lui-même, s'engage ensuite sous les ressorts courbés qui le conduisent entre les cylindres suivants.

Ordinairement, deux au moins des cylindres métalliques peuvent être chauffés, en cas de besoin, par un courant de vapeur.

On estime qu'une calandre ordinaire, c'est-à-dire capable de satiner 1 m. 50 de largeur à la vitesse de 80 mètres par minute, nécessite une force de 1 cheval par rouleau ; mais il faut compter beaucoup plus quand la calandre est plus large et sa vitesse plus grande.

Le papier qu'on veut calandrer doit être froid et un peu humide. Certaines machines à papier ont, à cet effet, un cylindre refroidisseur semblable à un sécheur ; mais dans lequel passe de l'eau froide au lieu de vapeur.

On humecte le papier, au moment où il s'engage dans la calandre, en le faisant passer, par exemple, sur un rouleau creux, refroidi par un courant d'eau et contre lequel, en même temps que contre le papier lui-même on fait arriver, en petite quantité, de la vapeur qui se condense. Humecteuse Bentley et Jackson, fig. 82.

D'autres fois, le papier passe au-dessus d'une caisse couverte

de toile métallique et dans laquelle de l'eau est chauffée
par un jet de vapeur.

On a construit une foule d'appareils humecteurs fonctionnant à la suite des machines à papier ou séparément. Quel
que soit celui dont on se sert, il est bon de laisser l'humidité se

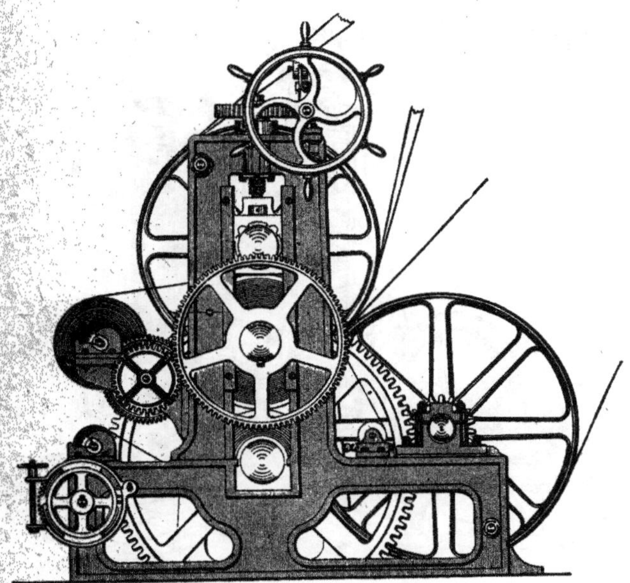

Fig. 83.

répartir uniformément dans le papier avant de faire passer
celui-ci dans la calandre.

Il existe encore une sorte de calandre, dite à friction,
parce que le papier y est frotté par 2 cylindres en papier,
entre lesquels se trouve un cylindre en fonte. Les cylindres
en papier sont commandés par engrenages ou par courroie de
manière à posséder, à la circonférence, une vitesse plus grande
que celle du papier. On obtient, avec cet appareil, un glacé
très beau ; mais la calandre à friction s'emploie surtout dans
les fabriques de papiers de fantaisie (fig. 83). Modèle des West
End Engine Works, à Edimbourg.

Les rouleaux en papier, employés dans les calandres et
machines à filigraner et à gaufrer prennent l'empreinte des

corps durs et des plis de papier qui peuvent passer entre eux.
On leur rend en partie leur forme en les arrosant d'eau
pendant qu'on fait tourner ces machines. Souvent on ajoute
à l'eau, à la fin du lavage, de la glycérine pour entretenir les
rouleaux, pendant leur travail, dans un certain état de
mollesse.

Il arrive pourtant, à la longue, que les rouleaux en papier

Fig. 84.

perdent la régularité et le poli de leur surface primitive; il
faut alors les tourner et on le fait avec un outil à diamant; car
l'acier trempé, du moins l'acier de tour ordinaire, s'use avec
une très grande rapidité en coupant le papier.

Les calandres sont pourvues d'une commande spéciale, à
deux vitesses; on les met en train lentement, puis, quand le
papier est bien engagé et la machine bien réglée, on fait
marcher à grande vitesse.

Quelquefois on donne à ces machines un moteur à vapeur
spécial, ainsi qu'on peut le voir sur la fig. 84 représentant
une calandre Bertram, mais les progrès de l'électricité font
généralement remplacer les machines à vapeur par des
moteurs électriques, surtout quand les machines à conduire

sont, comme des calandres, sujettes à de fréquents arrêts et à des variations de vitesse.

Le lecteur a pu voir qu'à la suite de la machine américaine, à papier, dont nous avons donné la description, se trouve une bobineuse servant à donner des bobines très serrées.

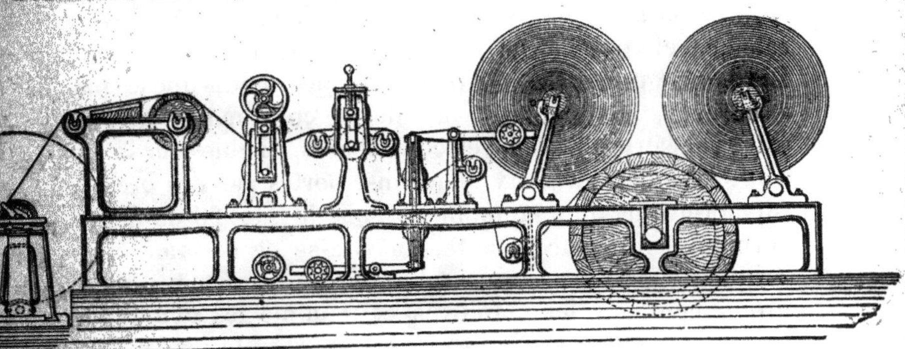

Fig. 85.

Les machines de ce genre sont devenues nécessaires dans beaucoup de papeteries, parce qu'il faut livrer des bobines bien faites, très serrées, à bouts parfaitement plans, contenant une longueur de papier déterminée et convenue d'avance avec l'acheteur. Il faut, en outre que ces bobines ne contiennent pas de déchirures ou du moins, si l'on en constate lors de l'enroulement du papier, que la feuille déchirée soit proprement recollée de manière à pouvoir passer dans les machines à imprimer, coucher, faire les cigarettes, etc., suivant les usages auxquels le papier est destiné.

La fig. 85 représente une bobineuse, pour papier à journaux, de Bertram L^d. La bobine brute, venant de la machine à papier, est placée à gauche, sur un bâti surbaissé. Les paliers de son arbre peuvent subir un léger déplacement horizontal afin d'assurer au papier une tension égale dans toute sa largeur. Un frein permet en outre de rendre la tension plus ou moins grande suivant que le déroulement de la bobine commence ou finit.

Le papier passe d'abord au-dessus d'une petite caisse inclinée dont le dessus est une plaque en fonte chauffée, sur laquelle on fait sécher le papier quand une déchirure a obligé d'en réunir les bouts par un collage. On voit ensuite un rouleau en bois sur lequel passe le papier. Un compteur, non figuré, marque les tours que fait ce rouleau et mesure la longueur de papier qui passe sur lui. Deux rouleaux d'appel, en fonte, tirent la feuille et la mènent aux couteaux circulaires superposés verticalement et qui l'ébarbent et la divisent longitudinalement. Les deux rognures tombent d'elles-mêmes, tandis que les bandes à enrouler, maintenues à un degré convenable de tension par 2 rouleaux à bascules et contrepoids, visibles sur la figure, vont s'enrouler sur deux mandrins, portés par des bras oscillants au-dessus d'un tambour en bois de 0 m. 90 de diamètre, tournant à vitesse constante. La vitesse de ce tambour, à sa périphérie, se transmet exactement au papier pendant son enroulement sur les mandrins et, comme les deux bobines formées deviennent de plus en plus lourdes, le papier qu'elles contiennent se serre de plus en plus.

Les machines sur lesquelles on coupe en long et enroule des papiers minces en bobines étroites et de diamètre relativement petit comme celles qui font les bobines de télégraphes, celles qui alimentent les machines à faire les cigarettes et les serpentins opèrent souvent au moyen de lames circulaires, très minces. On enroule le papier sur une douille en carton préalablement creusée, sur un tour, de petites rainures circulaires, très étroites, exactement espacées de la largeur que doivent avoir les bobines. Les lames coupent le papier en pénétrant un peu, au début, dans les rainures de la douille en carton; puis, à mesure que la bobine grossit, dans le petit intervalle produit, antérieurement, par la coupe entre deux bobines juxtaposées.

Comme on opère alors sur des bobines légères, on obtient le serrage au moyen d'un rouleau compresseur, en fonte, pressé contre la bobine par des poids et auquel résiste l'arbre porteur des lames coupantes, que séparent des disques en fonte entre lesquels sont serrées les lames. Ces disques, tournés avec soin, forment un cylindre dont les lames dépassent très peu la surface, de façon que le papier appuie fortement sur lui par l'action du rouleau presseur.

Ce système de lames coupantes est très simple, il donne

des bobines coupées suivant des surfaces bien planes, aussi l'emploie-t-on très souvent, bien qu'on lui reproche de ne pas couper le papier sans faire une sorte de sciure nuisible dans certains cas, ce qui a conduit à la création d'une petite machine à brosser les tranches de bobines coupées en long avec des lames sans contre-partie.

L'enroulement des petites bobines a lieu, pour certaines

Fig. 86.

machines, sur deux arbres parallèles; parce que les bobines tranchées par le procédé ci-dessus adhèrent souvent entre elles et ne se séparent pas toujours très facilement.

Les coupeuses en long qui divisent le papier à mesure de sa fabrication sur machine, et beaucoup de celles qui le coupent à part, ont ordinairement des couteaux circulaires en forme de disques ou mieux de cuvettes ou assiettes, dont les uns sont fixés sur un arbre circulaire, au moyen de boulons de serrage, tandis que les autres coulissent un peu sur un arbre parallèle au premier et sont poussés par des ressorts à boudin contre les couteaux fixes. Les taillants se croisent à peine et, pour empêcher les couteaux mobiles de tourner, sur leur arbre, on munit celui-ci d'une rainure longitudinale dans laquelle glissent des languettes adaptées à la monture en fonte des couteaux.

La maison Bentley et Jackson à Bury construit un autre modèle de coupeuse en long et bobineuse représenté sur la fig. 86. Le rouleau sortant de la machine à papier est posé sur le support visible à gauche. Les tourillons de son mandrin sont portés par des coussinets qu'un mouvement parallèle à vis, commandé par une manivelle à main, trois paires d'engrenages d'angle et un arbre inférieur, parallèle à l'axe du rouleau, permet de soulever jusqu'à la hauteur convenable. Un des coussinets peut aussi se déplacer légèrement, au moyen d'une vis horizontale, perpendiculairement à l'axe du rouleau, afin de tendre également le papier sur toute sa largeur. L'arbre du rouleau est muni d'un frein.

Le papier passe d'abord sur un rouleau guide, d'environ 175 millim. de diamètre, dont les portées peuvent se déplacer

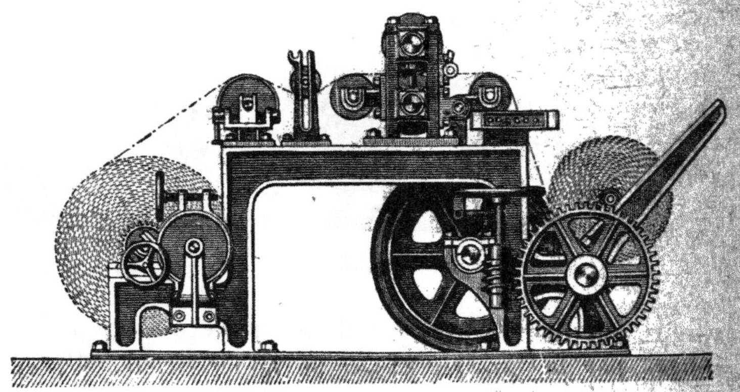

Fig. 87.

un peu, horizontalement, sous l'impulsion de vis de réglage commandant les coussinets. Il va ensuite sur 3 tambours à claire-voie, de 60 centimètres de diamètre, qui servent à effacer les plis s'il en existe dans la feuille, puis entre les couteaux circulaires. Les bandes formées s'enroulent ensuite sur 3 tambours en bois de 45 centimètres de diamètre, commandés par des poulies à friction de 60 centimètres de diamètre.

Les paliers de ces tambours ont des coussinets que des vis de réglage permettent de déplacer horizontalement, lorsqu'il est nécessaire de tendre plus ou moins un côté des bobines.

La fig. 87 représente une bobineuse-ébarbeuse, de construction anglaise; on y retrouve la plupart des organes de celle que nous avons décrite fig. 85, p. 187, mais la machine dont il s'agit, n'ayant qu'une bobine à faire après ébarbage, n'a que deux paires de couteaux circulaires.

A gauche on voit la bobine à ébarber; son arbre est monté

sur des paliers à coulisse réglables, longitudinalement, au moyen de petits volants dont l'un est visible, de face, sur la figure. Un frein à mâchoire, actionné par un autre volant, visible de profil, agit sur un engrenage et, par son intermédiaire, sur l'arbre porte-rouleau pour régler la tension du papier.

Celui-ci passe d'abord sur un rouleau guide, dont on voit un coussinet qu'une vis permet de déplacer sur son palier ; il subit ensuite la tension d'un petit rouleau dit *danseur*, puis va sur deux autres rouleaux entre lesquels sont les couteaux circulaires. Le second de ces rouleaux, monté sur les petits bras de deux leviers coudés, actionne un compteur visible sur la figure. Si la feuille vient à casser, des ressorts à boudin, placés dans le bâti, sur la droite, tirent le grand bras des leviers qui soulèvent le rouleau et l'empêchent d'agir sur le compteur. Un moteur quelconque fait tourner un tambour en bois, de 0 m. 60 de diamètre, contre lequel porte la bobine de papier ébarbé. Cette bobine est entraînée par le frottement du tambour en bois, et son poids tend à la serrer de plus en plus. Elle monte, en grossissant, sur deux bras obliques, portés par un arbre très solide et sur lequel est calé le grand engrenage visible au bas et à droite de la figure.

Une vis sans fin, dont l'axe vertical peut tourner sous l'impulsion donnée, à bras, à un grand volant horizontal, actionne l'engrenage, dont la denture est hélicoïdale. Cela permet d'abaisser les bras pour faciliter l'enlèvement de la bobine, quand on a enroulé la quantité voulue de papier, dont le compteur indique la longueur totale : ordinairement 10.000 yards ou 9.145 mètres quand il s'agit de bobines pour impression de journaux anglais. La possibilité d'incliner plus ou moins les bras porte-bobine permet de régler plus ou moins la pression de cette dernière contre le tambour en bois et, par suite, le serrage des circonvolutions du papier.

Compteur pour bobineuses. — Il est très important de connaître exactement, pour certains papiers, la longueur enroulée sur un mandrin, et l'on a vu, fig. 87, l'exemple d'un compteur monté sur une bobineuse anglaise.

L'ingénieur Lhomme, de Paris[1] a combiné un compteur ingénieux qui fonctionne avec beaucoup de succès dans de nombreuses fabriques de papiers à journaux, impression, cigarettes, etc. Un grand avantage de ce compteur est de signaler, par une sonnerie électrique, le moment où la longueur désirée se trouve enroulée sur la bobineuse.

Coupe transversale du papier. — Longtemps on a coupé le papier continu à la main, au moyen de scies à couteau, sans dents, dites *égoïnes*. On se sert encore de cet instrument dans un assez grand nombre d'usines, à défaut de machines coûteuses ou dont le fonctionnement se prête mal à certaines conditions de fabrication, mais surtout en cas d'avarie à la machine à couper.

Pour couper à la main, on enroule le papier sur un dévidoir ordinairement composé d'une sorte de prisme à claire-voie formé de 8 liteaux placés, parallèlement à un axe de rotation, aux angles du prisme, et que l'on peut écarter ou rapprocher de l'axe pour obtenir des formats plus grands ou plus petits. On a, d'ordinaire, 2 dévidoirs semblables, montés sur un support à bascule, et, quand l'un d'eux est chargé du papier sortant de la machine ou d'une calandre, on fait basculer l'appareil pour enrouler le papier sur le second dévidoir. La fig. 73 montre schématiquement cette disposition. Chaque dévidoir a son axe pourvu d'un pignon qui vient engrener avec un autre pignon commandé par la transmission de la machine à papier ou de la calandre, et qui tourne constamment ; ces deux pignons se voient en pointillé sur la fig. 73, à gauche des dévidoirs.

On fait aussi des dévidoirs de très grand diamètre, pour y obtenir des feuilles très grandes, par exemple des papiers de tenture de 9 m. de longueur. En ce cas le dévidoir est fixe et ne fonctionne pas immédiatement à la suite d'une machine à papier.

Quand un dévidoir est chargé, on coupe transversalement, avec le couteau à main, le papier enroulé sur lui, en se

---

1. Lhomme et Argy, successeurs, 9, rue Lagrange, à Paris (Editeurs de la revue *La Papeterie*).

guidant sur un des liteaux ; puis on porte le paquet de feuilles obtenu sur une longue table, dans laquelle est ménagée une fente transversale, bordée d'une règle en fonte, qui affleure la table, et au-dessus de laquelle une autre règle très lourde, dite *mise*, se place de manière que l'un de ses bords corresponde exactement, dans un plan vertical, à l'un des bords de la règle inférieure. La mise sert de guide pour le couteau, afin d'obtenir une coupe droite. Souvent elle est percée, dans toute sa longueur, d'une fente rectiligne, étroite, dans laquelle on fait passer la lame de couteau ; elle est manœuvrée, au moyen de poignées, par 2 ouvriers et, pour assurer sa position au-dessus de la règle inférieure, elle est percée, aux deux bouts, de trous dans lesquels s'engagent des goujons verticaux plantés dans la règle inférieure.

La table est munie d'une règle longitudinale, bien perpendiculaire au bord des règles en fonte et contre laquelle on appuie une des rives du paquet de feuilles. D'autres règles parallèles, divisées, servent à déterminer la grandeur des formats.

Un tasseau en bois, mobile, se place parallèlement aux règles en fonte, à la distance imposée par le format à obtenir.

Après avoir ébarbé, en se guidant sur la règle longitudinale, un des petits côtés des feuilles, pour obtenir une coupe droite et perpendiculaire aux grands côtés, on fait glisser le paquet de feuilles sur la table jusqu'à ce qu'il touche le butoir. La mise, que l'on avait soulevée pour faire avancer le papier, est alors replacée et l'on fait une nouvelle coupe, au format désiré. On opère ainsi jusqu'à ce que tout le paquet de feuilles soit débité.

A part les inconvénients du travail manuel, la coupe ainsi exécutée a l'inconvénient de causer un déchet assez important, à cause de la nécessité d'ébarber les deux bouts du paquet de feuilles. On conçoit, en effet, que le diamètre d'enroulement sur le dévidoir augmente à mesure que de nouvelles couches de papier se superposent et que les premières feuilles enroulées soient plus courtes que les dernières. La différence est d'autant plus grande qu'on laisse grossir davantage la couche de papier sur le dévidoir.

Dans beaucoup d'usines, on remplace, tout en gardant les dévidoirs, la coupe au couteau à main par celle obtenue d'une machine dite *massiquot*. Le travail est alors plus rapide et meilleur.

Un avantage important de la coupe du papier, préalablement enroulé sur un dévidoir, est que l'on n'est pas exposé à trouver de différence notable, comme force, pureté, etc., entre deux feuilles consécutives. Si des plis, godes, écrasés, etc.,

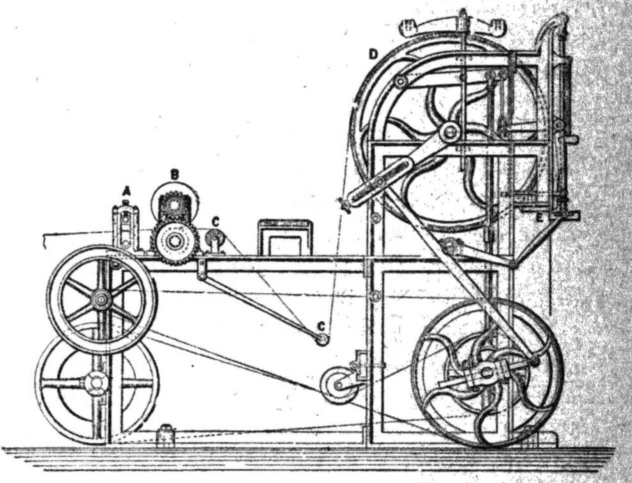

Fig. 88.

viennent à se produire à un moment donné de la fabrication, il est facile, en feuilletant le papier coupé, de trouver ensemble toutes les feuilles défectueuses et de les sortir d'un seul coup.

Le même avantage s'obtient avec des coupeuses mécaniques comme celle représentée par la figure 88. Cet appareil, imaginé par un fabricant de papier anglais, est construit par la maison Bertram. Il est déjà ancien; mais l'excellence de son fonctionnement, du moins pour les papiers un peu épais, l'a fait conserver tel quel dans beaucoup d'usines. Cette coupeuse est, en outre, très avantageuse pour la coupe des papiers filigranés.

Dans cette machine, le papier subit un arrêt chaque fois que le couteau doit trancher la feuille ; mais, malgré cela, sa vitesse totale doit être absolument égale à celle qu'il possède en quittant la machine à papier.

On obtient ce résultat au moyen d'une transmission à deux cônes opposés dont on voit, sous la coupeuse, la courroie guidée par un galet tendeur muni de joues.

Le cône moteur est à gauche. Au-dessus de lui, une petite poulie, calée sur un arbre qui porte un volant visible à gauche, sert, au moyen d'engrenages non figurés, à transmettre une vitesse constante à deux rouleaux d'appel A, ainsi qu'à un appareil de coupe en long B. La petite poulie est actionnée par la grande que l'on voit en bas, à droite, sur l'arbre du cône commandé.

Sur cet arbre est une manivelle à coulisse dont on peut modifier à volontiers le rayon, parce qu'elle glisse dans une coulisse qu'on peut serrer à volonté.

A cette manivelle se rattache une bielle dont l'extrémité supérieure actionne un coulisseau amovible, au moyen d'une vis et d'un petit volant à main dans une coulisse ménagée sur un grand bras de manivelle calé sur l'arbre d'un grand tambour en bois D. Le mouvement continu de rotation de la manivelle inférieure est transformé, par la bielle, en mouvement alternatif de la manivelle supérieure, de son arbre et du tambour D. Le papier est maintenu à l'état de tension constante par les rouleaux C, dont l'un est porté par des bras oscillants. Des excentriques, dont l'un (calé sur l'arbre de la manivelle inférieure) est visible sur la figure, font descendre deux petits rouleaux sur le papier au sommet du tambour et déterminent son entraînement par friction. La longueur de papier qui avance avec le tambour se règle en modifiant le rayon des manivelles. Quand le tambour tourne en arrière, de droite à gauche, les 2 petits rouleaux du sommet se trouvent soulevés et le papier n'est pas entraîné. En réglant, en marche, la longueur de la manivelle supérieure, on peut rectifier la position d'un filigrane, pour qu'il se trouve bien au milieu des feuilles.

Une lame horizontale E est portée par une barre rigide, en fonte, suspendue à deux bielles, et un système de manivelles et de bielles l'oblige à se mouvoir parallèlement à elle-même contre une autre lame fixe. Le papier passe entre les deux lames; au moment où le tambour va commencer son mouvement de droite à gauche, une barre tirée par 2 ressorts vient immobiliser la feuille contre une traverse fixe. Cette barre est suspendue à deux leviers coudés actionnés, au moment voulu, par deux petites tiges fourchues dont l'une est visible, vers le haut du bâti et à droite. Le mouvement du couteau est commandé par une manivelle non représentée sur la figure.

En réalité, les feuilles de papier ne tombent pas verticalement comme le dessin pourrait le faire croire, elles sont reçues par une table presque verticale et s'arrêtent sur une traverse horizontale que l'on fixe à une hauteur convenable, en raison du format du papier.

Cette coupeuse fonctionne très bien avec les papiers un peu forts, mais difficilement avec des papiers minces. M. Cowan, fabricant écossais, a imaginé pour éviter cet inconvénient un système automatique de conduite des feuilles coupées jusqu'à une table horizontale sur laquelle leur empilage se fait mieux que sur la table, à peu près verticale, dont on se sert ordinairement.

Cette machine peut aussi couper du papier préablement enroulé en bobines.

Une planche horizontale forme, derrière les couteaux circulaires, une passerelle sur laquelle on monte pour engager le papier entre le tambour d'entraînement et les petits rouleaux.

On emploie souvent, en Angleterre et aux Etats-Unis, des coupeuses transversales, à couteau tournant, pour couper les feuilles à mesure qu'elles sortent de la machine. Les formats se règlent alors en modifiant la vitesse de rotation du couteau, à l'aide d'une courroie passant sur des cônes opposés, d'une corde passant sur des poulies extensibles ou de galets mobiles sur la ligne de jonction des axes de deux plateaux à friction. Comme le tranchant du couteau de ces appareils doit se présenter un peu obliquement sur un couteau fixe, si l'on veut obtenir une bonne coupe, il est nécessaire, quand le papier ne subit pas d'arrêt dans sa progression, de donner à l'axe du couteau un peu d'obliquité pour que les feuilles soient coupées bien d'équerre.

Les coupeuses à une seule feuille s'emploient pour les papiers à filigranes, quand on veut que ceux-ci restent bien au milieu des feuilles. On dispose alors ces machines de manière à pou-

voir agrandir ou diminuer le format et déplacer la coupe pendant la marche. Au besoin on éclaire le papier de manière à
rendre les filigranes bien visibles et l'on dispose un index pour
signaler leurs déplacements.

Les papiers de qualité commune et les minces se coupent,
avec avantage, à raison de plusieurs feuilles à la fois, souvent
plus de dix, dans des machines dont nous allons présenter deux
exemples.

Celle de la fig. 89 est construite par la maison Bertram L^d,

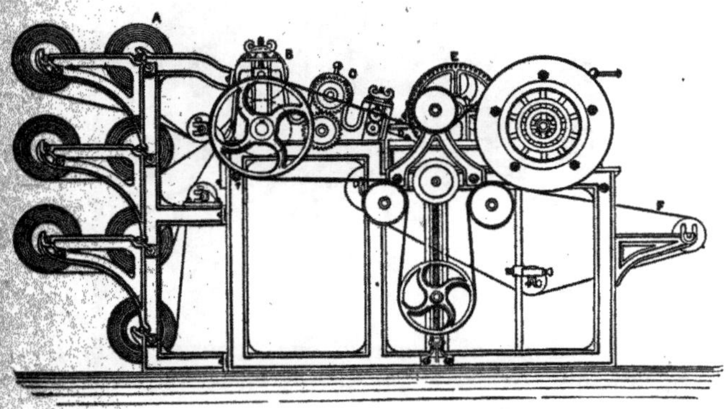

Fig. 89.

sous le nom de coupeuse à couteau tournant. On voit en A
7 rouleaux dont les feuilles peuvent s'engager à la fois dans la
machine; mais on peut augmenter ou diminuer ce nombre, au
besoin. Une paire de rouleaux d'appel B tire constamment les
feuilles et les pousse entre les couteaux circulaires d'une coupeuse en long C, puis entre deux rouleaux d'appel derrière
lesquels est monté un couteau fixe contre lequel vient agir le
couteau tournant D, monté sur un axe commandé par un
engrenage E. Les feuilles coupées tombent sur un feutre sans
fin F et sont ramassées puis empilées, au fur et à mesure, par
des jeunes gens.

L'avancement du papier étant constant, le format est d'autant plus réduit que le couteau tourne plus vite. Sa vitesse se
modifie à volonté au moyen d'une commande à corde sans fin
actionnant une poulie extensible que l'on voit en haut et à

droite de la figure. Une poulie dont on peut déplacer l'axe au moyen d'une vis, visible sur la figure, sert à maintenir constante la tension de la corde, malgré les variations du diamètre de la poulie extensible.

Souvent les machines de ce genre sont munies de deux couteaux tournants, sur le même arbre, ou sur 2 arbres diffé-

Fig. 90.

rents ; on peut, dans ce dernier cas, couper à la fois deux formats différents.

Depuis 1867 on emploie beaucoup un système de coupeuse connu sous le nom du fabricant de papier Verny, d'Aubenas, qui l'a rendu très pratique, bien que le principe en ait été appliqué par Dickinson, l'inventeur de la machine à forme ronde. La fig. 90 représente une coupeuse Verny construite par MM. Bentley et Jackson.

Une pince, composée de deux fortes barres en fonte, est animée d'un mouvement alternatif dont on peut varier l'amplitude en déplaçant, le long d'un rayon de deux roues montées sur l'arbre moteur, des coulisseaux reliés, par des bielles, à la pince que l'on voit au milieu et au-dessus de la machine. Entre les barres de cette pince passe un feutre sans fin sur lequel les feuilles de papier viennent se poser.

Le feutre amène une longueur de papier sous une seconde pince fixe, derrière laquelle un couteau transversal, équilibré par deux leviers chargés de poids, se soulève et s'abaisse alternativement, sous l'influence de 2 cames calées sur l'arbre moteur.

Au moment où la seconde pince maintient le papier immobile, le couteau s'abaisse et coupe les feuilles de papier qu'il rencontre, tandis que la pince mobile desserrée se porte en avant pour prendre une nouvelle longueur de papier.

La coupeuse Verny, dont le modèle a été modifié par de nombreux constructeurs, fonctionne très bien mais a, comme toutes les coupeuses agissant sur plusieurs feuilles superposées, l'inconvénient d'obliger à un triage difficile, quand il s'agit d'avoir des feuilles qui se suivent au point de vue de la pureté, du poids, de la nuance, etc.

On construit souvent des coupeuses, à mouvement continu ou alternatif, qui peuvent donner à volonté, des papiers rectangulaires ou en losanges. On obtient ce résultat au moyen d'une obliquité variable du couteau transversal, par rapport à la direction du mouvement du papier dans la coupeuse.

L'angle de coupe peut varier dans des limites parfois très éloignées. L'avantage de cette disposition des coupeuses transversales est de permettre l'obtention de feuilles propres à la fabrication des enveloppes de lettres qui, si on les faisait avec des papiers coupés en rectangles, donneraient lieu à beaucoup de déchets.

Les losanges obtenus sont divisés, ensuite, au moyen d'emporte-pièces, sur une machine spéciale, à découper.

Les emporte-pièces se composent d'une forte lame d'acier, contournée suivant la forme des feuilles à obtenir.

Les deux bords de la lame sont dans des plans exactement parallèles, et le bord inférieur trempé, que l'on pose sur le papier, est taillé en biseau très tranchant.

On met le papier, pour le découper, sur un *sommier* en carton ou mieux en celluloïd, parce que le carton contient trop souvent des impuretés qui brisent le tranchant de l'emporte-pièce.

La pression de la machine à découper s'exerce par l'intermédiaire d'une forte plaque portant sur le bord supérieur de l'emporte-pièce.

On emploie beaucoup aussi, dans les papeteries, des *rogneuses* dites massiquots, du nom de leur inventeur (appelées *guillotines* en Angleterre), pour ébarber ou refendre du papier par grandes épaisseurs, une rame ou 500 feuilles, par exemple.

Ces machines, quand elles sont de petites dimensions, fonctionnent souvent à bras, comme celle dont nous donnons le

Fig. 91.

dessin fig. 91 et qui est construite par M. Ferdinand Dehaître[1],
de Paris ; mais on en fait aussi de grandes, actionnées par un
moteur, et l'on en voit qui coupent le papier de toute sa
largeur sur machine, remplaçant ainsi le coupage à la main,
sur une table, dont il a été question plus haut.

Le papier, pour être coupé par ces machines, doit être fortement serré sous une presse, au moyen d'un volant que l'on
voit en haut de la figure.

Quand la machine doit fonctionner constamment, il est bon
que le serrage du papier se produise automatiquement, et
beaucoup de coupeuses actuelles sont disposées pour cela.
D'autres sont pourvues, non seulement de l'appareil de serrage automatique, mais d'une plate-forme tournante sur

1. Le Saché, Vivaire et Cie, successeurs, à Paris.

laquelle se pose le papier qui, successivement, présente trois et quelquefois quatre rives au couteau. Ces dernières machines servent surtout pour le façonnage des cahiers, cartes et papiers de petits formats.

Les rogneurs ont fréquemment des appareils d'embrayage actionnés à bras ou à pédale et disposés de façon que la machine s'arrête d'elle-même quand le papier est coupé.

Formats des papiers. — Il n'est pas utile d'insister beaucoup sur ces formats ; car, même à l'époque où des règlements royaux en déterminaient les dimensions, les nécessités de la fabrication obligeaient à certaines tolérances. Depuis longtemps, les besoins de plusieurs industries ont conduit à modifier les anciennes mesures et, de plus en plus, on tend à supprimer les vieux noms de formats en y substituant l'indication de leurs dimensions en centimètres.

Voici, à titre de comparaison, quelques dimensions de formats anglais et français :

FORMATS ANGLAIS	DIMENSIONS en millimètres	FORMATS FRANÇAIS	DIMENSIONS en millimètres
Antiquarian..........	774×1333	Grand monde........	90×120
Atlas...............	660×838	Grand aigle.........	75×106
Colombier..........	584×876	Grand colombier....	63×90
Eléphant...........	584×651	Grand Jésus........	56×76
Impérial...........	546×749	Jésus..............	55×70
Super royal........	489×692	Raisin.............	50×65
Royal.............	482×597	Cavalier...........	47×60
Medium...........	438×565	Carré.............	45×55
Copy..............	406×508	Coquille..........	44×56
Demy.............	387×495	Ecu...............	40×52
Foolscap..........	336×419	Couronne.........	36×46
Pot...............	314×393	Pot...............	31×40

Ces dimensions sont très sujettes à variations et ne peuvent être considérées qu'à titre d'indications générales.

CHAPITRE X

Fabrication du carton.

Alors que les machines à papier, ordinairement construites pour obtenir des feuilles pesant 60 gr. par mètre carré, en moyenne, peuvent, avec des modifications relativement peu importantes, en fournir de 7 et de 200 gr., les machines à carton produisent couramment des feuilles de 300 à 1.000 gr. au mètre carré, et même plus.

On distingue deux types principaux de machines à carton : les enrouleuses et les machines continues. L'enrouleuse ordinaire est représentée sur la fig. 51, p. 117. On lui adjoint ordinairement un petit appareil qui actionne une sonnerie au moment où le carton, par la superposition de plusieurs couches de pâte, est arrivé à l'épaisseur désirée.

La maison Blache, à Paris, construit un autre type d'enrouleuse, à table plate comme celle d'une machine à papier, munie d'une presse humide à 3 rouleaux : deux dessous, dans la toile, et un au-dessus. C'est sur ce dernier que la pâte s'enroule. L'enrouleuse Blache est très appréciée des fabricants de carton.

Les feuilles obtenues au moyen des machines enrouleuses sont séchées dans des étendoirs ou au moyen d'appareils mécaniques dont la disposition varie beaucoup.

Les machines continues, à carton, se subdivisent elles-mêmes en machines à une seule table et machines à doubler. Nous ne reviendrons pas sur ces dernières dont il a été question plus haut (p. 173) et décrirons seulement la machine à table plate, à deux toiles.

Il est inutile de donner de nouveau le détail des principaux organes relatifs à la plus grande de ces toiles (celle de dessous) : on peut les trouver dans la description de la machine à papier à table plate.

Ce qui distingue la machine à carton, proprement dite, est une seconde toile, superposée à la première et pressée contre elle par des rouleaux de plus en plus lourds et qu'on charge encore au besoin, pour les faire agir plus énergiquement. Les toiles métalliques de machines à carton doivent avoir beaucoup de ténacité, combinée avec une grande souplesse. Pour cela on les tisse avec des fils très fins, tordus autour d'une âme en fil végétal. On emploie fréquemment des toiles du n° 28, c'est-à-dire ayant 28 mailles au pouce linéaire ou 104 au décimètre.

Depuis quelque temps, on met souvent à la suite des rouleaux presseurs, avant la presse humide, une caisse aspirante qui extrait une grande quantité d'eau et permet de presser davantage la presse humide, ce qui contribue à augmenter la production de la machine et l'épaisseur de carton qu'il est possible d'atteindre.

Il est bon de monter au moins trois presses derrière la presse humide, afin d'obtenir un égouttage gradué du carton. Dans beaucoup d'usines, les rouleaux supérieurs de ces presses sont passés dans un feutre avec bâti montant mais, suivant la nature des cartons à obtenir, les fabricants préfèrent quelquefois n'avoir qu'un de ces feutres, sur la première presse (après la presse humide), ou sur la dernière.

Il faut, naturellement, que les machines à carton aient d'autant plus de surface de sécheurs qu'elles sont destinées à fabriquer du carton plus épais. Une machine, avec une douzaine de sécheurs de 1 m. 50 de diamètre, sans compter les sécheurs de feutres, n'est pas une rareté. Souvent on emploie des cylindres de 2 mètres de diamètre.

La disposition des sécheries varie beaucoup. On en voit qui ont des feutres (quelquefois des toiles métalliques) sur tous les cylindres sécheurs ; d'autres n'en ont que sur les premiers, pour faciliter l'engagement du carton encore peu consistant. Parfois on se dispense entièrement de feutres ou toiles.

Beaucoup de machines à carton possèdent, au milieu et à

la fin de leur sécherie, des presses apprêteuses pour lisser le carton.

On en voit aussi beaucoup avec des appareils à couvrir le carton, c'est-à-dire à coller sur lui du papier blanc ou de couleur, satiné ou non, suivant les besoins de la clientèle.

Ce papier, convenablement tendu, passe sur un rouleau qui baigne dans une cuvette remplie de colle de pâte. Il va ensuite sur une râcle, qui en retire la colle en excès, puis s'applique sur le carton et l'accompagne dans une presse servant à bien faire adhérer les feuilles qui, réunies, vont alors sur les sécheurs.

Pour assurer la tension transversale du papier de couverture, on le fait passer sur une barre courbe dont l'action est très efficace.

Une machine à carton peut avoir deux appareils à couvrir; il est nécessaire, en ce cas, de sécher convenablement le carton, lorsqu'il a reçu la première feuille, avant de lui appliquer la seconde; mais la deuxième colleuse peut se mettre presque à la fin de la sécherie.

Bien qu'on puisse faire du carton avec toutes les matières employées dans la fabrication du papier, sa fabrication s'opère, le plus souvent, avec des pâtes communes et quelquefois même très grossières et très sales, comme la paille cuite et les vieux papiers ramassés dans les villes. Beaucoup des impuretés du carton deviennent invisibles, puisqu'il n'est pas translucide; des corps volumineux : gravier, parcelles de bois, etc. se noient dans sa masse; mais il est pourtant nécessaire, quand on emploie des matières sales, d'avoir des épurateurs à larges fentes : 1, 2 à 2 millim. par exemple, pour retenir les impuretés trop volumineuses; car elles mettraient bientôt les feutres hors de service.

On couvre souvent des cartons en feuilles. L'opération peut se faire à la main; mais d'ordinaire on emploie, pour l'exécuter, des colleuses de divers systèmes qui appliquent régulièrement la colle. C'est avec des machines de ce genre que se font, par collage, les cartons minces, dits cartes, et les beaux cartons, dits bristols ou ivoire.

Le séchage des cartons et cartes en feuilles s'opère souvent sur des cylindres sécheurs; mais, plus fréquemment encore, dans des séchoirs où l'on suspend les feuilles. La maison Vve Fouché, de Paris, construit des séchoirs très appréciés, dans lesquels on introduit des wagonnets portant les feuilles de carton. Un actif courant d'air, chauffé par un aéro-condenseur et lancé par un ventilateur, active beaucoup le séchage. L'aéro-condenseur est un appareil composé de récipients plats juxtaposés verticalement, dans lesquels de la vapeur, provenant ordinairement de l'échappement d'un moteur, vient se condenser en échauffant les parois des récipients. L'air qui passe entre ces parois s'échauffe en absorbant la chaleur latente de la vapeur. On peut obtenir, dans les récipients, le même degré de vide que dans un condenseur ordinaire de machine à vapeur; le séchage s'opère alors sans dépense de combustible.

CHAPITRE XI

Papiers divers.

Papiers à l'ammoniure de cuivre, dits de Willesden. —
En 1883, le Dr C. R. Alder Wright obtenait une patente
anglaise pour la préparation économique d'une solution d'ammoniure de cuivre. Ce composé a la curieuse propriété, connue
depuis longtemps, d'attaquer rapidement la cellulose à froid, en
formant toute une série d'hydrates gélatineux qui finissent par
passer à la forme de composés complètement solubles.

Scoffern et Tidcomb avaient, dès 1875, obtenu un brevet
pour l'imperméabilisation et la soudure des papiers et tissus au
moyen de l'ammoniure de cuivre. Pour imperméabiliser ces
produits, ils les faisaient passer dans un bain d'ammoniure
de cuivre qui en gélatinait la surface.

Le papier ou tissu posé sur des toiles métalliques, des feuilles
de caoutchouc, ou soutenu par des rouleaux, passait au-dessus
de tuyaux chauffés par la vapeur, dont la chaleur servait à
fixer la composition gélatineuse. Il se rendait ensuite dans une
étuve où il achevait de se sécher. La chaleur séparait de la
combinaison l'ammoniaque que l'on récupérait au moyen
d'appareils convenables.

Les inventeurs mêlaient aussi de l'oxyde de cuivre à de la
pâte à papier pendant la fabrication de ce dernier, qu'ils sou-
mettaient ensuite à l'action de l'ammoniaque liquide ou gazeux
et mélangé de vapeur d'eau.

Le papier et les tissus, en présence de l'ammoniure de cuivre,
se glaçaient en même temps qu'ils devenaient imperméables et

l'on pouvait, en immergeant plusieurs feuilles dans la solution cuprique, les souder ensemble par compression et séchage.

On pouvait aussi imperméabiliser et glacer, sur une seule face, un papier ou un tissu, en y appliquant une solution de cellulose dans l'ammoniure de cuivre.

Le procédé du Dr C. R. A. Wright consistait à envoyer, au moyen d'une pompe puissante, un courant d'air dans une série de tours en fonte, de 0 m. 60 à 0 m. 90 de diamètre et 3 m. à 3 m. 60 de hauteur, à peu près remplies de fragments de cuivre métallique (débris et rognures de cuivre en feuilles, etc.) imprégnés d'une solution d'ammoniaque; en parcourant successivement ces tours, l'air produisait rapidement de l'oxyde de cuivre qui se dissolvait dans l'ammoniaque.

On se sert, en pratique, d'une solution ammoniacale préalablement chargée d'une quantité considérable de cuivre, que l'on obtient, en faisant passer sur des tournures de cuivre, un courant d'eau en même temps qu'un courant de gaz ammoniac mêlé d'une proportion convenable d'air et refoulé à l'aide d'une pompe. Le liquide provenant d'une tour sert, au lieu d'eau, à en alimenter une seconde, et ainsi de suite pour toute une série de tours. Enfin le liquide, après avoir parcouru la série de tours, se trouve aussi chargé de cuivre qu'il peut l'être.

L'air usé, au sortir des tours, emporte une quantité notable de vapeurs ammoniacales. On les arrête au moyen d'un scrubber contenant du cuivre et bien alimenté d'eau, et l'on obtient ainsi une solution faible d'ammoniure de cuivre que l'on peut employer, au lieu d'eau, dans les premières séries de tours.

Le maximum d'effet, sur la cellulose, s'obtient avec une solution contenant 10 à 15 kil. d'ammoniaque Az H^3 et 2 à 2, 5 de cuivre (à l'état d'oxyde de cuivre Cu O) pour 100 litres.

La décomposition, par le zinc, d'une solution d'ammoniure de cuivre, donne lieu à une solution correspondante d'hydrate d'oxyde de zinc dans l'ammoniaque, dont on peut aussi se servir pour gélatiniser la cellulose, mais qui a moins d'énergie que la solution de cuivre avec laquelle il peut être, toutefois, avantageux de la mélanger dans certains cas. On peut alors la préparer commodément en substituant du laiton au cuivre dans les tours à dissolution.

Le fer ne peut se substituer au zinc dans une solution d'ammoniure de cuivre, comme il le fait avec facilité dans une solution de sulfate de cuivre. Ce fait a une très grande importance industrielle, puisqu'il permet l'emploi de récipients et machines en fer, au contact de l'ammoniure de cuivre.

La découverte du Dr Wright a été la base de l'industrie des articles de Willesden : tissus, cordes, filets, papiers, tuiles factices, etc.

Le papier se présentait sous l'aspect de sortes très communes que leur imperméabilité rendait très utiles pour les emballages : d'autres sortes servaient comme papiers de fantaisie; d'autres encore comme papiers de luxe sur lesquels on pouvait écrire des lettres qu'une immersion prolongée dans l'eau n'empêchait pas de lire.

Une solution d'ammoniure de cuivre permettait de cacheter les lettres, de manière à les mettre à l'abri de toute violation.

En superposant plusieurs feuilles de papier préalablement gélatinisées à l'ammoniure de cuivre, on obtenait des cartons, des ardoises artificielles, des plaques préservatrices de l'humidité, dans la fondation des bâtiments, des voiles, des tentes, etc.

Malgré leurs nombreux avantages, les articles de Willesden n'eurent pas le succès qu'ils méritaient; établie en 1880, l'usine fut mise en vente en juin 1894.

Le chlorure de zinc gélatinise aussi la cellulose et tel est le principe de la fabrication de la *fibre vulcanisée*. On l'obtient en traitant le papier (1 partie) par du chlorure de zinc en solution titrant 65 à 75° Baumé (poids spécifique 1.7471 à 1.9740). Les feuilles immergées dans cette solution et gélatinisées à la surface sont soudées ensemble par une compression énergique. Il faut ensuite laver la masse obtenue, pour éliminer le réactif, qui attaquerait la cellulose, ou neutraliser la chlorure; ces opérations sont difficiles et lentes, ce qui rend la fabrication coûteuse. Enfin la masse doit être imperméabilisée par des procédés convenables.

Papiers d'art ou d'impression au procédé. — La multiplication des épreuves photographiques par la photographie a pris, depuis une vingtaine d'années, une importance qui tend constamment à grandir. Elle peut donner très rapidement de beaux résultats, comme on le voit par les publications artistiques et les beaux journaux illustrés; mais elle nécessite un papier, sans pores sensibles, c'est-à-dire parfaitement glacé.

Sur du papier ordinaire, même assez bien satiné, les résultats sont très inférieurs; ils sont absolument hideux sur le papier à bas prix, de beaucoup de journaux quotidiens.

Les papiers *d'art* ou *d'impression au procédé*, grâce auxquels on peut obtenir de belles phototypies, ne s'obtiennent pas directement sur la machine à papier; ils sont couchés, c'est-à-dire enduits sur leurs deux faces d'une couche de matière minérale incorporée à un agglutinant convenable.

La matière minérale préférée pour sa beauté est le blanc fixe ou blanc permanent qui est, en réalité, du sulfate de baryum précipité.

On se sert aussi de blanc satin, mélange d'hydrate d'alumine et de sulfate de calcium ou de baryum. Pour des produits communs on emploie aussi du kaolin.

L'agglutinant est la gélatine ou la caséine. La proportion de matière minérale appliquée sur le papier est considérable et varie de 16 à 30 0/0 du poids total et même plus.

Le papier, sur lequel on applique les couches, n'étant pas visible, on se préoccupe peu de sa qualité; mais encore faut-il que sa surface ne contienne pas de graviers, ni de chènevottes qui, faisant saillie malgré l'enduit, pourraient détériorer les planches d'impression, tout en nuisant à l'impression elle-même. On voit beaucoup de ces papiers qui contiennent de fortes proportions de pâte de bois mécanique. Par contre il en est d'autres qui sont exclusivement composés de pâte d'alfa. Ces papiers doivent être modérément collés et s'allonger relativement peu quand ils sont mouillés.

Sous le nom de papiers d'art imités, on désigne ordinairement des papiers d'alfa auquel on ajoute, dans la pile, une quantité considérable de matière minérale. La pâte est modérément collée. Le glaçage s'obtient au moyen d'un docteur, sur lequel arrive de l'eau qui humecte la surface du papier au moment où celui-ci entre dans une calandre. Ce sont les rouleaux de cette machine qui éliminent l'eau ajoutée, cela nécessite une double série de rouleaux et un chauffage très énergique. La compression amène la matière minérale à la surface du papier. On peut, en colorant l'eau versée sur le docteur, obtenir des papiers colorés.

Les papiers d'art imités sont inférieurs à ceux que donne le couchage mais, comme ils sont moins coûteux, on s'en contente pour des impressions qui n'ont pas besoin d'une grande perfection.

Papiers buvards. — Il semble facile de faire des papiers buvards; mais tous ceux qui ont eu l'occasion d'en fabriquer savent que les exigences des consommateurs ne sont pas souvent satisfaites. Nous ne parlerons pas ici des buvards à bas prix, pleins de pâte de bois mécanique et ressemblant parfois à des papiers demi-collés.

Les buvards de belle qualité doivent avoir beaucoup de main, c'est-à-dire d'épaisseur pour un poids donné, pas ou très peu d'apprêt, assez de résistance pour ne pas se déchirer trop facilement. Quant à leur pouvoir absorbant, on ne le trouve jamais trop grand.

Il paraît à peu près inversement proportionnel à la résistance moyenne à la traction. On le mesure, habituellement, d'après la hauteur, en millim., à laquelle monte en 10 minutes, par capillarité, de l'eau dans laquelle on fait plonger le bas d'une bande de papier, suspendue verticalement. Cette hauteur peut varier beaucoup, même pour des papiers de très bonne qualité, et c'est ainsi que l'on a observé les maxima suivants : papier autrichien 195 millim., papier anglais 156, papier français 91,7.

Les papiers buvards anglais sont très mous, le papier allemand est plus dur. Une maison anglaise, très renommée pour cette spécialité, fabrique du papier buvard en 2 couches, au moyen d'une machine à doubler. Les 2 couches sont très absorbantes; mais celle qui l'est le plus se fait, dit-on, avec des chiffons de coton soumis au pourrissage et qui, seuls, donneraient un papier dépourvu de la résistance nécessaire.

Beaucoup de papiers buvards se font avec des chiffons teints en rouge dit d'Andrinople; mais la fantaisie des consommateurs en fait fabriquer de toutes les couleurs imaginables, du plus beau blanc au noir le plus intense.

La base des papiers buvards est le chiffon de coton, qu'il convient de débarrasser, par un lessivage à faible dose, des matières grasses qu'il contient fréquemment. Certains fabricants exécutent le battage très rapidement, d'autres avec beaucoup de lenteur; mais cela dépend beaucoup des cylindres et platines dont on se sert.

On fait des buvards contenant de la pâte de bois à la soude; mais la qualité en est inférieure et on leur reproche de devenir peu perméables au bout de quelque temps. Quelques fabricants ajoutent de la fécule au papier buvard, d'autres y mêlent de l'amiante. Cette matière, seule, donne un papier très absorbant mais très mou et sans la moindre consistance : on peut en mêler 10 à 15 0/0 à la fibre végétale sans diminuer le pouvoir absorbant du papier, mais au détriment de la *main* de ce dernier, ce qui est un inconvénient. Quelques buvards contiennent un peu de laine et n'en sont que meilleurs. Les fabricants dont le buvard est la spécialité prennent souvent des précautions pour l'obtenir aussi grenu que possible; pour cela, il est bon de se servir de feutres particuliers et de monter, sur le rouleau supérieur des presses, un feutre dit de bricole, pour éviter que le poli de ce rouleau détruise le grain du papier.

Papiers à cigarettes. — Ces papiers se font depuis le poids de 7 grammes au mètre carré (que l'on peut considérer comme un *tour de force*) jusqu'à ceux de 16-18 grammes et plus; mais les poids usuels sont compris entre 12 et 14 grammes au mètre carré.

Les papiers à cigarettes français, qui sont les plus estimés, se font exclusivement avec du chanvre et du lin, sous forme de cordages, déchets de filatures et chiffons durs. Les papiers filigranés sur la table de machine contiennent souvent un peu de chiffon de lin usé.

Il est difficile de se figurer tout ce qu'on peut demander aux papiers à cigarettes. L'un doit brûler difficilement, l'autre très vite. Si l'on pose sur un troisième le bout allumé d'une cigarette, le papier doit brûler sur l'étendue d'une pièce de 5 francs ; il ne plaira pas si le trou n'a que la grandeur d'une pièce de 2 francs. Tels consommateurs veulent une cendre blanche, d'autres une cendre noire, tels autres une cendre imperceptible. Le papier, en tout cas, doit brûler sans émettre aucune odeur.

Cela n'empêche pas d'autres exigences : pureté, épair, beauté du filigranage, ténacité, etc., mais il faut croire que les consommateurs de certains pays sont moins difficiles, car il s'exporte des papiers épais et contenant de fortes proportions de pâte de bois mécanique.

Beaucoup de papiers à cigarettes sont plus ou moins chargés de matières minérales, insolubles, ce qui n'a, d'ailleurs, aucun inconvénient au point de vue de la santé des fumeurs.

Les machines à papier à cigarettes ont, ordinairement, outre la presse humide, deux presses dont la seconde ne retourne pas la feuille, comme le fait la presse montante des machines ordinaires. On se sert avec beaucoup d'avantages, sur ces machines, des roulements à billes mentionnés page 167.

Papiers d'écriture et d'impressions. — Toutes les fibres peuvent former la base de ces papiers ; mais il y a une infinité de qualités entre les admirables feuilles pour éditions de luxe et celles des prospectus destinés à être foulés aux pieds sur les trottoirs des grandes villes, entre les beaux cahiers de papiers à lettre, dont se servent les dames élégantes, les feuilles des carnets de ménage et celles que les enfants barbouillent dans les petites écoles.

Ce sont les beaux chiffons qui donnent les qualités supérieures et, pour certains papiers, ils sont triés avec des précautions extraordinaires. Le lessivage et le blanchiment sont l'objet de soins particuliers. Le travail sur machine est surveillé par un personnel très habile et consciencieux.

A mesure que le prix des papiers baisse, la composition des pâtes admet des quantités de succédanés de plus en plus grandes et de la charge minérale, dans les sortes assez épaisses et solides pour la recevoir. Les qualités inférieures ne contiennent plus que de la pâte de bois mécanique, des rognures de papier et un peu de pâte de bois chimique pour donner la résistance nécessaire.

Dans les qualités moyennes, la pâte d'alfa donne d'excellents produits, les imprimeurs la recherchent à cause de son aptitude à prendre l'encre. Le papier d'alfa est *amoureux de l'encre* suivant l'expression pittoresque des typographes.

Papiers d'emballages. — Le bas prix de ces papiers oblige à les fabriquer avec les matières les moins coûteuses que l'on peut se procurer. Voici quelques compositions de papier de ce genre :

Goudrons.

Déchets de cordes, étoupes	20
Pâte de bois demi-chimique	7
Vieux papier goudron	27
Vieilles cartes Jacquart	27
Paille lessivée à la chaux	19
	100

Emballages gris blancs à sucre.

Cordelettes	10
Vieux papiers à sucre	20
Cartes Jacquart bulles	15
Cassés bulles	30
Cassés bis blancs	25
	100

Emballages colorés ordinaires.

Jute lessivé	10
Vieux papiers de même qualité	15
Pâte mécanique de bois	15
Vieux journaux	60
	100

Emballages bleus supérieurs.

Jute lesssivé	27
Pâte de bois au bisulfite	8
Vieux papiers bleus	15
Vieux journaux	50
	100

Busettes blanches pour filatures.

Chiffons blancs sales, de coton   10
Pâte mécanique de tremble   20
Vieux journaux   70
                                                        ————
                                                         100

Busettes de couleur.

Jute lessivé   7
Vieilles busettes   46
Vieux journaux   47
                                                        ————
                                                         100

Tous ces papiers sont plus ou moins chargés d'ocres, de kaolin, plâtre, carbonate de chaux, sulfate de baryte, etc.

En forçant les proportions de vieilles cordes, étoupes et jute et diminuant celles de vieux papiers, paille, etc., on obtient des papiers d'emballage beaucoup plus solides, qu'on désigne sous le nom de Manilles. La pâte de bois mi-chimique ou brune, associée à des fibres dures, s'emploie aussi en grandes quantités dans la fabrication des papiers minces pour emballage de meubles et petits objets.

Papiers à filtrer. — Il faut distinguer les papiers à filtrer gris, les blancs ordinaires du commerce et les blancs pour laboratoires. Les premiers se font avec des chiffons de coton mêlés d'un peu de lin écru ou coloré en bleu, quelquefois même on y ajoute une petite quantité de droguets. Ces chiffons ne sont pas blanchis, ni même lessivés.

Le blanc ordinaire se fait avec des chiffons de coton quelquefois mêlés d'un peu de chiffons de lin. Ces matières ne sont pas toujours lessivées et blanchies.

Les papiers de laboratoire doivent offrir des qualités toutes particulières : 1° celle de ne contenir aucune matière étrangère, telle que métaux et carbonate de chaux. D'autres doivent être chimiquement exempts de toute matière grasse. A l'incinération ils ne doivent laisser qu'une proportion quasi infinitésimale de cendres, 0,03 à 0,05 0/0, alors que le coton blanchi en fournit moyennement 0,1 à 0,4 0/0.

2° La filtration doit être rapide pour que les lavages sur filtre ne durent pas trop longtemps.

3° Les précipités les plus ténus doivent rester sur le filtre.

4° Le papier doit, quand il est mouillé, conserver assez de résistance pour que le filtre ne crève pas.

Quelques maisons étrangères : Munktell, à Stockholm, Sjögren, à Christiania, Schleicher et Schüll, à Düren, Dreverhoff, à Dresde ont acquis une grande renommée dans la spécialité des papiers à filtrer.

Certains papiers à filtrer sont soumis à la gelée, en hiver, ce qui les rend plus poreux, d'autres sont consolidés par une courte immersion dans l'acide azotique hydraté $H\ Az\ O^3 + 3$ aq (22 0/0), poids spécifique 1.414. Ainsi traité, le papier subit un retrait linéaire d'environ 1/10 et devient capable de supporter, étant humide, des pressions de deux ou trois atmosphères et de retenir les précipités les plus ténus.

Les papiers dit chimiquement purs sont traités par les acides hydrochlorique et hydrofluorique qui dissolvent les sels calcaires et la silice. Ils sont ensuite lavés à fond avec de l'eau très pure.

Quelques papiers à filtrer se fabriquent à la main.

A Couze (Dordogne), il se fait à la forme ronde, pour l'industrie, des papiers ronds très estimés.

Un papier tout spécial est celui qui sert au filtrage de la bière sous pression. On le fabrique avec des chiffons de coton peu usés auxquels on ajoute fréquemment des chiffons de lin et quelquefois un peu de pâte de paille ou de bois. Ces papiers ne doivent donner aucun goût à la bière, qui doit en sortir non seulement *claire*, mais *brillante*, comme disent les brasseurs. La fabrication demande beaucoup de précautions. La rapidité et la perfection du filtrage dépendent, notablement, de la pression subie par la pâte humide lors de son égouttage. Les feuilles sont découpées au moyen d'emporte-pièces. Il y a en a de carrées, de rondes, quelques-unes ont des appendices sur une rive. Toutes sont percées de trous par lesquels s'opère la circulation du liquide dans les filtres à pression.

Papiers pour la fabrication de la nitro-cellulose. — La nitro-cellulose ne s'emploie pas seulement pour la fabrication des explosifs; on en consomme aussi de grandes quantités que l'on transforme en celluloïde. On obtient économiquement la cellulose à nitrer en transformant des chiffons en papier.

Ce dernier se fait ordinairement en bobines de 17 à 18 grammes, 23 à 24 grammes et 30 à 32 grammes au mètre carré. Cette dernière force s'obtient avec du coton pur; dans les deux autres on ajoute un peu de lin provenant de chiffons usés, afin de faciliter le travail sur la machine à papier.

Les chiffons doivent être lessivés, lavés et blanchis avec beaucoup de soin. La pâte ne doit contenir ni particules chènevotteuses provenant de chiffons de lin, ni matières grasses, caoutchouc, métaux ou graviers.

Une grande régularité de force est nécessaire pour que la nitration s'opère avec uniformité.

Il se fait aussi, dit-on, des papiers à nitrer avec de l'alfa bien traité; mais la fabrication en paraît peu importante jusqu'à présent.

Papiers fiduciaires et à billets de banque. — Depuis la création des assignats, les Etats et les banques se sont toujours attachés à employer, pour les valeurs, des papiers difficiles à contrefaire. Dès la fin du XVIIIe siècle l'art du formaire a produit des chefs-d'œuvre de filigranes en clair. De la même époque datent les premiers filigranes ombrés; mais, à l'origine, on ne cherchait à en obtenir que des surépaisseurs uniformes du papier et l'on se contentait de figures géométriques : cercles, anneaux, polygones, etc. Plus tard on obtint de beaux effets en juxtaposant à un filigrane en clair une épaisseur donnant, à l'épair, l'effet de l'ombre intense d'objets vivement éclairés et représentant, par exemple, des lettres en relief. Enfin vers le milieu du XIXe siècle, on obtint avec des toiles estampées les figures les plus remarquables.

Les beaux filigranes à clairs et ombres sont, toutefois, moins difficiles à imiter qu'on pourrait le croire, et les papetiers habiles peuvent très bien obtenir des filigranes ombrés très acceptables avec un outillage peu compliqué. Les filigranes les plus compliqués en plusieurs pâtes de différentes couleurs, superposées ou juxtaposées, ne sont pas à l'abri des imitations.

Une qualité indispensable aux billets de banque est, en outre, la résistance au froissement. Beaucoup de gens plient et replient les billets un grand nombre de fois pour les mettre dans leur porte-monnaie ou même leur poche et, aux Etats-Unis, il ne manque pas de gens qui ne se privent pas de les mélanger, dans leur gousset, à de la monnaie de tous genres, en les bouchonnant tout exprès.

Les billets de banque se font souvent avec de beaux chiffons de toile blanche, peu usée, quelquefois neuve, que l'on délisse avec les plus grands soins. On y ajoute quelquefois du chanvre que le fabricant de papier achète sous forme de fibre bien peignée et dont il fait retirer à la main, par de jeunes ouvrières, les rares particules chènevoteuses que la peigneuse a pu laisser.

Les billets de la Banque de France se fabriquent mécaniquement à Biercy, dans le département de Seine-et-Marne, près de La Ferté-sous-Jouarre. Ils sont excessivement composés de ramie, parce que cette fibre est une de celles qui ont le plus de ténacité ce qui ne veut pas dire que ces billets possèdent une ténacité extraordinaire. La ramie s'emploie neuve et peignée.

Les billets de la Banque d'Angleterre (The Old Lady of Threadneedle Street), la *vieille dame* ou, plus familièrement, la *grand'maman* de la rue de l'aiguille à coudre, comme l'apellent les *Londoners*, se font à la cuve chez MM. Portal, dans l'usine de Laverstoke (Hampshire).

Les timbres d'Etats, titres de rentes, actions, obligations, chèques, etc., se font par des procédés analogues à ceux qui s'emploient pour les billets de banque, et quelques-uns de ces papiers sont tout à fait remarquables; mais on se préoccupe moins de leur ténacité et de leur résistance au froissement, car ces papiers circulent beaucoup moins que les billets de banque; on les plie peu et l'on n'a jamais l'idée de les chiffonner.

Papier force ou kraft papier. — On désigne sous ce nom, depuis quelques années, un papier brun, de bois, qui fut *inventé par accident* dans une usine de Suède.

Une cuisson de bois à la soude avait été manquée, la matière n'ayant pas la mollesse nécessaire, et l'on était sur le point de se débarrasser, le plus tôt possible, de ce que l'on regardait comme un déchet inutilisable, quand un contremaître eut l'idée de passer le bouillissage manqué aux meuletons et d'en faire de l'emballage. Ce papier se trouva si solide que la fabrique en reçut de nombreuses et importantes commandes.

Dans le papier kraft, les fibres sont isolées, chimiquement et mécaniquement, de manière à réaliser le maximum de ténacité et d'aptitude au feutrage. Le meulage contribue beaucoup à l'obtention d'une pâte fine, longue et grasse, aussi a-t-on souvent, dans certaines usines, plus de 50 meuletons pour la fabrication de ce produit. On a essayé de remplacer le meuleton par la pile à cylindre et platine en pierre.

Le bois employé est coupé en tranches de 22 à 30 millim. d'épaisseur et lessivé à la soude ou, pour mieux dire, au sulfate; après sa cuisson il doit rester assez consistant pour que les fibres ne puissent s'isoler sans quelque difficulté si l'on gratte le bois avec l'ongle. Ce sont, en grande partie, les matières agglutinantes imparfaitement dissoutes qui contribuent à la grande ténacité du papier force.

Papiers à journaux. — On les a longtemps fabriqués avec un peu de chiffons durs et des droguets lessivés à la chaux et blanchis, auxquels on ajoutait un peu de pâte de bois mécanique, des rognures et du kaolin ou quelque autre charge. L'invention de la pâte de bois au bisulfite a transformé complètement leur fabrication, et l'on voit maintenant beaucoup de papiers à journaux qui se composent de 25 à 30 0/0 de pâte écrue au bisulfite avec 70 à 75 0/0 de pâte de bois mécanique.

Ce sont des papiers à très bas prix et de qualité très inférieure, mais ils suffisent pour l'impression de feuilles que l'on ne songe pas à conserver. Un peu de couleur d'aniline masque la nuance jaune des pâtes; mais la moindre exposition au soleil donne à ces papiers communs l'aspect de véritables bulles.

On fait pourtant aussi, avec des pâtes blanchies et de la pâte mécanique de tremble ou des rognures de papier blanc, des papiers à journaux de qualité meilleure et dont les prix varient entre des limites très espacées.

Papier parchemin. — L'invention du papier parchemin est due à deux chimistes français, Figuier et Poumarède, qui l'obtinrent les premiers en trempant du papier sans colle, pendant une demi-minute, dans de l'acide sulfurique anhydre, ayant un poids spécifique de 1.842. Le papier était ensuite lavé dans de l'eau contenant un peu d'ammoniaque.

En 1857, Gaine obtint ce produit dans des conditions plus pratiques, au moyen d'acide sulfurique étendu de 1/2 à 1/4 de son volume d'eau. Le papier de coton, immergé dans le liquide préalablement refroidi jusqu'à la température de 15° C, était ensuite lavé dans l'eau pure, puis dans de l'eau ammoniacale.

Ainsi traité, le papier sans colle prend l'aspect du parchemin animal, devient plus translucide, prend un retrait qui peut atteindre 1/20° de la dimension primitive et une ténacité quintuple de celle du papier de coton avant sa transformation.

Le parchemin végétal, ainsi obtenu, est imperméable à l'eau et aux corps gras, mais laisse passer, par osmose, les sels en dissolution. Dubrunfaut a tiré parti de cette propriété pour éliminer le nitrate et le chlorure de potassium nuisibles à la cristallisation du sucre.

Le papier parchemin, parchemin végétal, papier sulfurisé, est imité depuis longtemps au moyen de papier de pâte de bois au bisulfite de chaux, très engraissée au battage. Une application de gélatine, de paraffine et de divers autres produits donne au papier une partie des qualités de celui qu'on traite par l'acide sulfurique, et les opérations sont plus simples et moins coûteuses que pour le papier réellement sulfurisé.

Le papier sulfurisé est raide quand il est sec, et cela gêne pour son emploi comme enveloppe des aliments gras, tels que le beurre. Pour corriger ce défaut, on associe quelquefois le chlorure de zinc à l'acide sulfurique. On fait aussi subir, au papier sulfurisé, un traitement par un mélange de glycérine et de chlorures de magnésium ou de calcium. On lui donne ainsi une humidité permanente qui le rend beaucoup plus souple.

Les papiers à sulfuriser se font beaucoup, d'après Clayton Beadle, avec des mélanges de coton et de lin ou même de pâtes de paille et de bois chimique dans la proportion de 60 0/0 pour les premiers et 40 0/0 pour les seconds.

Papiers à registres. — Ces papiers doivent être, du moins pour les registres de bonne qualité, tenaces, carteux, très bien collés. On leur donne, habituellement, d'autant plus d'épaisseur que le format en est plus grand. C'est ainsi que le format 31×40 cent. pèse, habituellement, 80 à 95 gr. au m², le 44×56, 95 à 120 gr. et le 63×90, 140 à 160 gr. pour ne citer que des formats courants. La ténacité moyenne est de 3.300 à 4.200 mètres (en longueur de rupture) pour les registres demi-fins et va, pour les registres fins, de 4.000 à 5.000 mètres et plus, comme cela se voit pour certains papiers à registres soumis à un double collage, à la résine et à la gélatine ; mais ces derniers papiers, très coûteux, ne s'emploient que par exception.

La ténacité peut se rapprocher du minimum pour les papiers forts dont l'épaisseur augmente, en apparence, la solidité, et dont la fabrication serait difficile si on la faisait exclusivement avec les pâtes très grasses au moyen desquelles on obtient la ténacité.

Les matières employées sont, pour les belles qualités : les rognures de toile neuve, écrue ou blanche, les gros chiffons bulles, les toiles à voiles et un peu de coton propre et peu usé.

Pour des qualités plus ordinaires, on prend des cordes, des étoupes de chanvre, des toiles bleues, des cotons bleus ou de couleur.

Dans les registres les moins coûteux entrent, en fortes proportions, les pâtes de bois au bisulfite et à la soude mêlées à quelques chiffons.

Il est nécessaire de ne pas engraisser la pâte au battage, car l'égouttage de papiers forts, en pâtes nerveuses, est toujours difficile.

En France, les fabricants de papiers à registres ont l'habitude d'imprimer leur marque sur une rive, au moyen d'une molette en bronze portant la marque gravée en relief. L'empreinte s'obtient ordinairement lors de l'entrée du papier dans la sècherie, le papier se trouvant comprimé entre un cylindre sécheur et les molettes. D'autres fois, les molettes ont, pour contre-partie, un rouleau formé de rondelles de cuir comprimées.

Papiers pour rouleaux de calandres. — D'après Clayton Beadle, ces papiers se font avec de la pâte de bois écrue, au bisulfite, qu'on travaille dans des piles dont le cylindre et la platine ont des lames émoussées. On ajoute à cette pâte un mélange de :

20 0/0 de pâte de bois au bisulfite, écrue.
10 — de colle à la résine.
70 — d'une matière glutineuse contenant de la tourbe.
10 — parties d'alun.
 9 — — de fécule.

Il convient de noter que les papiers pour rouleaux de calandre ont, en réalité, des compositions extrêmement variées, en raison des propriétés demandées aux rouleaux.

Certains constructeurs veulent du papier fabriqué à la cuve avec des chiffons de toile ; mais la majeure partie des rouleaux est en papier fabriqué mécaniquement. Le papier contient souvent une certaine proportion de coton. Une maison très renommée pour la qualité de ses rouleaux se sert de papier contenant une proportion importante de laine. Nous avons, nous-mêmes, employé de ces rouleaux qui, après avoir pris l'empreinte de plis de papiers, revenaient à leur état primitif, en peu de temps, si on les faisait tourner à vide en les arrosant d'eau.

Papiers serpentes ou à fleurs. — Ce sont des papiers très minces et analogues, pour la composition, aux papiers à cigarettes. On les colorait autrefois à la pile, comme les papiers de couleur ordinaires et, pour pouvoir fabriquer des quantités minimes de certaines nuances, de vente peu courante, on se servait de petites piles. Ce procédé a été conservé pour les couleurs qui se font en quantités notables ; mais, pour celles qui

n'ont qu'une vente restreinte, M. Piette, à Pilsen (Bohême), a
imaginé l'ingénieux procédé, devenu courant aujourd'hui, de
la teinture du papier blanc en bobines. Ce procédé, qui date
d'environ 25 ans, et l'emploi des couleurs d'aniline ont complètement transformé l'industrie des papiers à fleurs et beaucoup abaissé le prix de ces papiers.

CHAPITRE XII

L'eau dans la fabrication du papier.

Eau pure et eaux résiduaires. — L'importance de l'eau dans la fabrication du papier et du carton est bien connue ; mais la quantité d'eau nécessaire varie dans des proportions extrêmement différentes, suivant que la force motrice est donnée ou non par la vapeur et surtout d'après les matières premières employées et la qualité des produits à obtenir.

Des papiers d'emballage ou des cartons peuvent se faire avec très peu d'eau, quand on ne lave point les matières premières, et la force motrice pour la préparation de la pâte exige, pour ces produits, peu de vapeur.

Il en est à peu près de même si l'on fabrique des papiers avec des pâtes toutes préparées, et l'on peut estimer qu'alors 1.000 kil. de papier fabriqué exigent de 60 à 100 mètres cubes d'eau.

Dès que l'on traite énergiquement les matières premières pour les lessiver et les blanchir, ce qui a lieu quand on prépare des pâtes de chiffons et surtout de succédanés : bois, paille ou alfa, la consommation d'eau augmente beaucoup et atteint facilement 200 fois le poids du papier fabriqué.

Enfin, si l'on fabrique des papiers blancs avec des chiffons sales, et si la force motrice est fournie par la vapeur, on peut arriver à dépenser 400 mètres cubes d'eau pour fabriquer 1.000 kil. de papier.

Ces nombres sont donnés sans aucune prétention à l'exactitude, car ils peuvent varier dans de très larges mesures ;

mais ils montrent combien il est important, lors de l'établissement d'une usine, de s'assurer d'avance de la possibilité de lui fournir l'eau nécessaire.

Il est nécessaire de connaître la nature chimique de l'eau dont on se servira. Une eau trop calcaire ou limoneuse a besoin d'être épurée avant de servir à la production de la vapeur. Elle peut, dans certaine mesure, nuire au collage et à certaines colorations. Les eaux qui contiennent du fer sont parfois très incommodes.

Les usines prennent l'eau dans des sources, des puits ordinaires ou artésiens et dans des cours d'eau. Les sources, qui donnent souvent de l'eau très belle, sont quelquefois sujettes à se troubler à la suite de pluies. Les puits donnent ordinairement des eaux pures, mais dont l'abondance n'est pas toujours suffisante; il en est d'ailleurs de même des sources dont le débit est souvent variable.

Beaucoup de fabriques, enfin, prennent l'eau des cours d'eau; mais alors elle peut contenir des impuretés de tous genres : feuilles, débris de plantes aquatiques, larves d'insectes, et jusqu'à de petits poissons, mais surtout de la vase en temps de crues. Bien que des règlements interdisent de les évacuer dans les cours d'eau, des boues provenant du lavage de minerais, de la sciure de bois qui, dans certain pays, sont jetées parfois, dans les rivières, par des industriels peu scrupuleux qui profitent ordinairement, pour se débarrasser de ces matières, de la nuit ou des grandes eaux.

Les fabricants de beaux papiers sont donc obligés, quand ils prennent l'eau dans des rivières, de se prémunir contre les causes de pollution et de jaunissement de leurs produits.

En ce qui concerne les eaux destinées à l'alimentation des chaudières, les impuretés contre lesquelles on a le plus à se défendre sont le carbonate et le sulfate de calcium et de magnésium.

Ces divers sels peuvent aussi nuire à la pureté du papier parce que, si on lessive avec du carbonate ou de l'hydrate de sodium, il se fait une précipitation de sels calcaires insolubles, entraînant avec eux des matières extractives végétales, sous forme de tartre coloré dont il peut être difficile de débarrasser les fibres. C'est pour cela que certains fabricants ne veulent pas mélanger, dans un lessiveur, du carbonate de soude et de la chaux qui produisent de la soude caustique ou hydrate de sodium, et préfèrent préparer ce dernier à part, afin de ne pas s'embarrasser du carbonate de calcium résultant de la réaction.

Les sels de calcium et de magnésium mentionnés plus haut se précipitent, quand on porte l'eau qui les contient à la température de 100°. Cela se fait souvent quand il s'agit d'alimenter des chaudières, quand l'échauffement de l'eau, ordinairement obtenu au moyen de vapeur, peut se faire sans dépense. On construit des appareils dits détartreurs-réchauffeurs pour épurer l'eau par ce moyen.

D'autres fois on utilise les réactions suivantes :

1° Pour le carbonate de calcium qui ne se dissout dans l'eau qu'à l'aide d'un excès d'acide carbonique :

Bicarbonate de calcium.

Carbonate de calcium. Acide carbonique. Oxyde de calcium ou chaux. Carbonate de calcium.

$$CaOCO^3 + CO^2 + CaO = 2\,CaCO^3$$

Dans ce cas un excès d'oxyde de calcium ou chaux transforme le bicarbonate de calcium dissous en carbonate simple, à peu près insoluble, qui se précipite.

2° Si l'eau contient du sulfate de calcium, on ajoute de l'hydrate de sodium (soude caustique) et l'on a :

Sulfate de calcium. Hydrate de sodium. Hydrate de calcium. Sulfate de sodium.

$$CaOSO^4 + 2\,NaOH = CaH^2O^2 + Na^2SO^4$$

Hydrate de calcium. Acide carbonique. Carbonate de calcium. Eau.

$$CaH^2O^2 + CO^2 = CaCO^3 + H^2O$$

On peut remplacer la soude caustique par du carbonate de calcium ou soude du commerce et l'on a dans ce cas :

Sulfate de calcium. Carbonate de sodium. Carbonate de calcium. Sulfate de sodium.

$$CaSO^4 + Na^2CO^3 = CaCO^3 + Na^2SO^4$$

Les réactions sont tout-à-fait analogues avec les sels de magnésium.

On a construit beaucoup d'appareils dits épurateurs d'eau pour effectuer ces réactions et séparer le précipité formé; nous citerons seulement le clarificateur de Rœckner, fig. 92,

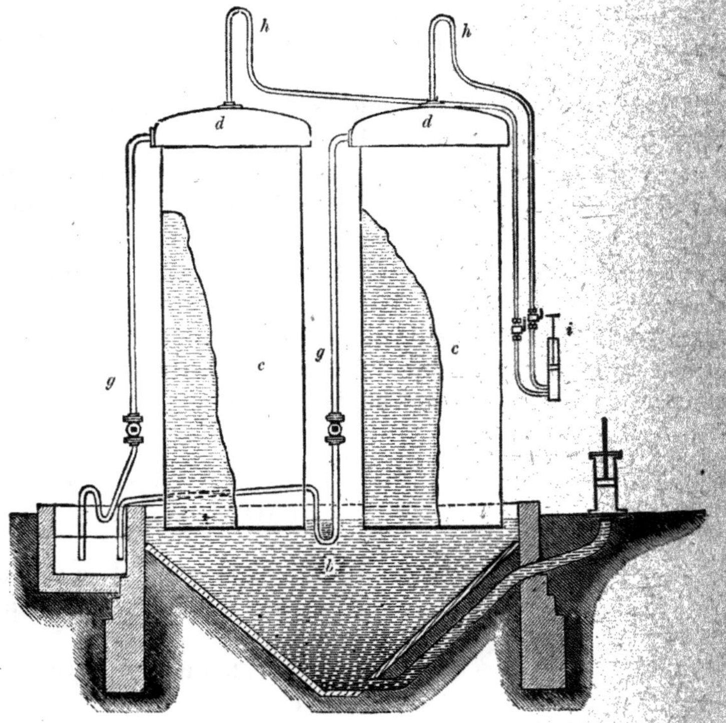

Fig. 92.

dont le principe est que, si une colonne de liquide s'élève avec beaucoup de lenteur, les particules solides qu'elle peut contenir ne la suivent pas dans son ascension, mais descendent graduellement et finissent par se précipiter, sans jamais atteindre le sommet de la colonne de liquide, si la hauteur en est suffisante.

La figure représente deux appareils Rœckner fonctionnant simultanément.

Au-dessus d'une fosse b, dans laquelle arrive l'eau dont on veut séparer les matières en suspension, se trouvent deux vastes cloches c, c, de grand diamètre et dont la hauteur doit être inférieure à celle que l'eau atteindrait dans le vide sous l'influence de la pression atmosphérique.

De la partie supérieure d, d des cloches, partent des tubes g, g, munis de robinets qui débouchent dans une fosse dans laquelle l'eau ne peut monter qu'à un niveau inférieur à celui de la fosse b, dans laquelle les cloches s'enfoncent de 5 à 7 cent. D'autres tubes h, h partent aussi de d, d pour aboutir à une pompe i, avec laquelle on les met séparément en communication, à l'aide de robinets représentés près de cette pompe.

Les cloches et les tuyaux g constituent des siphons dont la branche courte, la cloche, a une très grande section, afin que l'eau n'y monte qu'avec beaucoup de lenteur, tandis qu'elle peut s'écouler rapidement par la longue branche g qui n'a qu'une petite section. La pompe i sert à amorcer les deux siphons après fermeture de leur robinet respectif sur l'un des tuyaux g. Quand l'une des cloches est remplie, on ferme le robinet en communication avec la pompe, on ouvre le robinet monté sur le tuyau g, et le liquide circule dans l'appareil comme dans un siphon ordinaire, mais très lentement lors de son passage dans la cloche.

Une autre pompe sert à extraire, de temps en temps, s'il est nécessaire, les précipités qui s'amassent dans la fosse b.

Cet appareil peut très bien servir à clarifier l'eau d'un cours d'eau, en temps de crue.

Certaines papeteries ont des bassins de décantation, qui sont parfois de véritables étangs, et il est souvent nécessaire qu'ils soient grands, parce que le dépôt des matières en suspension dans l'eau peut être très lent.

Si l'eau contient tant soit peu de carbonate de chaux, on peut activer beaucoup la précipitation des sédiments en plaçant, dans le conduit par lequel l'eau arrive au bassin de décantation, de l'alun en cristaux ou du sulfate d'alumine en pains. Ce dernier sel peut contenir, sans inconvénient, un peu de fer. La précipitation n'en est que plus facile.

Beaucoup d'usines ont des filtres, dont les modèles sont extrêmement variés. Les uns ont de grandes surfaces et n'ont pas besoin d'être nettoyés très fréquemment ; d'autres, à petite surface, doivent être nettoyés tous les jours. Certains de ces appareils commencent la filtration de bas en haut, afin que l'eau, avant de traverser les couches filtrantes, perde le plus possible de ses impuretés, par simple décantation.

La masse filtrante est presque toujours constituée par des couches, superposées, de gravier de plusieurs grosseurs. Pour les petits filtres le silex pulvérisé en grains irréguliers, d'environ 1 1/2 à 2 millim. de grosseur, est préféré au sable naturel, à grains arrondis, parce qu'il retient mieux les matières terreuses.

Quel que soit le genre de filtre employé, la clarification préalable de l'eau, par l'alun ou le sulfate d'alumine, en retarde beaucoup l'obstruction. On nettoie les filtres à sable en y faisant passer de l'eau propre en sens contraire à celui dans lequel l'eau à épurer doit passer. En même temps on agite, au moyen de râteaux, à bras ou mécaniques, la couche de gravier filtrant.

On se sert aussi de filtres en pierre poreuse; d'autres sont constitués par des châssis en toile métallique par lesquels on fait passer de l'eau chargée de pâte à papier dont les fibres, en se déposant sur la toile métallique, forment une couche filtrante analogue à du papier à filtrer.

Eaux résiduaires. — Les fabriques de papier et de pâtes à papier peuvent avoir beaucoup d'eau résiduaire, dont une partie peut servir de nouveau ou contient des matières utilisables. D'autres eaux, chargées d'impuretés, doivent en être débarrassées avant d'être rejetées dans les cours d'eau.

L'évacuation de ces eaux n'est pas toujours facile, et tel fabricant, après avoir monté une usine dans une ville étrangère, et trouvé de l'eau pour l'alimenter, en creusant un puits profond, se trouva fort embarrassé pour évacuer les eaux salies dans les opérations de sa fabrication, jusqu'à ce qu'il pût obtenir d'un voisin le passage de ses eaux dans sa propriété, la ville étant dépourvue d'égouts.

Les eaux de condensation des cylindres sécheurs, appareils de chauffage, conduites de vapeur, condenseurs à surface et purges de moteurs à vapeur peuvent s'utiliser de nouveau pour l'alimentation des chaudières, avec d'autant plus d'avantage qu'elles sont chaudes et exemptes de matières minérales en dissolution; mais il est essentiel d'en séparer l'huile qu'elles peuvent contenir.

Il en est de même des eaux provenant des condenseurs par mélange, si on veut les utiliser de nouveau, après les avoir refroidies au besoin.

L'eau provenant du lessivage des chiffons, quand elle ne contient que de la chaux et des matières extractives, peut servir à irriguer des terrains. Il n'en est pas de même si elle contient de la soude, qui pourrait nuire à la végétation. La pollution des cours d'eau par les eaux des fabriques de pâte de bois, de paille et d'alfa, à la soude ou au sulfate de soude, a donné lieu à de nombreux procès intentés à des fabricants; aussi s'est-on préoccupé, depuis longtemps, d'évaporer ces eaux et d'en calciner les résidus pour en retirer les sels de sodium et les faire rentrer dans la fabrication.

La première condition, pour récupérer la soude sans excès de dépense, consiste à traiter des liqueurs aussi concentrées que possible.

On doit donc chercher à laver le mieux possible, avec aussi peu d'eau que possible, les matières lessivées. Pour cela on peut laver méthodiquement de la manière indiquée ci-après par E. A. Congdon[1] et employée aux Etats-Unis.

« Trois lessiveurs, contenant chacun, en moyenne, 15,67 stères de bois et rendant, par opération, 1.880 kil. de cellulose, sont chargés, chacun, de 15.450 litres de lessive de soude caustique à 11° Baumé (poids spécifique, 1.0780). Après avoir fourni un lessiveur, ce qui prend 30 à 45 minutes, on fait monter la pression à 7 kil. 75 (il faut pour cela près de 3 heures) et on l'entretient pendant 7 heures, après lesquelles on lâche la vapeur dans un grand réservoir en tôle, dans lequel se dépose la lessive entraînée. On vide le lessiveur, quand la pression est tombée à 3 kil., dans un autre réservoir en tôle, couvert d'une hotte convenable. La matière vient heurter, contre le milieu du réservoir, une chicane qui désagrège complètement le bois. »

« L'ensemble de ces opérations dure 11 heures ou 11 heures 1/2 et il en faut 9 ou 10 pour égoutter la lessive.

1. *School of Mines Quarterly*, *Journal of Applied Science*, janvier 1889.

On transporte ensuite la matière dans les cuves de lavage, pourvues de fonds en métal perforé, où elle est lavée à fond avant d'être blanchie. »

« Outre son réservoir en tôle, de dépôt, dans lequel il se vide, et celui dans lequel se lâche la vapeur, comme il est dit plus haut, chaque lessiveur a quatre cuves en tôle servant à contenir les liquides, à divers degrés de concentration, qui proviennent du lavage de la matière. »

« Quand le lessiveur est vide, on nivelle la matière, dans le réservoir de dépôt, avec une pelle, et l'on fait couler sur lui le liquide provenant du réservoir de séparation. On prend alors, avec une pompe, le liquide du réservoir de dépôt le plus riche, en suivant, pour l'envoyer sur la matière, et l'on envoie dans ce réservoir le liquide le plus riche parmi ceux que contiennent les cuves. »

« Cet écoulement de la cuve au réservoir de dépôt, de celui-ci au réservoir dans lequel on a vidé le dernier lessiveur et de ce réservoir à l'évaporateur continue tant que le liquide ne marque pas moins de 6° B (poids spécifique 1.0411) à 54 ou 55° C. Le liquide du second réservoir est alors descendu à 4° B (poids spécifique 1.0270), à chaud, et l'on peut commencer le lavage méthodique en envoyant, dans ce réservoir, le contenu des deux cuves les moins riches en soude, et faire passer, avec une pompe, le liquide du réservoir dans les deux cuves où l'on met en réserve les liqueurs les plus concentrées. »

« Les deux cuves pauvres ont été remplies du liquide provenant de la fin du lavage du troisième réservoir de dépôt (le plus pauvre) et l'on envoie, sur la matière contenue dans ce réservoir, de l'eau jusqu'à ce que le liquide de la dernière cuve pauvre ne marque plus que 1/2° B (poids spécifique 1.0033). »

« On lave alors le contenu de ce réservoir, et l'on envoie le liquide aux cuves de lavage; puis on y vide un nouveau lessiveur et l'on opère ensuite comme avec le premier réservoir de dépôt. »

Voici, d'après Congdon, un résumé de la marche des opérations :

Réservoir de dépôt A. — Vient d'être vidé.
    —   —   B. — Partiellement lavé.
    —   —   C. — Presque lavé.

Cuve 1. — 3 1/2° B à chaud (poids spéc. 1.0235)
  — 2. — 2   —   —   —   1.0133)
  — 3. — 1   —   —   —   1.0068)
  — 4. — 1/2   —   —   —   1.0033)

« On égalise A à la pelle et l'on fait couler, sur la matière, le contenu du réservoir de séparation ; on envoie B sur A ; en même temps on verse sur B le liquide provenant des deux cuves riches, en continuant ainsi et en envoyant le liquide de A dans l'évaporateur jusqu'à ce qu'il pèse moins de 4° B (poids spécifique 1.0270), à chaud ; on commence alors le lavage méthodique. Les deux liquides les plus faibles sont successivement envoyés sur la matière, par ordre de richesse, et l'on pompe la solution, sortant de dessous le faux fond de B, dans les deux cuves à liqueur riche, en remplissant le n° 1 de liquide plus riche, avant le n° 2. Les liquides les plus pauvres servent à terminer le lavage de C, sur la matière duquel on envoie de l'eau pure jusqu'à ce que la dernière cuve ne marque plus que 1.0033 de poids spécifique = 1/2° B. On égoutte alors C dont on envoie le liquide aux cuves de lavage ; puis on vide un nouveau lessiveur dans le réservoir C, pour lequel on exécute les opérations décrites par A. »

« On a modifié ce système en ajoutant un réservoir supplémentaire dans lequel on lâche la lessive provenant du dernier lessiveur vidé (après envoi aux évaporateurs jusqu'à ce que le liquide soit descendu à 6° B à chaud) (poids spécifique 1.0411) et nouvel abaissement à 4° B (poids spécifique 1.0270 à chaud, au moyen du liquide en réserve). On arrête le pompage quand la densité est descendue à 4° B. A ce moment, on envoie le liquide de ce réservoir dans celui qui vient d'être vidé, après y avoir ajouté le liquide provenant du séparateur. On réalise ainsi une économie de temps. »

« La pâte, lavée en partie dans les réservoirs, contient encore une quantité appréciable de soude. On la descend dans les cuves de lavage, pour la soumettre à un dernier lavage à l'eau chaude ; puis, lorsqu'elle est complètemeut exempte de soude et que l'eau sort incolore de la cuve, on envoie la matière contenue dans cette dernière, après l'avoir délayée avec de l'eau chaude, dans les réservoirs de blanchiment.

On a commencé par évaporer les liqueurs au moyen de l'ap-

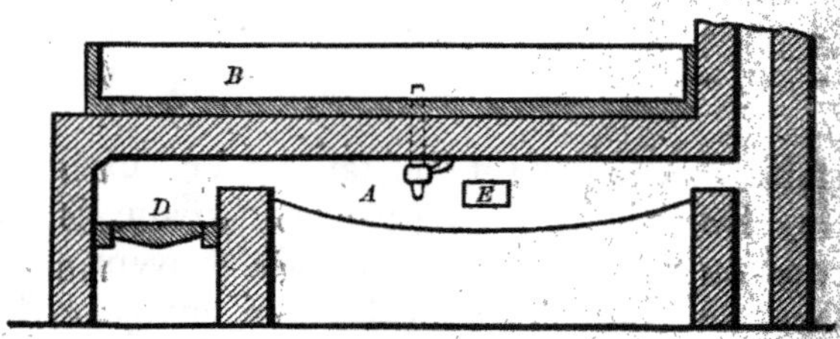

Fig. 93.

pareil représenté sur la fig. 93. Un four à réverbère, à sole creuse et garni de briques réfractaires A porte, sur sa voûte, un bassin B dans lequel on met le liquide à évaporer. L'ensemble est chauffé par un foyer D.

Quand le liquide s'est concentré suffisamment, un tube muni d'un robinet, qu'on voit sur la figure, le fait passer dans la cavité de la sole, et l'évaporation continue par l'effet de la chaleur réfléchie par la voûte du four. Les gaz provenant du foyer D se mêlent aux gaz et aux vapeurs produits dans la chambre A et s'échappent par une cheminée.

Le liquide prend bientôt la consistance du goudron et il se forme, à sa surface, une croûte blanche, provenant de matière incinérée, que des ouvriers tirent constamment sur le côté par une porte E, dont le bas affleure presque la surface du liquide. Les nouvelles croûtes qui se reforment sont enlevées de même jusqu'à ce que toute la charge soit devenue solide. On la retire alors du four et l'on procède à une nouvelle opération.

Ordinairement, on n'attend pas que la transformation de l'oxyde de sodium en carbonate soit complète et l'on transporte, avec des brouettes, le résidu de l'évaporation dans un hangar ou une chambre ouverte d'une côté; quelquefois dans une chambre en briques ou une cave closes. Dans ces dépôts, la combustion continue pendant plusieurs semaines, et la matière fond en prenant l'aspect d'une pierre grise principalement composée de carbonate et de silicate de sodium.

On s'est préoccupé de réduire la dépense de combustible, en utilisant le mieux possible la chaleur des gaz, avant de les envoyer dans la cheminée. Pour cela on a multiplié les surfaces d'évaporation du liquide, en prolongeant et élargissant le carneau aboutissant à la cheminée, puis en faisant passer les gaz,

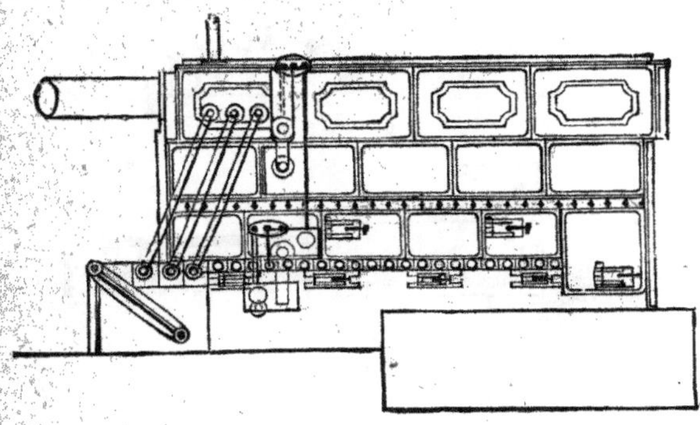

Fig. 94.

lorsqu'ils viennent d'opérer la calcination, au-dessus ou au-dessous de couches minces de liquide étalées sur des plateaux et qui se rapprochent de la sole de calcination à mesure qu'elles se concentrent davantage.

La fig. 94 représente l'appareil Roeckner, construit d'après ce principe. Au-dessus de la sole de calcination est une série de plateaux ou bassins peu profonds, alternant de façon que le liquide, coulant d'un réservoir placé au-dessus du plus élevé de ces plateaux se déverse, après s'être partiellement évaporé, par-dessus le bord du plateau, pour tomber sur le plateau ou bassin placé immédiatement au-dessous, et descendre ainsi d'un plateau à l'autre, en se concentrant de plus en plus, jusqu'à la sole sur laquelle la flamme du foyer termine l'évaporation et opère la première partie de la calcination.

L'air chaud est obligé, pour se rendre à la cheminée, de passer successivement au-dessus de tous les plateaux. Entre les derniers de ceux-ci le liquide, au lieu de se déverser par-dessus le bord du plateau supérieur, descend par un tuyau.

Le réservoir dans lequel arrive le liquide, au sommet de l'appareil, communique par des tubes latéraux, visibles sur la figure, avec d'autres tubes qui traversent l'appareil, derrière l'autel ou au-dessus du foyer. Il se produit, par ces tubes, une circulation très favorable à l'échauffement du liquide contenu

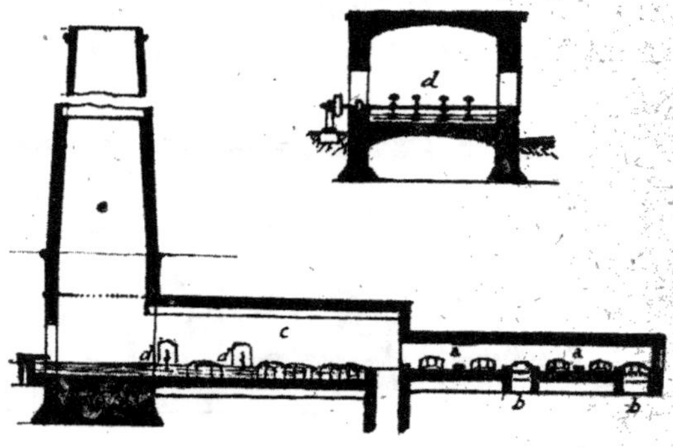

Fig. 95.

dans le réservoir. Ce dernier est surmonté d'un tuyau conduisant, à la cheminée, les vapeurs produites.

Les portes de service de l'appareil sont visibles sur la figure. Les produits de la calcination sont jetés, par une porte, dans une chambre inférieure où s'effectue la fusion finale. Il se dégage des vapeurs malodorantes que l'on envoie, de la chambre de fusion, dans la cheminée. Roeckner a combiné, en outre, un condenseur pour supprimer les inconvénients des odeurs dégagées par les vapeurs produites sur les plateaux de son évaporateur.

E. Porion, distillateur à Wardrecques (St-Omer) a inventé en 1866 un appareil d'évaporation, fig. 95, à la fois simple, efficace et économique dont on obtient de très bons résultats. (Fig. 95.)

En divisant le liquide sous forme de pluie, les agitateurs Porion augmentent énormément la surface d'évaporation et, par suite, le rendement de l'appareil.

On reproche, aux évaporateurs dans lesquels les gaz de la combustion se trouvent directement en contact avec le liquide, de donner lieu, quand le combustible contient du soufre, à la formation de sulfite de sodium, dont une partie se

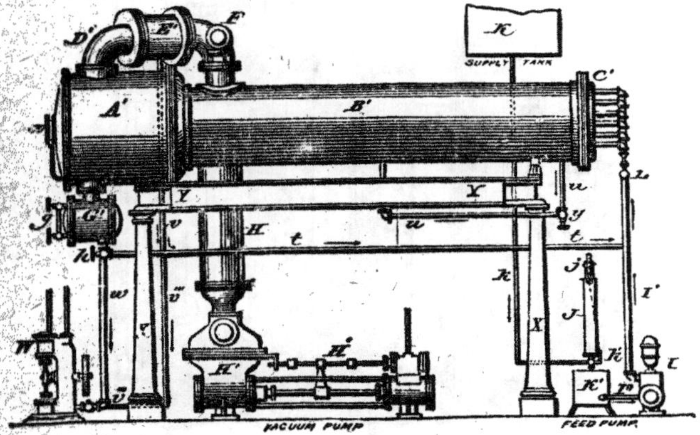

Fig. 96.

Supply tank = Réservoir d'alimentation. — Vacuum pompe = Pompe à vide.
Feed pump = Pompe alimentaire.

décompose ensuite dans le four, en sulfate, sulfure de sodium
et autres composés du soufre.

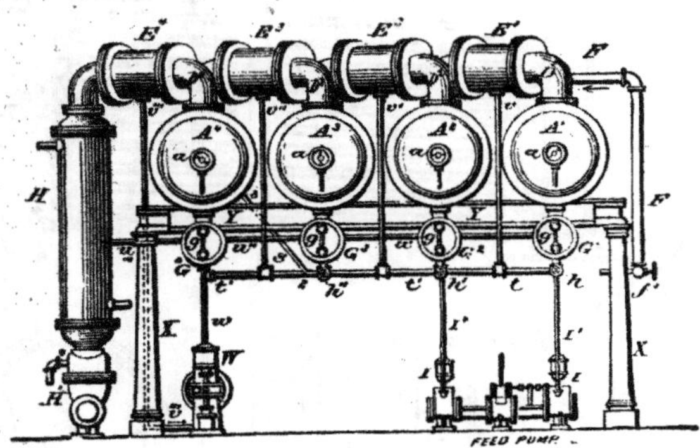

Fig. 97.

Feed pump = Pompe alimentaire.

L'appareil Porion est considéré comme étant, peut-être, le
plus économique de ceux dont on se sert dans les usines. Avec
des liqueurs de concentration ordinaire il rend, pratiquement,
750 kil. de soude récupérée par 1.000 kil. de houille brûlée.

Homer T. Yaryan de Toledo (Ohio), États-Unis, a combiné (en

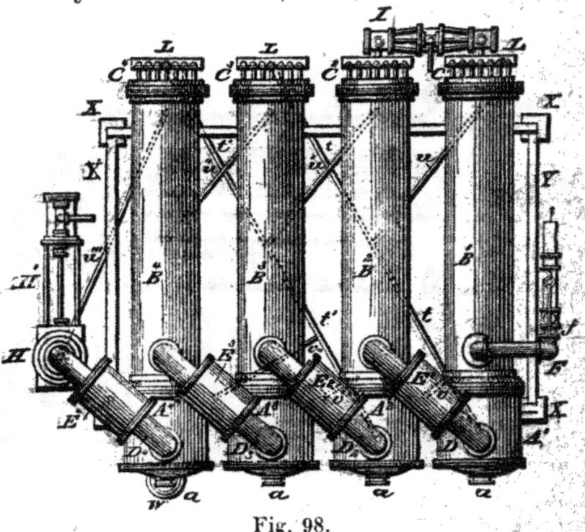

Fig. 98.

1886), pour la concentration des lessives sodiques, un appa-

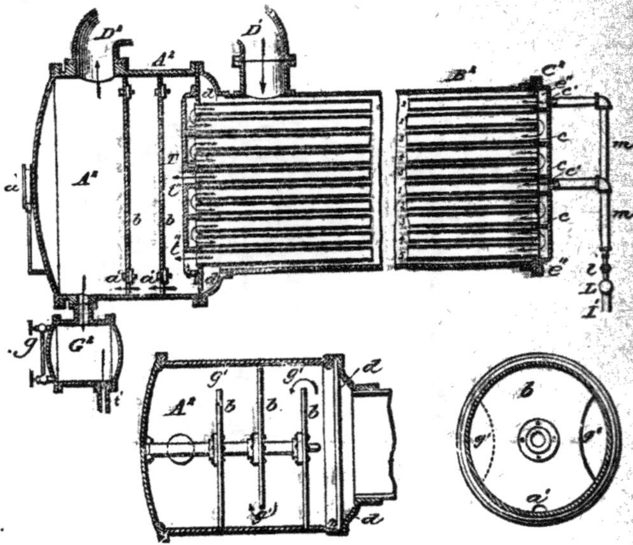

Fig. 99-100.

reil fonctionnant d'après le principe d'évaporation dans le vide,
à effet multiple, dont l'application a été réalisée, depuis
longtemps, dans les fabriques et raffineries de sucre.

La fig. 96 représente, d'après une patente anglaise n° 213, obtenue par l'inventeur en 1888, l'appareil Yaryan perfectionné. Il est basé, comme les appareils de sucrerie, sur l'utilisation de la chaleur latente de la vapeur d'un liquide, à une pression donnée, celle de l'atmosphère, par exemple, pour l'évaporation d'une nouvelle quantité du même liquide

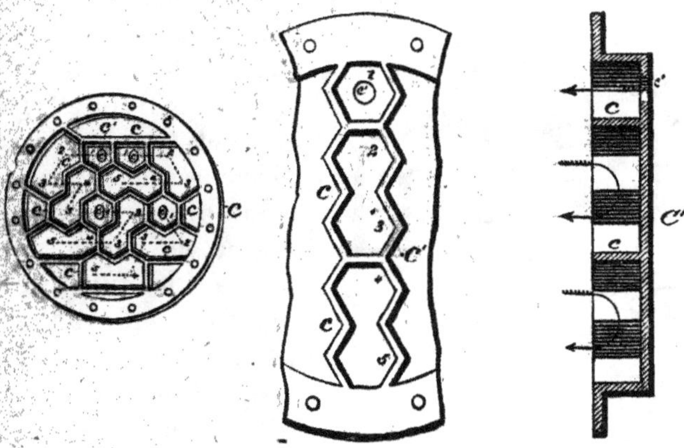

Fig. 101, 102, 103.

sous une pression tenue, au moyen d'un appareil mécanique, constamment inférieure à la précédente.

Dans les appareils de sucrerie, qui sont en cuivre, le liquide à concentrer est ordinairement traversé par des tubes où passe la vapeur dont on veut utiliser la chaleur latente. Au contraire, dans l'appareil Yaryan, qui est en fer et en fonte, parce que la soude attaquerait le cuivre, le liquide à concentrer est envoyé, par une pompe foulante, dans des serpentins chauffés extérieurement par de la vapeur. Il subit une ébullition active et se transforme en mousse qui, dans une chambre attenante à celle qui contient les serpentins, et dite séparateur, se décompose en vapeur qu'on envoie chauffer d'autres serpentins, dans lesquels le liquide continue à se concentrer, et en liquide envoyé, de son côté, dans d'autres serpentins. L'appareil décrit ci-après est à 4 éléments ou *effets*, mais on peut au besoin augmenter ce nombre. Sur les figures ci-jointes, les lettres désignent toujours les mêmes parties.

A¹A²A³A⁴ sont les séparateurs, représentés en coupe sur les fig. 99 et 106. Une plaque tubulaire d qui peut suivre la dilatation des tubes, et est visible sur les coupes, forme cloison entre les séparateurs et les cylindres chauffeurs B¹B²B³B⁴ dont les fig. 99, 106 et 107 montrent la disposition intérieure. Ces cylindres ont, sur la plaque tubulaire d, d un couvercle V, fig. 99, servant à former le retour des serpentins con-

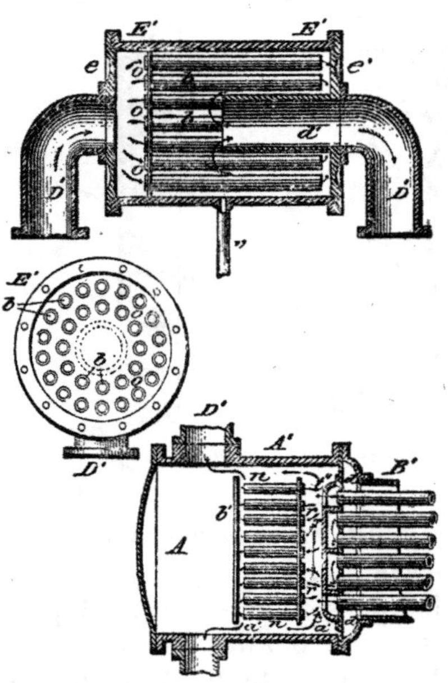

Fig. 104, 105, 106.

tenus, au nombre de 5, dans chacun des cylindres B¹B², etc., à l'extrémité extérieure desquels d'autres couvercles $c^1 c^2 c^3 c^4$ ramènent vers les séparateurs le liquide, émulsionné de vapeur, que contiennent les tubes de serpentins fixés, en avant des couvercles $c^1 c^2$, etc., dans une plaque tubulaire e. »

Chacun des cylindres chauffeurs contient plusieurs serpentins composés chacun de 5 tubes mandrinés dans les plaques tubulaires d et e'''.

Les fig. 99, 101, 102 et 103 montrent la forme des couvercles extérieurs $c^1 c^2 c^3 c^4$ munis de cloisons c servant à séparer, par groupes de 5, les tubes des serpentins. On voit, sur les fig. 101, 102 et 103, comment chaque groupe de 5 tubes (numérotés de 1 à 5) est isolé des tubes voisins. Le liquide à traiter arrive par 4 tubes m m, fig. 99, 108 et 109, à des tubulures c' qui traversent les couvercles extérieurs $c^1 c^2$ pour arriver aux serpentins.

Les couvercles intérieurs T ont aussi des cloisons servant à isoler les serpentins et sont percés de 5 trous t', par lesquels le liquide émulsionné des serpentins peut pénétrer dans le séparateur correspondant.

Dans chacun des séparateurs sont disposées des chicanes

b b, fig. 99 et 100, plus ou moins nombreuses et munies, en des points opposés et alternants, d'ouvertures *g' g'* pour le passage de la vapeur. Au bas des séparateurs les plaques *bb* ont des orifices *a' a'* par lesquels peut passer le liquide séparé de sa vapeur par le frottement contre les plaques *bb*.

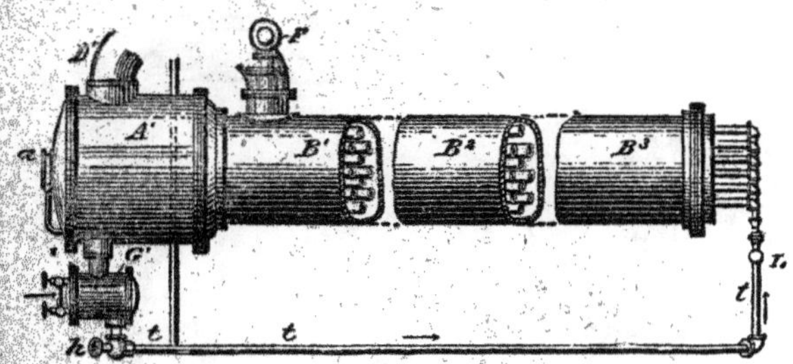

Fig. 107.

Dans le séparateur de la fig. 106, l'émulsion se décompose dans un grand nombre de petits tubes *n* montés dans une plaque tubulaire *rr* et contre une plaque *b'*.

Du sommet de chacun des séparateurs part une grosse tubulure $D^1 D^2 D^3$ qui aboutit au cylindre chauffeur $B^2 B^3 B^4$ de l'effet suivant; mais la quatrième tubulure, D^4, communique avec le condenseur.

Pour compléter la séparation de la vapeur et du liquide sortant des séparateurs, Yaryan a installé, sur les tubulures $D^1 D^2$, etc., des chambres $E^1 E^2 E^3 E^4$ dont l'une est représentée, à plus grande échelle, sur la fig. 106 où des flèches montrent le passage de la vapeur. On voit, près du fond *e* de gauche et vers l'arrivée de la vapeur, une plaque tubulaire *o o o* dans laquelle sont montés des petits tubes, une trentaine, par lesquels la vapeur, encore chargée de liquide, va buter contre le fond *e*, d'où elle rebrousse chemin pour sortir, enfin, par la tubulure d^1 du fond e^1 relié au gros tube D^1; tandis que le liquide précipité au fond des chambres $E^1 E^2 E^3$ se rend, par les tubes *v v' v"*, dans les tubes de communication *t t'* qui le ramènent dans les serpentins; seul le tube *v'''* de la chambre E^4 se rend à la pompe d'évacuation *w* du liquide concentré, fig. 97.

Un tube F, fig. 96, 97, 98 et 107, pourvu d'une soupape de

sûreté f et d'une valve d'arrêt f^1 amène, dans le premier cylindre chauffeur B' de la vapeur provenant d'une chaudière ou de l'échappement d'un moteur ; mais le cylindre B² est chauffé par la vapeur provenant du séparateur A¹, le cylindre B³ par la vapeur provenant du séparateur A² et le cylindre B⁴

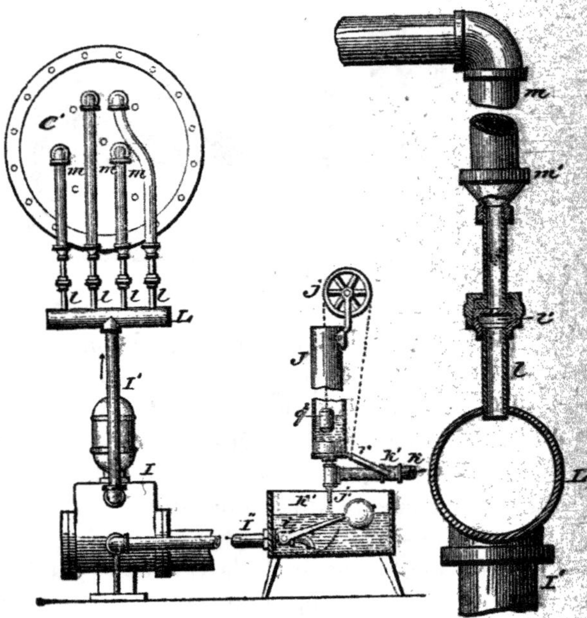

Fig. 108 et 109.

par celle que fournit le séparateur A³ tandis que la vapeur du séparateur A⁴ se rend au condenseur. Les séparateurs ont tous un manomètre a indiquant la décroissance de pression qui se produit successivement dans ces récipients. Au-dessous d'eux, des récipients G¹ G² G³ G⁴ pourvus chacun d'un tube indicateur de niveau, fig. 96, 99, 107 et 110, reçoivent le liquide de plus en plus concentré pour l'envoyer, par les tubes $t\ t'$, pourvus de valves $h\ h'\ h''$, aux collecteurs d'alimentation des cylindres B.

La vapeur provenant du dernier séparateur A⁴ se rend dans le condenseur H, fig. 96, 97 et 98, dans lequel une pompe H¹ maintient le vide grâce auquel l'évaporation des solutions sodiques peut s'opérer activement, à basse température.

Le serpentin du premier cylindre chauffeur B¹ est alimenté par une pompe double I et le tube montant I'. La pompe prend par un tuyau I'', muni d'un robinet régulateur i actionné par un flotteur, le liquide arrivant, dans le tube vertical J, d'un réservoir supérieur K, fig. 108. Un tuyau R sur lequel est montée une valve R' alimente, à niveau constant, le

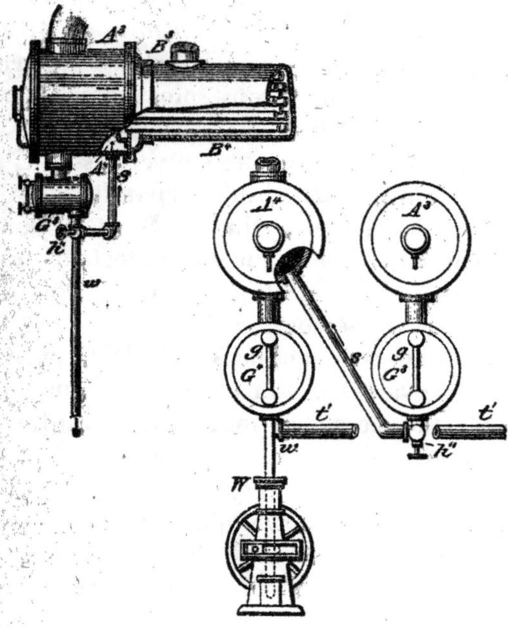

Fig. 110.

tube J dans lequel se trouve un flotteur q^2 qui agit sur le levier r de la valve R', par l'intermédiaire d'une chaîne passant sur une poulie j.

Si le niveau du liquide s'élève dans le tube J, le flotteur laisse descendre le levier r et ferme en partie la valve R'; il lève au contraire ce levier et ouvre la soupape, quand le niveau baisse.

Au fond du tube J un petit ajutage j'', à débit constant, maintient le niveau du liquide dans la caisse K'.

Si la pompe I aspire trop, la caisse K' tend à se vider; mais la valve à flotteur *i* ferme en partie le tuyau d'aspiration I". La pompe ne peut se désamorcer parce que l'orifice d'aspiration de ce tuyau est recourbé vers le bas.

Le tuyau I' de refoulement de la pompe I aboutit au collecteur L (fig. 96, 98, 99, 107, 108 et 109) d'alimentation du premier cylindre chauffeur B'. Sur ce collecteur se branchent des tubulures *l l l l* de 13 mm. de diamètre environ, reliées par des raccords *l'* et *m'* à des tubes *m m m* de plus grand diamètre. A l'intérieur du raccord *l'* se trouve un orifice dont le diamètre se réduit à 6 ou 7 mm. plus ou moins, suivant la quantité de liquide à débiter.

Les tubes *m* pénètrent dans les couvercles C^1 C^2, etc., et alimentent les serpentins des cylindres chauffeurs B^1 B^2 B^3 B^4.

Les collecteurs L L des cylindres B^1 et B^2 sont alimentés directement par la pompe I; mais le collecteur de B^3 reçoit le liquide provenant du séparateur A', et le collecteur de B^4, celui qui provient du séparateur A^2.

Du bas des cylindres chauffeurs B^1 B^2 B^3 B^4 partent des tubes *u u' u''* munis de valves *y*, qui conduisent l'eau condensée sur les serpentins, d'un de ces cylindres au suivant, à l'exception du tube *u'''* qui envoie l'eau de condensation du cylindre B^4 au condenseur.

Un tuyau *s*, fig. 1, pourvu d'une valve *h*, conduit directement le liquide du récipient G^3 du 3e effet, au séparateur A^4 du 4e effet, et la chaleur latente de la vapeur qui sort de ce séparateur se perd dans le condenseur H.

Finalement la solution concentrée par l'appareil est envoyée, par la pompe W, fig. 96, 97, 98, 110, au four de calcination.

Le système de séparateurs et de cylindres chauffeurs est, de préférence, monté horizontalement sur des colonnes XXXX et un châssis YYYY.

On construit aussi des appareils dont les cylindres évaporateurs sont verticaux; ils sont très usités dans le Royaume-Uni.

D'après Congdon, on fournit au Yaryan des solutions ayant une densité de 6 à 7° Baumé (poids spécifiques 1.0411 à 1.0483) à 54°C. Elles s'y concentrent jusqu'à 34 à 42°B (poids spécifiques 1.2881 et 1.3818) en prenant la température de

60°C et sont, alors, envoyées dans des fours à réverbère où la calcination s'opère à la température du rouge cerise. Les résidus de cette calcination contiennent, en moyenne. 50 0/0 de soude; on les pèse dans des brouettes en fer puis on les transporte à l'atelier de lixiviation.

Cette opération s'exécute dans des cuves en fer, pourvues d'une tuyauterie permettant de faire passer, au moyen d'une pompe, le liquide d'une cuve dans une autre et d'une cuve quelconque dans les cuves de caustification.

Une autre conduite permet d'envoyer, à l'aide d'une pompe, de l'eau pure dans l'une quelconque des cuves. Un conduit est, en outre, disposé, pour l'évacuation des marcs épuisés.

Dans les cuves de lixiviation se trouvent des doubles fonds en liteaux de 5×5 centim. croisés et couverts d'une couche de gravier sur laquelle on étend de la paille servant à filtrer le liquide. On retire le gravier au bout de quelques jours et la paille après chaque opération.

Quand une des cuves est remplie de soude brute, on la *mouille* avec la liqueur en réserve (la plus concentrée des liqueurs faibles en réserve), et aussi avec la plus concentrée des liqueurs faibles provenant des cuves, ainsi qu'avec des liqueurs faibles obtenues de ces cuves en les remplissant d'eau pure.

On envoie le tout avec une pompe, dans la cuve de caustification, jusqu'à ce que la densité se réduise à 2° ou 1 1/2° Baumé (poids spécifique 1.0133 à 1.0099). On fait ensuite couler le liquide restant dans une cuve dite à *liqueur claire*, parce qu'il ne s'y trouve pas de soude brute.

Les liqueurs provenant des cuves les plus épuisées sont alors envoyées dans la cuve contenant la soude brute, et la liqueur la plus faible, après les précédentes, est envoyée dans celles-ci.

On pompe ainsi successivement, sur les marcs riches, le liquide des marcs plus pauvres sur lesquels on fait ensuite arriver de l'eau et l'on obtient ainsi un excellent lavage.

Le marc qui reste après ces opérations n'est plus que du charbon végétal, contenant à peine quelques traces de soude.

Voici comment Congdon explique ce système. On dispose des cuves suivantes :

N° 1. Liqueur claire (La plus forte) 1 à 2°B (poids spécifique 1.0066 à 1.0133).

N° 2. Marc de soude (plus faible que le N° 3).

N° 3. Marc de soude, après envoi du liquide à la cuve de caustification (c'est le marc le plus fort).

N° 4. Soude brute non lessivée.

N° 5. Plus faible que le N° 2 (marc seul).

N° 6. Plus faible que le N° 5 (marc avec la liqueur la plus faible).

On opère comme suit :

On fait couler la liqueur du N° 3 dans le N° 1 (qui se trouve alors plein) :

Avec la pompe, on envoie le N° 6 sur le N° 2 (on jette le marc du N° 6).

On fait couler la liqueur du N° 2 sur le N° 3.

On met de l'eau sur le N° 5.

On envoie cette eau avec la pompe du N° 5 sur le N° 2 (on jette le marc du N° 5).

La soude brute se traite de la manière suivante :

Le N° 4, plein de soude brute, est mouillé avec le contenu des numéros 1, 2 et 3, et l'on pompe les 3 solutions dans la cuve de caustification.

On pompe, sur les N°ˢ 2 et 3, de l'eau qu'on fait ensuite couler sur le N° 4, préalablement égoutté, tandis qu'on pompe de l'eau sur les marcs N°ˢ 2 et 3 dont on remplit les cuves. On opère ainsi jusqu'à ce que le liquide ne marque plus que 2 à 1°B (1.0133 à 1.0066 de poids spécifique).

On fait alors couler la solution N° 4 dans le N° 1.

On pompe le N° 3 sur le N° 4, après avoir vidé celui-ci dans le N° 1 (qui se trouve alors plein).

On pompe le N° 3 sur le N° 5.

On pompe de l'eau sur le N° 2 (C'est le marc de ce numéro qui sera jeté le premier).

Cette fois, c'est le N° 5 que l'on remplit de soude brute, et l'on opère comme avec le N° 4.

Les liqueurs résiduaires provenant du traitement du bois par le bisulfite de calcium sont, jusqu'à présent, à peu près sans valeur; malgré de nombreuses tentatives pour en tirer parti. On perd ordinairement avec ces liqueurs, par tonne de pâte de bois obtenue : 115 à 160 kil. de soufre et 500 kil. de matières végétales extractives.

Les tentatives pour fabriquer, avec ces dernières, de l'alcool, du tanin, de l'acide acétique, de la colle, etc., ne semblent pas avoir donné de résultats pratiques.

Les eaux provenant du lavage des chiffons, avant ou après lessivage, contiennent beaucoup de fibres, mais aussi, en général, beaucoup d'impuretés. On les fait quelquefois passer dans des caniveaux dont le fond est couvert de planches couvertes de pointes plantées verticalement, en quinconce, et entre lesquelles le liquide est obligé de serpenter. On ne recueille autour des pointes qu'une partie des fibres entraînées.

Certains fabricants ont, pour ces eaux, des bassins de décantation creusés à même le sol et sans aucun enduit. Le dépôt fibreux qui se forme dans ces bassins est alors gâté complètement par le contact de la terre.

On peut retenir les fibres au moyen de tamis, comme ceux qui seront décrits ci-après, et elles peuvent quelquefois s'utiliser dans la fabrication de papiers d'emballage et de cartons; mais les eaux de lavages restent colorées et l'on peut avoir beaucoup de peine à s'en débarrasser. Une clarification au moyen d'acide sulfurique permettrait de les débarrasser de la chaux et d'une grande partie des matières végétales, par décantation; mais le procédé serait coûteux.

Les eaux provenant du rinçage des toiles de machines à papier, des caisses aspirantes et du lavage de la presse humide contiennent beaucoup de fibres très fines, et souvent de la colle et de la charge minérale. On recueille presque la totalité de ces matières au moyen de ramasse-pâte coniques (fig. 71, p. 168). A est un tambour conique, à claire-voie, intérieurement garni de toile métallique. L'eau entre par un tuyau B, percé de trous, et traverse la toile métallique en abandonnant sur elle les fibres à retenir. Ces dernières descendent peu à peu, et par suite de la conicité de l'appareil, jusqu'à la caisse C où on les recueille. Un moteur quelconque fait tourner lentement cet appareil, qui occupe peu de place. La figure représente un ramasse-pâte conique de Paisley, construit par G. Bertram.

On ramasse souvent les pâtes, provenant des machines à papier, au moyen de formes rondes, sans feutre et sans presse. On emploie fréquemment un simple tambour laveur, sur lequel porte un rouleau couvert de feutre râpé. Les fibres qui se déposent sur la toile du tambour se collent ensuite au rouleau et finissent par former sur lui une couche épaisse qu'un docteur en bois détache et fait tomber dans une caisse.

M. Füllner de Warmbrunn (Silésie) construit un appareil,

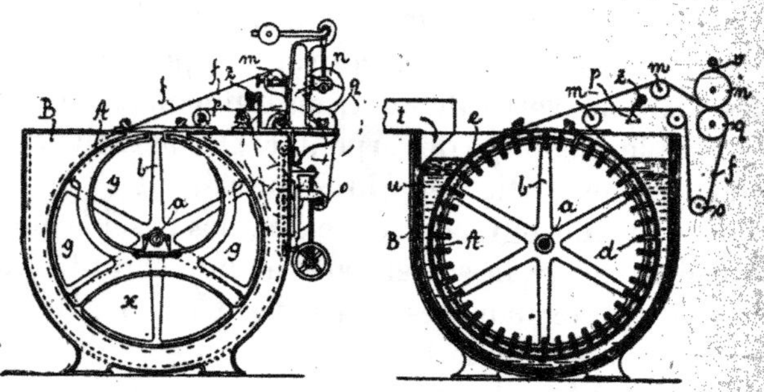

Fig. 113, 114.

(fig. 113 et 114), basé sur le même principe et qui donne d'excellents résultats. Il se compose d'une forme ronde A de 1.600 à 2.000 millim. de diamètre, construite avec des liteaux en bois et portée par un axe a, d'où partent les rayons b. Le bâti B est à jour, en $g\,g\,g$, sur un de ses côtés ou les deux. La forme et le bâti ont des couronnes de même diamètre, entre lesquelles l'étanchéité est assurée par un joint approprié.

Un feutre sans fin $f\,f$, souvent un feutre usagé de la machine à papier, couvre la forme, entourée d'une chemise e, en toile métallique, soutenue par les liteaux d. Les fibres contenues dans l'eau à filtrer se déposent sur le feutre qui, en quittant la forme, passe avec elles sur des rouleaux m puis entre les cylindres n et q, d'une presse. Le premier de ces cylindres est lisse et un docteur v en détache la pâte, après que le cylindre l'a séparée du feutre. Celui-ci, passant autour du rouleau tendeur o, est lavé par un tube rinceur z et un batteur rotatif p. Le mouvement se transmet, du rouleau p à la forme A, par l'intermédiaire du feutre.

Le liquide arrive en *t* dans l'espace étroit B et s'élève à une assez grande hauteur autour de la forme A et, par suite de la pression hydrostatique, traverse en partie le feutre, en abandonnant les fibres en suspension, pour s'échapper en *x*, au bas des ouvertures *g g g*. Cet appareil peut récupérer aussi les fibres contenues dans les eaux des fabriques de pâte de bois.

Il existe d'autres ramasse-pâte qui fonctionnent d'après le principe de la décantation, tel celui de Füllner, à Warmbrunn (Silésie), qui est très apprécié (fig. 115).

Il se compose d'un vaste récipient de 4, 5 et même 6 mètres de diamètre ou plus, au sommet duquel on fait arriver l'eau à épurer dans un chéneau annulaire *a*, dont le fond est percé de petits trous également répartis.

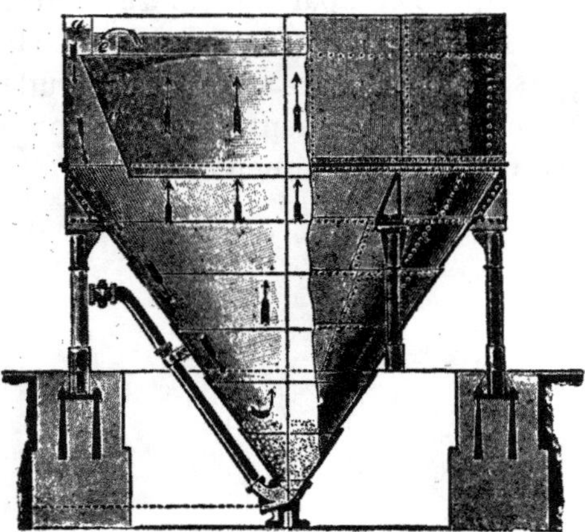

Fig. 115.

En descendant peu à peu le long des parois, cylindriques d'abord, puis coniques, les fibres tendent à s'arrêter; mais la plupart d'entre elles descendent jusqu'au fond du récipient et s'y déposent. L'eau remonte ensuite vers le sommet de l'appareil, où elle trouve un écran conique *c*, qui l'empêche de se troubler au contact du liquide arrivant de *a*; après quoi elle déborde dans un caniveau annulaire *e* et s'échappe par un déversoir non indiqué sur la figure.

Les flèches du dessin montrent parfaitement le trajet du liquide. Sa vitesse étant de plus en plus réduite, pendant son mouvement d'ascension, les matières qu'il tient en suspension se séparent complètement pour tomber au fond de l'appareil, d'où part le tuyau d'aspiration, muni d'un robinet, d'une pompe au moyen de laquelle on peut renvoyer les dépôts à la machine à papier, ou à l'atelier de broyage.

Ce ramasse-pâte peut se construire en maçonnerie. On l'applique avec avantage au traitement des eaux de fabriques de pâte de bois.

Les eaux colorées par des couleurs peuvent quelquefois en être débarrassées par décantation et filtration; mais on peut être amené à les rendre incolores au moyen de réactifs. On pourrait masquer une couleur par une autre, complémentaire, pour que l'eau parût incolore; mais il ne faut pas se dissimuler que la loi devient, au point de vue des eaux résiduelles, de plus en plus sévère et qu'il est prudent de s'efforcer de purifier les eaux efficacement, afin de ne pas s'exposer à des procès qui pourraient être ruineux.

CHAPITRE XIII

Examen des papiers et des produits employés dans leur fabrication.

Examen des papiers. Etude de leurs propriétés. — Le premier soin du fabricant, lorsqu'il reçoit un type de papier à imiter ou quand il contrôle sa propre fabrication, est de vérifier le format et le poids des feuilles.

En France les rames se comptent à 500 feuilles, en 20 mains de 25 feuilles et, si une rame doit peser n kil., le poids d'une feuille de papier de cette rame doit être normalement de $2n$ gr. Une feuille prise dans une rame de 10 kil. doit donc peser 20 gr. puisque 1.000 feuilles de 20 gr. pèsent 20.000 gr. ou 20 kil. et, conséquemment 500 feuilles pèsent 10.000 gr. ou 10 kil.

En Allemagne, la rame se compte pour 1.000 feuilles.

En Angleterre, elle est de 480 feuilles, en 20 mains (quelquefois de 516) de 24 feuilles, et la livre anglaise (poids d'usage) pèse 0 kil. 4.536 gr. en 16 onces. Cela complique beaucoup les calculs de fabrication, et les papetiers anglais ont de nombreuses formules plus ou moins commodes, pour exécuter des calculs dont les papetiers du continent se font un jeu, grâce au système métrique.

Beaucoup de calculs courants, en papeterie, tels que transformation du poids d'une rame de format donné en poids, au mètre carré du papier de cette rame, etc., comportent des calculs de proportions pour lesquels la règle logarithmique offre de très grands avantages.

En Angleterre, Bertram L^d, à Edimbourg et Londres, construisent des règles à 3 coulisses, système S. Milne avec lesquelles on résout, en peu d'instants, le problème suivant :

1° Trouver le rendement d'une machine à papier, en kil. par heure.

2° Trouver son rendement en rames par heure.

3° Trouver la vitesse à laquelle doit fonctionner une machine pour produire un certain nombre de kil. par heure.

4° Même problème pour la production en rames par heure.

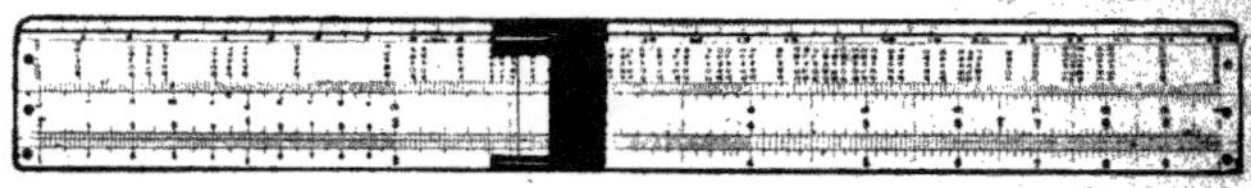

Fig. 116.

5° Comparaison du poids d'une feuille, de format quelconque, avec celui d'un format étalon.

6° Trouver la vitesse à laquelle travaille une machine à papier, d'après les tours d'un rouleau ou d'un cylindre quelconque de cette machine.

En France, M. X. Odent[1] a construit une règle à calcul (fig. très commode pour la solution du problème n° 5 ci-dessus et applicable aux formats français et allemands).

La règle ordinaire de Manheim (Tavernier-Gravet, constructeur à Paris) permet aussi de résoudre ces problèmes, moins commodément, il est vrai, et beaucoup d'autres, d'usage courant en papeterie ; on n'en connaît malheureusement pas assez les grands avantages.

En 1882, le professeur Reuleaux, dont les ingénieurs apprécient les beaux travaux et particulièrement l'ouvrage de mécanique intitulé *Le Constructeur*, signala au gouvernement allemand les dangers auxquels l'emploi de papiers de mauvaise qualité exposait les documents, registres d'état civil, etc.

Le célèbre Carl Hoffmann prit alors, avec quatre présidents de Sociétés allemandes de fabricants de papiers unis et de fan-

___

1. 60, rue Mazarine, à Paris. La règle se trouve aussi aux bureaux de *La Papeterie*, 9, rue Lagrange, à Paris.

taisie, de marchands de papier et de fabricants de pâte à papier, l'initiative d'une pétition demandant l'organisation d'un bureau officiel d'analyse des papiers et articles de papeterie. Cette pétition fut écartée ; mais en 1884, le distingué publiciste revint à la charge, et Bismarck, chancelier du royaume de Prusse, ordonna la création d'un bureau d'analyse du papier et des encres.

Des règlements officiels, du 5 juillet 1886, fixèrent les conditions d'essai des papiers destinés à l'administration allemande. Ils furent remplacés par d'autres, le 1ᵉʳ janvier 1893, et, dès lors, on put fixer d'après des bases sûres les qualités principales des papiers.

Ces bases sont les suivantes, en ce qui concerne la résistance et l'allongement des papiers soumis à la traction :

Classes de solidité de 1 à 6.							Echelle de résistance au chiffonage
	1	2	3	4	5	6	
Longueur moyenne de rupture en m. au moins.........	6 000	5 000	4 000	3 000	2 000	1 000	0 Extraordinairement faible.
Allongement moyen en centimètres de la longueur primitive au moins.....	4,5	4	3	2,5	2	1,5	1 Très faible. 2 Faible. 3 Médiocre. 4 Assez grande. 5 Grande. 6 Très grande.
Résistance au chiffonage............	6	6	5	4	3	1	7 Extraordinairement grande.

Nous ne pouvons donner que très sommairement la description des essais, tels qu'ils se pratiquent maintenant dans la plupart des pays industriels. En voici un aperçu.

Détermination du sens de fabrication. — Un cercle d'environ 10 centim. de papier collé (on le colle au besoin avec une solution de colophane dans l'alcool à 95°) est trempé dans l'eau pendant quelques secondes puis étalé avec précaution sur la main sans qu'il y adhère. Il se courbe alors en séchant, ses bords arrivent à se croiser et leur soulèvement a lieu dans le sens du travers de la machine.

Dans la feuille dont on connaît le sens de fabrication, on

découpe très nettement dans ce sens et dans le sens perpendiculaire à lui, ou transversal, des bandes de largeur et longueur bien déterminées, et ayant des bords bien parallèles.

Fig. 117.

On essaie ensuite, séparément, ces bandes à la traction, au moyen d'appareils dont il existe beaucoup de modèles. Celui de Schopper, à Leipzig (fig. 117), est un des plus appréciés, malgré son prix assez élevé.

A gauche, au bas de la figure, on voit la petite coupeuse servant à tailler les bandes à essayer. On serre le bout d'une de ces bandes dans une pince fixée à une chaîne ou une lame flexible portée par le petit bras, en forme d'arc de cercle d'un levier coudé dont le grand bras est chargé, à son extrémité inférieure, d'un poids assez lourd. L'autre bout de la bande est serré dans une seconde pince portée par un coulisseau que commande une vis verticale, actionnée par les engrenages d'angle et le volant à manivelle qu'on voit sur la figure. Le coulisseau entraîne une crémaillère verticale agissant sur un second levier coudé, plus petit, dont le bras inférieur indique, sur un arc gradué, l'allongement de la bande en millimètres.

Après avoir serré la bande dans les pinces, on la tend (non sans avoir eu la précaution d'arrêter le grand levier à l'aide d'une goupille), en faisant tourner le volant à manivelle. On note alors les degrés marqués par les leviers sur les deux graduations, après quoi on tend la bande jusqu'à ce qu'elle se rompe, on note de nouveau les degrés marqués sur les divisions, et la différence des nombres indique la charge de rupture en kil. et l'allongement en millimètres.

Des cliquets très fins empêchent le grand levier de retomber quand la bande se rompt ; quant au petit levier, il s'arrête naturellement, avec la crémaillère, dès qu'on cesse de faire tourner la vis.

Si, d'après la largeur connue de la bande, on calcule la charge de rupture en kil. pour une bande d'un mètre de largeur et, si l'on divise ce poids par celui de la feuille au mètre carré, poids que l'on doit avoir préalablement vérifié sur la feuille à essayer, on obtient la longueur de rupture, c'est-à-dire la longueur d'une bande de papier identique à celui que l'on a essayé, dont la rupture se produirait en vertu du poids de cette bande suspendue verticalement. Une longueur de rupture de 4.000 mètres serait celle d'un papier dont une bande de 4.000 mètres de longueur, pendant verticalement, se romprait sous son propre poids.

La fig. 117 représente l'appareil au moment où la bande vient de se rompre.

On fait aussi des appareils de rupture agissant par l'intermédiaire de ressorts ; d'autres ont des dispositifs enregistreurs de charge et d'allongement.

A défaut de ces appareils, qui sont coûteux, on peut essayer les bandes de papier, sans déterminer leur allongement, au moyen de 2 pinces, entre lesquelles on suspend la bande bien verticalement (les pinces, ou du moins les crochets qui les accompagnent doivent pouvoir s'incliner très librement dans tous les sens). La pince supérieure s'accroche à un support fixe, l'inférieure, portée par la bande, soutient un petit récipient dans lequel on verse, peu à peu, du plomb de chasse, jusqu'à ce que la rupture se produise. On pèse alors, sur une balance quelconque, la pince inférieure, le récipient et le plomb qu'il contient, le poids total est la charge de rupture.

On a fait un appareil de ce genre dans lequel le plomb coule automatiquement d'un réservoir, par une vannette qui se ferme, d'elle-même, au moment de la rupture de la bande. Le récipient dans lequel tombe le plomb forme l'un des plateaux d'une balance ; sur l'autre plateau, on met les poids. Cet appareil inscrit les allongements.

La longueur de rupture et l'allongement sont sensiblement les mêmes, dans les deux sens, pour les papiers faits à la main ; mais la longueur de rupture est plus grande, dans le sens de la longueur de fabrication que dans la largeur, pour les papiers fabriqués au moyen de machines continues et, particulièrement, de machines à forme ronde.

Par contre l'allongement (mesuré toujours en centièmes d'une longueur unitaire) est généralement plus grand, pour ces papiers, dans le sens du travers que dans celui de la longueur de fabrication.

L'état hygrométrique du papier et celui de l'air ambiant ont une grande influence sur la ténacité du papier. On doit opérer dans des conditions de siccité normale.

D'après des expériences de W. Herzberg un papier dont la longueur moyenne de rupture était de 2,22 kilom. dans l'air contenant 100 0/0 d'humidité, avec un allongement de 11,5 0/0 a présenté une longueur de rupture de 6,38 kilom. et un allongement de 3,0 0/0, dans l'air contenant seulement 30 0/0 d'humidité.

On construit aussi des appareils dans lesquels un disque de papier est soumis, par l'entremise d'une membrane en caoutchouc, à une pression hydraulique ou par ressort, indiquée par un manomètre. Ces appareils indiquent la charge de rupture par unité de surface, sans avoir égard à l'allongement ni au sens de fabrication, et paraissent inférieurs à ceux qui tiennent compte de ces conditions.

Il convient d'attacher une grande importance à l'essai du papier par résistance au froissement et au chiffonnage.

On peut l'apprécier approximativement en mettant le papier à essayer sous forme de pelote qu'on serre dans la main et qu'on développe ensuite. Il s'y forme des plis plus ou moins prononcés et coupés, et des trous plus ou moins nombreux à la suite de quelques essais de ce genre.

O. Winkler (1887) a proposé de plier le papier, de le soumettre ensuite, entre deux plateaux d'acier, à une charge de 100 kil., puis d'en essayer, comparativement à des bandes non pliées, la ténacité et l'allongement. Kirchner a préféré former le pli sous un lourd rouleau d'acier, espérant obtenir ainsi des conditions plus régulières.

Le professeur Pfuhl a combiné un *froissomètre* très apprécié, dont la fig. 118 représente la disposition. Un tambour G^1, sur la périphérie duquel sont gravés 2 cercles parallèles, espa-

Fig. 118.

cés de 16 millim. et servant à placer plus facilement les bandes de papier à essayer, est fendu parallèlement à son axe et pourvu, en *a*, d'une pince servant à fixer un bout d'une bande P de papier.

L'arbre du tambour passe dans des traverses boulonnées sur les deux côtés de la cuvette K. Les chapeaux des coussinets d'arbre (un de ces chapeaux est visible en 2) peuvent se rabattre quand on veut retirer l'arbre et le tambour qu'il porte. Des vis *i* pressent les chapeaux sur l'arbre pendant le fonctionnement de l'appareil. On fait tourner le tambour au moyen de la double manivelle H H.

La cuvette K est en fonte et de la même pièce que le socle. Elle porte intérieurement une plaque de caoutchouc G, concentrique au tambour et fixée, au moyen de vis, aux bords de la cuvette et, dans l'espace compris entre elle et la cuvette, on peut comprimer de l'air au moyen d'une pompe D. Une vis *s* permet de laisser échapper l'air comprimé par la pompe et contenu dans l'espace couvert par la plaque de caoutchouc. D'autre part, un manomètre M indique la pression dans cet espace. On peut en contrôler l'exactitude au moyen d'un manomètre étalon qui se monte sur un tube *c* ordinairement bouché par une vis. Une boîte *v* contient une première soupape de pression réglée par la vis *h*. Une seconde soupape de pression, en forme de couvercle, se trouve en *v* dans le conduit à air. Après avoir chiffonné la bande dans un sens, il faut laisser échapper l'air comprimé en levant *s;* on referme ensuite cette soupape et l'on fait tourner le tambour dans un sens; puis on comprime l'air avec la pompe et l'on fait tourner dans l'autre sens.

On essaye ordinairement de 3 à 5 bandes de 15 millim. de largeur et 160 millim. de longueur. On essaie d'abord une de ces bandes en tournant le tambour une fois à droite puis une fois à gauche sous la pression supposée convenable et dont l'expérience enseigne bientôt le degré. Si la bande ne s'est pas déchirée sous cette pression, une autre est chiffonnée à une pression plus forte. On opère ainsi jusqu'à ce qu'on trouve la pression convenable entre deux limites essayées successivement, pour produire le déchirement du papier.

En faisant osciller le tambour au moyen de la manivelle H H, on fait arriver successivement le pli de la bande de papier un peu au-dessus des bords L et R de la cuvette.

On opère à des pressions effectives variant de 0 à 1 kil. par cm², ou 0 à 76 cm. de mercure, indiquées sur 2 graduations du manomètre, et l'on distingue 7 classes de solidité comme à la p. 253. Voir le tableau des pressions auxquelles correspondent ces classes pour divers pourcentages d'humidité dans l'air, p. 259.

Degré d'humidité %	Classes de solidité								Millimètres de mercure sur le manomètre.
	0	1	2	3	4	5	6	7	
40 à 45	0 à 1/2	1/2 à 2	2 à 4	4 à 10	10 à 20	20 à 40	40 à 76	76 et plus	1 kil. ou 1 atmosphère usuelle correspond à 760 m/m. de mercure.
58 à 60	0 à 1/2	1/2 à 2 1/2	2 1/2 à 5	5 à 14	14 à 25	25 à 45	45 à 76	76 et plus	1 m/m. de mercure = environ 1,3 gr.
60 à 68	0 à 1/2	1/2 à 3	3 à 6	6 à 16	16 à 26	26 à 48	48 à 76	76 et plus	

On a souvent besoin de mesurer l'épaisseur du papier et l'on a, pour cela, des palmers spéciaux, à plateaux et indiquant le 100e de millimètre. D'autres, en forme de tenaille, ont un arc divisé, placé entre les deux longs bras de leviers et indiquant l'épaisseur au décuple.

O. Winkler a construit un instrument de la plus grande simplicité, avec lequel on mesure très commodément l'épaisseur d'un papier introduit entre le coin médian, fig. 119 et le bord inférieur de la coulisse. Le vernier de ce petit appareil permet de mesurer des centièmes de millimètres, c'est ainsi que, sur la figure, le zéro de l'échelle inférieure, arrêté entre 4 et 6 de l'échelle supérieure, indique, pour une bande de papier non représentée mais supposée entre le bas du coin et le bord inférieur de coulisse, une épaisseur de 0,55 millim.

Cet appareil a l'avantage de pouvoir opérer sur une bande de papier d'environ 6 centim. de longueur sans la comprimer notablement, ce qui contribue beaucoup à augmenter la précision des mesures ; mais son prix de 18 marks (22 fr. 50) paraît élevé.

La détermination des cendres est une opération de laboratoire bien connue, mais on a construit spécialement, pour l'examen des papiers, des appareils d'incinération et des balances dites à substitution, basées sur la méthode des doubles pesées de Borda.

L'usage d'un creuset en platine est peu commode, on le remplace souvent par un petit manchon formé d'un réseau de fil fin, en platine.

A défaut de ce manchon, une hélice en fil de platine ou de

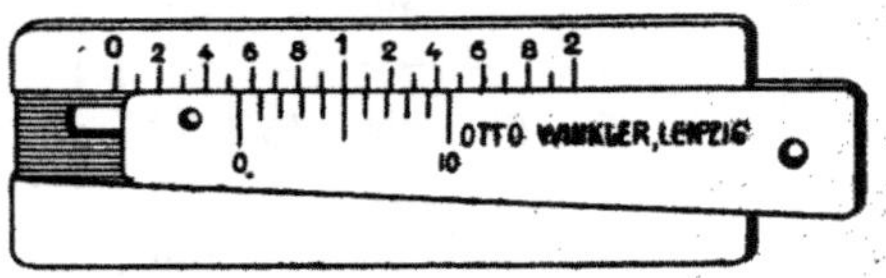

Fig. 119.

nickel (ce qui coûte beaucoup moins cher) permet de faire des incinérations suffisamment exactes, dans une flamme d'alcool, ou toute autre, non fuligineuse.

L'étude détaillée de l'examen du papier au microscope nous mènerait trop loin. Les caractères des fibres ont été donnés au début de ce livre ; nous nous bornerons à ajouter que l'usage d'une solution de 20 gr. eau, 1,15 gr. iode, 2 gr. iodure de potassium et 1 gr. de glycérine, avec laquelle on mouille les fibres à examiner, permet de distinguer :

1° Les fibres de jute et de pâte de bois mécanique, qui se colorent en jaune.

2° Les fibres de coton, lin et chanvre, qui se colorent en brun.

3° Les fibres de bois chimique, paille et alfa, qui ne se colorent pas.

On peut obtenir d'autres distinctions de fibres avec des solutions de chlore, de sulfate d'aniline, de phénol, de diméthylparaphénilène diamine et de plusieurs couleurs d'aniline.

L'examen du papier, au microscope, rend de très grands services ; il permet aussi de reconnaître les matières étrangères que la moindre parcelle de papier peut contenir ; mais il est assez délicat et long, aussi n'est-il pas toujours utilisé dans les cas où il présenterait le plus d'avantages.

Un grossissement linéaire de 300 à 400 fois suffit ordinairement. L'étude des fibres à la lumière polarisée rend aussi de grand services, mais s'emploie peu quant à présent.

Ordinairement, les papetiers apprécient le collage des papiers en les mouillant avec la langue, ce qu'ils appellent *languer* le papier, sans les appuyer trop fortement sur cet organe ; dans les laboratoires, on emploie la méthode de Leonhardi consistant à tracer sur le papier, avec une plume non métallique ni coupante, des traits croisés de 1 millim. de largeur environ, en se servant, au lieu d'encre, d'une solution neutre de chlorure de fer.

Quand les traits sont secs, on verse sur l'envers du papier une solution de tanin dans l'éther. Si le papier est mal collé, le tanin, au contact du chlorure de fer qui est plus ou moins entré dans l'épaisseur de la feuille, se colore instantanément en noir.

La perméabilité des papiers buvards se mesure d'après le temps que met l'eau, dans laquelle on fait plonger le bas d'une bande de papier suspendue verticalement, à monter à une certaine hauteur dans la bande. Elle s'élève d'environ 50 millim. en dix minutes dans un bon papier buvard ordinaire, mais on l'a vue atteindre près du double, dans le même temps, et descendre beaucoup plus bas.

Détermination de la teneur réelle, en centièmes, des soudes, chlorures de chaux, etc., du commerce.
Examen des soudes du commerce. — Alcalimètre de Mohr. — Préparation de la liqueur acide d'épreuve. — Prise des échantillons de soude. — Epreuve. — Détermination du chlore dans un chlorure de chaux. — Méthode de Frésenius. — Méthode de Gay-Lussac. — Liqueur d'épreuve. — Essai de l'échantillon. — Détermination de l'alumine dans un sulfate d'alumine.

Dans une industrie comme celle du papier, qui implique la consommation de quantités énormes de matières de qualité variable, telles que le carbonate de soude, la soude caustique et le chlorure de chaux, par exemple, il est facile de comprendre la nécessité, pour le consommateur, d'avoir à sa disposition, tout en se passant des services d'un chimiste praticien attaché à son usine, les moyens de déterminer, avec certitude, la valeur *réelle* des produits qu'il emploie. L'art de fabriquer le papier est en voie de progrès, et il n'est pas douteux qu'on puisse l'exercer avec plus de sûreté et d'économie sous la surveillance des personnes bien au courant des principes et des réactions de la chimie, en s'affranchissant des appréciations individuelles auxquelles on se soumet trop fréquemment.

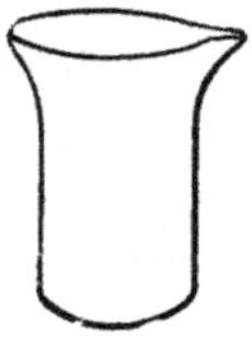

Fig. 120.

Une telle surveillance assurerait une régularité plus parfaite des résultats, et cette considération est de la plus grande importance dans une industrie comme celle-ci.

Examen des soudes du commerce. — Les méthodes de détermination du pourcentage de soude réelle, dans les produits du commerce, ont reçu le nom *d'alcalimétrie;* ils sont, heureusement, de nature assez simple pour qu'une personne, d'intelligence et d'habileté ordinaires, se mette promptement assez au courant des manipulations pour qu'on puisse se fier complètement à elle, si elle y apporte le soin nécessaire.

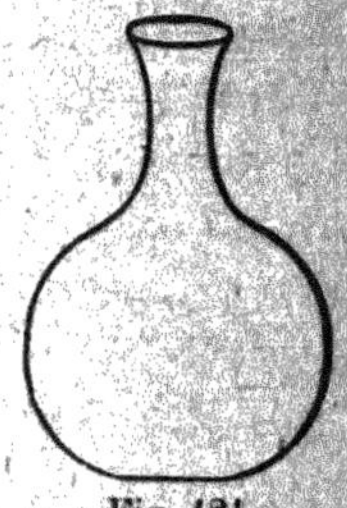

Fig. 121.

Il faut, toutefois, pourvoir cette personne de quelques appareils indispensables, dont nous allons donner la description et avec lesquels il sera nécessaire qu'elle s'exerce à plusieurs reprises, sur divers échantillons, jusqu'à ce qu'elle trouve des résultats concordants et réguliers, tout en pouvant manipuler avec facilité et certitude.

Il lui faudra une balance de laboratoire, capable de peser 5 milligrammes, quelques gobelets à bec, de laboratoire, fig. 120, de différentes tailles et pouvant contenir 225 à 280 gr. de liquide, des agitateurs en verre, un flacon de solution obtenue en dissolvant du tournesol dans de l'eau chaude, des cahiers de papier de tournesol et de curcuma et plusieurs ballons en verre, fig. 121, de grandeurs diverses et pouvant contenir de 100 à 225 gr. En dehors de ces accessoires, on se sert de certains instruments de mesure appelés alcalimètres ou burettes, des modèles fig. 122 (burette anglaise de Bink) ou fig. 123 (burette de Mohr). Ces instruments sont en verre et contiennent, à partir de 0 (zéro) exactement, un volume de

50 ou 100 centimètres cubes, soigneusement divisé en 100 ou 200 parties de 1/2 centimètre cube.

Pour manier la burette anglaise on la tient en dirigeant vers le bas le bec à petite ouverture, quand on veut verser le liquide contenu; en même temps on appuie l'extrémité de l'index sur l'orifice de la petite tubulure visible à droite et qui sert à faire entrer l'air dans la burette, en plus ou moins grande quantité, suivant qu'on soulève plus ou moins le doigt.

La burette de Mohr est fixe et portée sur un pied; son extrémité inférieure, ouverte et rétrécie, reçoit un bout de tube en caoutchouc dans l'autre bout duquel s'engage un petit ajutage en verre, effilé à son extrémité inférieure pour laisser passer le liquide en jet très menu.

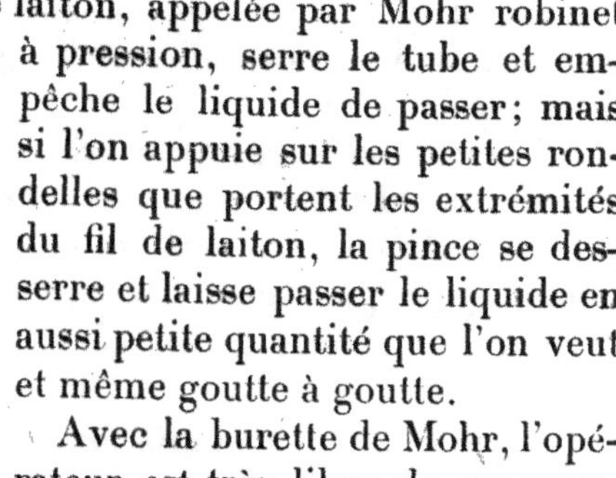

Fig. 122.

Une petite pince en fil de laiton, appelée par Mohr robinet à pression, serre le tube et empêche le liquide de passer; mais si l'on appuie sur les petites rondelles que portent les extrémités du fil de laiton, la pince se desserre et laisse passer le liquide en aussi petite quantité que l'on veut et même goutte à goutte.

Avec la burette de Mohr, l'opérateur est très libre de ses mouvements, aussi a-t-on adopté cet instrument dans la plupart des laboratoires. Sa fixité permet de lui donner des dimensions plus grandes : 100 centimètres cubes, par exemple.

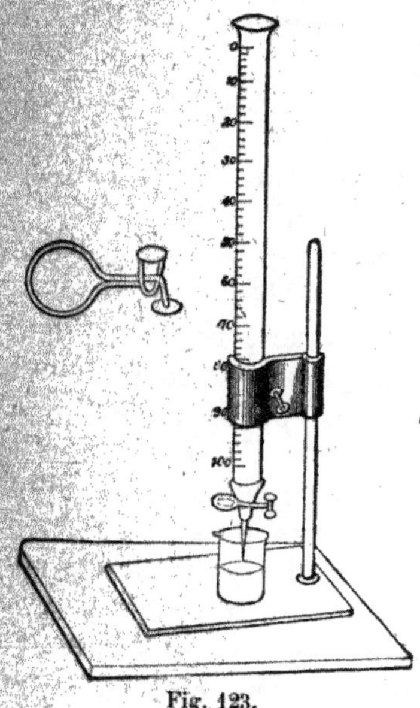

Fig. 123.

Pour se servir de cet appareil, on y verse la liqueur d'épreuve, dont il sera question plus loin, puis on desserre un peu la pince pour que du liquide, en passant dans l'ajutage, le débarrasse de l'air qu'il peut contenir. On a eu soin de mettre assez de liqueur pour dépasser le niveau du zéro, qui est en haut de la burette.

On règle ensuite le niveau de la solution en visant le sommet du liquide, dans le tube, tout en agissant doucement sur le robinet à pression, jusqu'à ce que le bas de la concavité formée par la surface du liquide touche le plan du 0 de la graduation comme une sphère toucherait un plan tangent. On ferme alors le robinet.

On met d'abord l'échantillon pesé, de soude, dans un gobelet de laboratoire et l'on fait couler sur lui la liqueur d'épreuve en pressant doucement le robinet. Les deux mains sont libres ; puisque le robinet se ferme de lui-même dès qu'on le lâche, et l'on peut interrompre à volonté l'opération volumétrique[1], pour chauffer le liquide, l'agiter ou faire toute autre chose nécessaire. On peut lire à tout moment la quantité de liquide dont on s'est servi et, si l'on répète une expérience, on peut, en approchant de la limite de quantité employée dans la précédente, ajouter le liquide par gouttes successives.

La liqueur acide pour épreuve *volumétrique*, c'est-à-dire à l'aide de l'alcalimètre, a un poids spécifique de 1.032 à 15° C, et 1.000 centimètres cubes contiennent exactement 40 grammes d'acide sulfurique réel, ou anhydre, c'est-à-dire sans eau.

Voici, en peu de mots, le principe chimique de l'alcalimétrie.

D'après la loi des combinaisons chimiques, basée sur la théorie atomique de Dalton, toutes les substances se combinent en proportions *définies*, et l'on dit qu'une partie pondérale *d'hydrogène* se combine à 8 parties pondérales *d'oxygène* pour former de l'eau. Le poids atomique de l'hydrogène est 2, celui de l'oxygène 16 et celui de l'eau 18. D'autre part 3 atomes d'oxygène se combinent avec 1 atome de soufre (32) pour former de l'acide sulfurique ; conséquemment, soufre 32, oxygène 48 égalent acide sulfurique anhydre, 80 et 80 est le poids atomique ou coefficient de combinaison de cet acide qui ne

---

1. Il existe deux méthodes principales d'analyse ou essai des alcalis au moyen de la liqueur acide d'épreuve : l'analyse *volumétrique* ou par volumes et l'analyse *gravimétrique* ou par poids ; dans cette dernière on se sert d'un flacon à poids spécifique, capable de contenir exactement 500 grammes d'eau distillée.

peut s'unir à des alcalis, ou autres bases, en aucune autre proportion.

C'est ainsi, par exemple, que 80 *grammes* d'acide sulfurique *pur* neutraliseront exactement 106 grammes *de carbonate de soude sec*, 62 grammes de *soude pure anhydre* ou 40 grammes *d'hydrate de soude* (soude caustique). Il suffit donc de mettre exactement 80 grammes, ou toute autre quantité bien déterminée, d'acide sulfurique réel dans 1.000 grammes d'eau pour former une *liqueur acide d'épreuve* qui, employée à saturer une solution alcaline, montrera, par la proportion d'acide étendu dépensée pour saturer l'alcali, le pourcentage absolu de l'échantillon.

Préparation de la liqueur acide d'épreuve, ou solution normale. — Cette préparation étant un peu incommode il est bon de l'effectuer d'avance pour de nombreux essais. On l'exécute facilement en mêlant une partie d'acide sulfurique concentré à 11 ou 12 parties *d'eau distillée*, dans un flacon bouché à l'émeri et contenant un litre. *Il faut verser l'acide dans l'eau et non l'eau sur l'acide;* car opérer de cette dernière façon serait s'exposer à une explosion du liquide corrosif dont on connaît les terribles effets. On a soin de remuer le flacon pendant l'opération du mélange, qui donne lieu à une forte élévation de température. On rince à plusieurs reprises, à l'eau distillée, le vase dans lequel l'acide a été pesé, on réunit les eaux de lavage au mélange contenu dans le grand flacon, puis on laisse refroidir jusqu'à la température 15° C. On complète ensuite le volume d'un litre, en ajoutant de l'eau distillée; puis on *colore légèrement* la solution, avec du tournesol qui lui donne une teinte rosée.

Il est nécessaire d'*ajuster* la solution; 80 grammes d'acide, de force convenable, doivent saturer 106 grammes de carbonate de soude pur, préalablement calciné au rouge, ou 62 grammes de soude pure et anhydre. On prépare du carbonate anhydre de soude en mettant, dans un creuset en porcelaine, quelques cristaux de carbonate de soude, et l'on chauffe sur une lampe à alcool ou un brûleur Bunsen. Quand toute l'eau de cristallisation a été expulsée, on continue la calcination jusqu'à ce que toute la masse soit au rouge vif, puis on laisse refroidir le creuset. On pèse alors 10,6 grammes du carbonate calciné qu'on dissout, dans un verre de laboratoire, avec une centaine de grammes d'eau.

On remplit ensuite l'alcalimètre de liqueur acide, jusqu'au zéro et, si l'on se sert d'une burette de Mohr, on met le verre, contenant la solution alcaline, sous l'ajutage de sortie. On presse ensuite les boutons de la pince pour laisser couler de la liqueur d'épreuve dans le verre. Il se produit aussitôt une effervescence, et, quand elle a cessé, on ajoute de la liqueur acide, en continuant ainsi jusqu'à ce que l'effervescence se ralentisse. Il faut alors ajouter l'acide avec plus de précaution. En approchant de la saturation, le liquide prend une teinte pourprée (due au tournesol qui teint la liqueur acide) et la garde jusqu'à ce qu'il atteigne le point de saturation; elle devient alors subitement rose.

Après chacune des additions d'acide, on doit agiter la solution avec une baguette de verre, mince et propre et, avant que la couleur passe du pourpre au rose, on touche, avec le bout mouillé de la baguettte, une bande de papier bleu, de tournesol. Si la saturation est complète, ce papier prend une couleur rouge. Si, au contraire, il ne change pas ou prend une coloration violette ou rougeâtre, il faut continuer à ajouter de la liqueur d'épreuve, par une goutte ou deux à la fois et agiter constamment, jusqu'à ce qu'une goutte de la solution, appliquée sur le papier de tournesol avec la baguette de verre, le colore en rouge, ce qui montre que la saturation est complète.

S'il reste du liquide dans la burette, c'est que la liqueur d'épreuve contient un excès d'acide; il faut alors ajouter de l'eau distillée à la réserve de liqueur, vider la burette, la remplir de la liqueur étendue et exécuter un nouvel essai avec 10 gr. 6 de carbonate anhydre de soude, comme on l'a fait précédémment, jusqu'à ce que 100 centim. cubes de liqueur neutralisent *exactement* la solution.

Si l'on avait, lors du premier essai, employé tout le contenu de la burette avant d'obtenir la saturation, il faudrait ajouter un peu d'acide sulfurique dans le flacon à liqueur d'épreuve et recommencer l'opération avec une solution de 10,6 grammes de carbonate de soude.

Un peu de pratique mettra l'opérateur en état de donner à sa liqueur d'épreuve une exactitude parfaite. Il convient, pour éviter toute erreur, d'étiqueter le flacon « Liqueur d'épreuve, » et de le conserver toujours fermé par son bouchon à l'émeri.

Prise des échantillons de soude. — Le carbonate de soude du commerce se livre, ordinairement, en barils ou en sacs et, pour obtenir un bon échantillon moyen d'un grand nombre de ces barils ou sacs, qui peuvent représenter une consignation, il est nécessaire de prendre, autant que le temps disponible permet de le faire, et aussi près que possible du centre des fûts ou sacs, des échantillons sur un grand nombre de ces récipients. On met aussitôt ces échantillons dans un bocal à ouverture assez large et pourvu d'un bouchon de liège fermant bien.

Tous les échantillons doivent être numérotés et porter la marque des fûts ou sacs d'où on les a tirés. Le prélèvement des échantillons doit être confié à une personne d'intégrité et d'intelligence bien connues.

Au moment d'essayer une partie de soude, il convient de vider, d'abord, le contenu du bocal sur une feuille de papier sec, puis d'écraser les morceaux, afin de réduire le tout en poudre grossière ; mais cela doit se faire aussi rapidement que possible, afin d'éviter que la soude prenne l'humidité de l'atmosphère. On pèse ensuite exactement 5 grammes de cet alcali qu'on met dans un ballon en verre (fig. 121), et l'on remet le reste dans le bocal qu'on bouche avec soin. On met dans le ballon une quinzaine de grammes d'eau distillée, puis on chauffe doucement, en agitant, par intervalles, jusqu'à ce que tout l'alcali soit dissous. Cela fait, on laisse reposer le ballon jusqu'à ce que toute la matière insoluble qui peut s'y trouver se soit déposée ; puis on verse, avec précaution, le liquide décanté dans un verre : il faut ensuite laver plusieurs fois le dépôt avec de petites quantités d'eau distillée et ajouter l'eau de ces lavages à la solution contenue dans le verre.

Ce lavage, qui a beaucoup d'importance, doit se renouveler plusieurs fois ou jusqu'à ce que le liquide provenant du lavage n'agisse plus sur le papier jaune, au curcuma, que la moindre trace d'alcali ferait virer au brun.

Tant que le papier au curcuma prend cette teinte, on peut être assuré de la présence d'alcali et l'on doit continuer les lavages. Il est important, après chacun d'eux, de décanter jusqu'à la dernière goutte le liquide restant sur le dépôt, cela rend l'opération plus efficace et permet de l'effectuer avec moins d'eau que si on négligeait cette précaution. Pour assurer la précision du résultat, la moindre partie des eaux de lavage doit être ajoutée au contenu du verre dans lequel doit s'effectuer l'essai.

Essai. — On remplit d'abord exactement l'alcalimètre de liqueur acide jusqu'à la ligne 0 ou zéro de l'échelle décrite; puis on met le verre, contenant la solution à essayer, au-dessous de l'ajutage de l'instrument. Il convient de mettre dans le verre une mince baguette de verre pour agiter le liquide. On fait ensuite couler peu à peu la liqueur acide dans la solution alcaline (qu'il faut agiter fréquemment avec la baguette de verre), en pressant les boutons du robinet en caoutchouc, jusqu'à ce que la solution prenne une teinte pourprée qu'elle conservera jusqu'à son arrivée au point exact de saturation; elle vire alors subitement au rose, comme il est dit plus haut. Avant d'arriver à ce point, il convient de placer le verre au-dessus d'une lampe à alcool ou d'un brûleur Bunsen et de chauffer le liquide pour expulser l'acide carbonique produit; car la solution en absorbe une partie pendant sa saturation.

Quand la neutralisation est complète, on laisse l'alcalimètre en repos pendant quelques moments, pour que la liqueur acide puisse tomber de l'ajutage de l'appareil dans le liquide contenu dans le verre, et l'on détermine alors la quantité de liqueur d'épreuve employée en lisant le nombre de divisions de l'alcalimètre que l'on a dépensées, chacune d'elles représente 1/100 de partie ou 1 0/0 d'alcali, quel que soit le *poids atomique* adopté pour l'essai. Toute dixième partie d'une division d'alcalimètre représente 1/10 de 1 0/0 et l'on obtient ainsi le résultat sans avoir besoin d'aucun calcul. La table ci-après montre les proportions atomiques ou de combinaison de la soude pour 80 grammes d'acide sulfurique réel, c'est-à-dire anhydre.

<table>
<tr><td>80 gr. d'acide sulfurique........</td><td rowspan="4">équivalent à</td><td>31 gr. de soude anhydre.</td></tr>
<tr><td>2.000 cent. cubes d'acide sulfu-</td><td>40 gr. de soude (soude caustique pure).</td></tr>
<tr><td>rique étendu, poids spécifique</td><td>106 gr. de carbonate de soude anhydre.</td></tr>
<tr><td>1,032......................</td><td>286 gr. de carbonate de soude cristal-
lisé.</td></tr>
</table>

Il est quelquefois nécessaire de filtrer la solution de soude avant de l'essayer ; c'est ce qui a lieu surtout pour la soude récupérée ; moins pour le carbonate de soude ordinaire. La meilleure manière de procéder consiste à décanter le plus complètement possible et à verser le résidu sur un filtre très petit pour le laver jusqu'à ce q'on ne trouve plus d'alcali dans l'eau de lavage. Cette eau doit être ajoutée à la solution à titrer.

Détermination du chlore dans le chlorure de chaux. — Le bon chlorure de chaux, en poudre, doit contenir 35 0/0 de chlore utilisable et n'est pas acceptable s'il en contient moins de 32 0/0. Il se compose d'hypochlorite de chaux, de chlorure de calcium et d'hydrate de chaux et ces dernières substances n'ont aucune utilité pour le blanchiment.

D'après Fresenius les quantités d'hypochlorite de chaux et de chlorure de calcium, qui existent dans une solution de chlorure de chaux nouvellement préparée et parfaitement normale, sont respectivement proportionnelles aux poids atomiques de ces corps. Si l'on met une telle solution en contact avec de l'acide sulfurique étendu, tout le chlore qu'elle contient se dégage sous sa forme élémentaire.

Si pourtant le chlorure de chaux est conservé pendant quelque temps, le rapport entre l'hypochlorite de chaux et le chlorure de calcium change peu à peu : le premier diminuant tandis que le second augmente. A elle seule, et pour ne rien dire des différences originelles, cette cause produit des différences de qualité dans les chlorures de chaux du commerce qui, traités par l'acide, donnent tantôt plus, tantôt moins de chlore.

L'opération, qui consiste à déterminer la quantité utilisable de chlore que contient un échantillon donné, a reçu le nom de *chlorométrie*, il en existe plusieurs procédés dont le plus usité est celui de Gay-Lussac, auquel Fresenius a appliqué la modification ci-après.

Procédé de Fresenius. — On pèse avec soin 10 grammes de l'échantillon, et on les triture dans un mortier, avec de l'eau froide, ajoutée graduellement par quantités de plus en plus grandes ; on laisse ensuite la solution se reposer et l'on verse le liquide dans un flacon d'un litre. On triture de nouveau le résidu et on le lave encore avec de l'eau ; puis on verse soigneusement le contenu du mortier, et l'eau avec lequel on le rince, dans le flacon. Celui-ci doit être ensuite rempli d'eau jusqu'au trait indiquant le volume d'un litre.

On agite le liquide laiteux avant de procéder à un titrage, opéré pendant que ce liquide est trouble ; et chaque fois, avant de procéder à un nouveau titrage, on agite de nouveau le récipient pour empêcher la matière de se déposer. Fresenius considère les résultats obtenus avec la solution trouble comme plus exacts et plus dignes de confiance. La preuve en est, d'après ce savant qu'en faisant, dans son propre laboratoire, deux expériences séparées, l'une avec la liqueur clarifiée par décantation et l'autre avec le mélange trouble, le liquide décanté a donné 22,6 de chlore, le mélange résiduel 25,0 et la solution trouble, mêlée uniformément 24,5. Un centimètre cube de la solution ainsi préparée correspond à 0,01 gramme de chlorure de chaux.

Procédé de Gay-Lussac. — Désignée sous le nom de *procédé à l'acide arsénieux*, la méthode de Gay-Lussac est très employée. On opère de la manière suivante :

Liqueur d'épreuve. — On la prépare en dissolvant 10 grammes d'acide arsénieux pur dans environ cent cinquante grammes d'acide hydrochlorique pur et en diluant la solution avec assez d'eau pour que le mélange ait un volume de 700 centim. cubes. 100 grammes du liquide contiennent alors 1, 429 grammes d'acide arsénieux, correspondant à 1 gr. de chlore soit 0,1 gr. pour chacune des divisions ou degrés de l'échelle de l'instrument qui peut être une burette de Mohr, une burette anglaise ou une burette de Gay-Lussac, dont le seul inconvénient est d'être un peu plus fragile.

Essai de l'échantillon. — Dix grammes du chlorure de chaux à essayer sont d'abord dissous dans l'eau et versés dans une éprouvette graduée, de manière que le volume atteigne 200 centim. cubes. On agite bien la solution trouble, pour la rendre homogène et l'on en verse la moitié (100 centim. cubes) dans un chloromètre, qui se trouve ainsi rempli jusqu'au 0, et contient exactement 5 grammes du chlorure de chaux à examiner tandis que chaque degré ou division de l'échelle n'en contient que 5 centigrammes. On verse ensuite 100 centim. cubes de liqueur arsénieuse d'épreuve dans un verre de laboratoire et l'on y ajoute quelques gouttes de solution de sulfate d'indigo, de manière à obtenir une coloration bleue, pâle mais facile à distinguer; on agite alors le verre en imprimant au liquide un mouvement de rotation, pendant lequel on fait couler peu à peu, et avec précaution, la solution contenue dans le chloromètre, jusqu'à ce que la coloration bleue donnée à la liqueur arsénieuse d'épreuve soit détruite. On a soin de bien remuer le mélange avec une baguette de verre, pendant toute l'opération et d'arrêter l'écoulement de la liqueur dès que la décoloration est complète.

Supposons que pour détruire la coloration bleue de 100 centim. cubes de liqueur arsénieuse d'épreuve, on ait employé 90 divisions, ou degrés, de solution de chlorure de chaux.

Ces 90 divisions contenaient le gramme de chlore nécessaire pour détruire la couleur de la liqueur d'épreuve et puisque chacune des divisions représente 5 centigrammes de chlorure de chaux 4, 5 grammes de chlorure de chaux ou 1 gr. de chlore se trouvaient dans les 90 divisions ainsi employées, ce qui permet d'obtenir le pourcentage; car

$$4,5 : 1 = 100 : 22,22$$

Le chlorure de chaux examiné contenait donc, à peu près 22, 22 0/0 de chlore.

Cette méthode, très simple et digne de confiance, quand elle est judicieusement employée, exige certaines précautions si l'on veut qu'elle donne des résultats exacts. Au lieu de verser la solution de la liqueur d'épreuve dans l'échantillon (comme pour l'alcalimétrie), il faut verser la solution de l'échantillon dans la liqueur d'épreuve. Si l'on opérait autrement l'acide hydrochlorique de la liqueur d'épreuve mettrait si rapidement du chlore en liberté qu'il y en aurait beaucoup de perdu et cela rendrait le résultat incorrect. En versant, au contraire, la solution de chlorure de chaux dans celle d'acide arsénieux, le chlore ne se dégage que par petites quantités à la fois et se trouve, pour réagir, en présence d'un excès d'acide arsénieux. Il faut, en outre, employer le mélange de chlorure de chaux sans le clarifier.

Détermination de l'alumine dans le sulfate d'alumine, etc. — Rowland Williams, membre de la Société anglaise de Chimie, a décrit, dans un mémoire lu en présence de cette Société, un procédé de détermination de l'alumine dans les aluns, tourteaux d'alun, sulfates d'alumine, etc., au moyen duquel il a obtenu des résultats plus précis que ceux donnés par la méthode ordinaire d'essai par l'ammoniaque. Après avoir signalé plusieurs inconvénients du procédé de précipitation de l'alumine par l'ammoniaque, il ajoute : « Il existe une autre méthode moins connue de détermination de l'alumine ; elle se pratique au moyen de l'hyposulfite de sodium et je puis recommander, en toute confiance, ce procédé que j'ai beaucoup expérimenté avec succès. Il faut, toutefois, une très grande pratique pour obtenir de bons résultats ; car il est nécessaire d'observer soigneusement certaines conditions pour ne pas obtenir une précipitation incomplète.

La détermination s'opère dans une solution modérément étendue. S'il s'agit de tourteaux d'alun et de sulfate d'alumine, on dissout 40 gr. du sel dans l'eau, on filtre et étend à 1 litre. On emploie 100 centim. cubes de cette solution (correspondant à 4 gr. de l'échantillon) pour déterminer l'alumine. S'il existe quelque acide libre en présence de l'alumine, on le neutralise au moyen de quelques gouttes de solution de carbonate de soude puis on dilue le tout de manière à obtenir un volume d'environ 350 gr.

On ajoute ensuite une grande quantité d'hydrosulfite de soude et l'on fait bouillir le liquide pendant au moins une demi-heure, en remplaçant constamment l'eau perdue par évaporation. Au bout de ce temps, toute l'alumine sera précipitée sous forme très divisée, avec plus ou moins de soufre en liberté. On filtre alors le précipité et on le lave bien à l'eau bouillante. La filtration et le lavage s'opèrent très rapidement et, généralement, peuvent s'accomplir en vingt minutes environ : c'est une grande économie de temps, en comparaison du lavage long et fastidieux que l'on opère par décantation dans le cas d'alumine gélatineuse. Avant de filtrer, il est bon d'ajouter une ou deux gouttes de solution de carbonate de soude, de peur que le liquide soit devenu légèrement acide pendant l'ébullition. »

TABLE DES MATIÈRES

Pages

CHAPITRE I. *Cellulose*... 1

Action des acides sur la cellulose................................. 2

Caractères physiques de la cellulose............................. 3

Étude micrographique des fibres végétales...................... 4

Dosage de la cellulose... 5

Détermination des fibres végétales à l'aide du microscope........ 6

— II. *Matières premières employées dans la fabrication du papier.*
Chiffons... 9

Achat des chiffons bruts. Désinfection des chiffons.............. 11

Machine à désinfecter... 12

Battage des chiffons. Lavage de chiffons bruts................... 16

Triage des chiffons. Dépiéçage, détrassage, délissage............ 17

Poussières.. 19

Revoyeuses. Salaires des ouvrières. Coupe-chiffons............... 20

Battage des chiffons... 22

Diable. Blutage.. 25

Pourrissage. Lavage mécanique. Lessivage......................... 27

Alcalis servant au lessivage. Chaux. Carbonate de soude. Soude
caustique... 32

Lin. Coton. Chanvre... 33

Matières premières autres que les chiffons....................... 36

Paille.. 37

Alfa ou sparte... 39

Bois.. 44

Traitement du bois par les acides.................................. 49

Broyage.. 60

— III. *Raffinage*... 81

Piles perfectionnées.. 89

— IV. *Collage. Coloration*.. 97

— V. *Pigments et charges*. Sulfate de chaux, plâtre, albâtre............ 107

Carbonate de chaux. Talc. Amiante.............................. 108

— VI. *Pâte de bois mécanique*.................................... 111

— VII. *Formation du papier*. Fabrication à la cuve................. 125

— VIII. *Fabrication du papier en continu*......................... 135

Sablier.. 138

Rouleaux montés à billes... 166

Chap. IX. *Apprêts du papier*.. 177
Compteur pour bobineuses.................................. 191
Coupe transversale du papier.............................. 192
Formats des papiers....................................... 201
— X. *Fabrication du carton*.................................. 203
— XI. *Papiers divers*. Papiers à l'ammoniure de cuivre dits de Willesden... 207
Papiers d'art ou d'impression au procédé.................. 209
Papiers buvards... 211
Papiers à cigarettes...................................... 212
Papiers d'écriture et d'impressions....................... 213
Papiers d'emballages. Goudrons. Emballages gris blancs à sucre. Emballages colorés ordinaires. Emballages bleus supérieurs.... 214
Busettes blanches pour filatures. Busettes de couleur. Papiers à filtrer... 215
Papiers pour la fabrication de la nitro-cellulose......... 216
Papiers fiduciaires et à billets de banque................ 217
Papier force ou Kraft papier.............................. 218
Papiers à journaux.. 219
Papier parchemin.. 220
Papiers à registres....................................... 221
Papiers pour rouleaux de calandres. Papiers serpentes ou à fleurs... 222
— XII. *L'eau dans la fabrication du papier. Eau pure*........ 225
Eaux résiduaires.. 230
— XIII. *Examen des papiers et des produits employés dans leur fabrication. Etude de leurs propriétés*................. 251
Détermination du sens de fabrication...................... 253
Examen des soudes du commerce............................. 262
Préparation de la liqueur acide d'épreuve ou solution normale... 265
Prise des échantillons de soude........................... 267
Essai... 268
Détermination du chlore dans le chlorure de chaux......... 269
Procédé de Fresenius...................................... 270
Procédé de Gay-Lussac. Liqueur d'épreuve.................. 270
Essai de l'échantillon.................................... 271
Détermination de l'alumine dans le sulfate d'alumine, etc.......... 272

La Roche-sur-Yon. — Imprimerie Centrale de l'Ouest.

LIBRAIRIE BERNARD TIGNOL

Librairie Scientifique, Industrielle et Agricole

PUBLICATIONS DE LA

Librairie de l'École Centrale des Arts et Manufactures

53bis, Quai des Grands-Augustins, Paris

TÉLÉPHONE : 823-28

Bibliothèque des Actualités Industrielles

1. — **Le Transport de la force par l'Electricité**, par Ed. Japing, ingénieur-électricien. — Troisième édition. — Annotée et augmentée de la description du Transport de la force, par M. Marcel Deprez. — In-16, 49 figures. . . **5 fr.**

2. — **Manuel pratique du Téléphone. — Installations privées**, par T. Schwartze. — Troisième édition. — In-16, 153 figures (Voir 17). **4 fr.**

3. — **L'Electrolyse et l'Electrométallurgie**, par E. Japing. — Troisième édition augmentée par L. Guillet. — In-16, 60 figures. . . . . . **4 fr.**

4. — **Les Lampes électriques**, par P. d'Urbanitzki. — Deuxième édition augmentée par Georges Fournier. — In-16, 126 figures. . . . . **4 fr. 50**

5. — **Les Piles électriques et les Piles thermo-électriques**, par W. Hauck. — Troisième édition par G. Fournier. — In-16, 71 figures. **4 fr. 50**

6. — **Traité des Piles électriques**, par Donato Tommasi (Epuisé).

7. — **Table à l'usage des Constructeurs**, donnant, par la connaissance de la corde et de la flèche, le rayon, l'angle au centre, etc., par L. Sergent — In-16. **1 fr. 50**

— II —

8. — **Manuel du Briquetier : Briques, Tuiles, Carreaux**, par Emile Lejeune
et Bonneville. — Cinquième édition refondue. — In-16, 209 figures, relié toile
anglaise. . . . . **10 fr.**

9. — **Manuel du Chaufournier et du Plâtrier**, par Emile Lejeune. — Quatrième édition refondue. — In-16, relié toile anglaise. . . . . . . **7 fr. 50**

10. — **Les Sonneries électriques**, par G. Fournier, ingénieur-électricien. —
Cinquième édition. — In-16, 59 figures. . . . . **2 fr. 50**

11. — **Eclairage électrique dans les appartements** (Epuisé) (Voir 124).

12. — **Le Frottement, le Graissage des Machines et les Lubrifiants**, par
R. H. Thurston. — Deuxième édition. — In-16, 22 figures. . . . **4 fr.**

13. — **Manuel pratique du Savonnier**, par MM. Calmels et Wiltner. — Troisième édition. — In-16, 26 figures. . . . . **4 fr.**

14. — **Terminologie électrique.** Vocabulaire français, anglais, allemand, des
termes employés en électricité, par G. Fournier. — In-16. . . . **1 fr.**

15. — **Manuel du Parfumeur**, par W. Askinson. — Deuxième édition, par
G. Calmels. — In-16, 30 figures. . . . . **6 fr.**

16. — **Science et Guerre.** Télégraphie optique. — Eclairage électrique. — Cryp-
tographie. — Poste par pigeon, par Max de Nansouty. — In-16, 57 figures,
3 planches. . . . . **4 fr.**

17. — **Manuel pratique de Téléphonie.** — Installations industrielles à grande
distance, par le Dr Wietlisbach. — In-16, 123 figures. . . . . . **4 fr.**

18. — **Guide du Photographe et de l'Amateur Photographe**, par Paul
Fabre-Domergue. — In-16, 48 figures. . . . . **1 fr.**
— **Manuel général des vins**, par Edouard Robinet (d'Epernay).

19. — Tome Ier. — Vins rouges. — Vins blancs. — Vins artificiels. — In-16,
50 fig. . . . . **5 fr.**

20. — Tome II. — Vins mousseux. — Champagnes. — In-16, 56 figures. **5 fr.**

21. — Tome III. — Analyse des Vins. — Fermentation. — In-16, 36 figures. **5 fr.**

22. — **Guide pratique du Distillateur. — Fabrication des Liqueurs.**
Edouard Robinet (d'Epernay). — In-16, 9 figures. . . . . **5 fr.**

23. — **Manuel du Fabricant de Sucre**, par P. Boulin (Epuisé).

24. — **Accumulateurs électriques**, par Salomon (voir 81) (Epuisé).

25. — **La Tour Eiffel de 300 mètres**, par Max de Nansouty. — In-16, 32 figures.
2 fr. 50

26. — **Les Machines dynamo-électriques**, par P. Clémenceau (Epuisé).

27. — **Machines à glace**, par R. Lézé (Epuisé).

28. — **Manuel pratique de la Fabrication de la Bière**, par P. Boulin. —
In-16, 17 fig. et une planche. . . . . **9 fr.**

29. — **Le Drainage des terres arables**, par A. Larbalétrier. — In-16,
29 figures. . . . . **4 fr. 50**

30. — **Manuel pratique de la Fabrication des Alcools**, par E. Robinet et
Cany. — In-16, 32 figures, cart. dos toile. . . . . **3 fr.**

31. — **Manuel pratique de la Soie**, par A. Villon. — In-16, 68 figures. **6 fr.**

32. — **Les Corps gras**, par A.-M. Villon. — In-16, 23 figures. . . . . **6 fr.**

33. — **La Chaleur**, par J. Clerk Maxwell F. R. S. — Edition française, par
G. Mouret, avec préface de M. A. Potier, membre de l'Institut. — In-16,
42 figures. . . . . **6 fr.**

34. — **Le Chemin de fer glissant de Girard et Barre**, par Max de Nansouty. — In-12, 12 figures . . . . . **1 fr. 50**

35. — **Manuel pratique d'Analyse micrographique des Eaux**, par P. Fabre-Domergue. — In-16, 10 figures. **1 fr. 50**

36. — **Manuel de Galvanoplastie**, par George Brunel. — In-16, 28 figures. **4 fr.**

Manuel pratique de l'installation de la Lumière électrique, par J.-P. Anney, ingénieur-électricien.

37. — **1re Partie**. — Installations privées. — Troisième édition. — In-16, 135 figures. **5 fr.**

38. — **2e Partie**. — Stations centrales. — Deuxième édition. — In-16, 99 figures et 10 planches dont 8 en couleurs . . . . **7 fr.**

39. — **La Navigation Sous-Marine**, par A.-M. Villon. — In-16, 11 figures. **1 fr. 50**

40. — **Aide-Mémoire de l'Ingénieur-Electricien.** Recueil de tables, formules et renseignements pratiques à l'usage des électriciens, par G. Duché, B. Marinovitch, E. Meylan et G. Szarvady. — Sixième tirage, augmenté par P. Juppont. — In-16, 152 figures, relié toile anglaise. . . . . **6 fr.**

41. — **Fabrication de l'Acier**, par L. Campredon (Epuisé).

42. — **Fabrication de la Fécule**, par J. Fritsch (Epuisé).

43. — **Fabrication et Emploi des Filets de Pêche**, par le commandant Vannetelle. — In-16, 64 figures. . . . . **3 fr.**

44. — **L'Horlogerie électrique**, par A. Tobler. — Deuxième édition, par L. de Belfort de la Roque. In-16, 65 figures . . . . **3 fr.**

45. — **Manuel de Meunerie**, par L. de Belfort de La Roque (Epuisé).

46. — **Manuel pratique du Chocolatier**, par L. de Belfort de La Roque. — In-16, 45 figures. . . . . **4 fr. 50**

47. — **Carnet de l'Ingénieur.** Recueil de tables, de formules et de renseignements usuels et pratiques sur l'industrie, chimie, physique, mécanique, machines à vapeur hydraulique, résistance, frottements, etc. (Carnet Lacroix). 53e tirage. — In-16, 36 figures, cartonné toile. . . . . **4 fr. 50**

L'Aluminum, par Ad. Minet, ingénieur-électricien.

48. — **1re Partie** : Fabrication. — In-16, 38 figures. . . . . . . **4 fr. 50**

49. — **2e Partie** : Alliages, Emplois. — In-16, 2 figures. . . . . . **4 fr. 50**

50. — **Notions générales sur les Matières colorantes organiques artificielles**, par Jules Mamy. — In-16. . . . . **1 fr. 50**

51. — **Manuel pratique du Monteur-Electricien.** Montage et conduite des installations électriques, etc., par J. Laffargue. — Quatorzième édition, revue entièrement par L. Jumau. Petit in-8, 927 figures et 4 planches en couleurs Relié toile anglaise . . . . **10 fr.**

52. — **Manuel pratique d'Arpentage et de levé des Plans**, par G. Dallet. — In-16, 73 figures. . . . . **4 fr.**

53. — **Manuel pratique de Géodésie**, par G. Dallet. — In-16, 22 figures. **4 fr.**

54. — **Fabrication de l'Acide sulfurique**, par Petitgout (Epuisé).

55. — **Le Phonographe et ses applications**, par A.-M. VILLON. — In-16, 36 fig.
2 fr.

56. — **Câbles d'Eclairage électrique et Distribution de l'Electricité**, par STUART A. RUSSEL. — Traduit par G. FORMENTIN. — In-16, 107 figures, relié toile anglaise. **6 fr.**

57. — **Le Portrait dans les Appartements**, par A. REYNER. — In-16, 35 figures.
2 fr.

58. — **Catéchisme des Chauffeurs et des Machinistes**, traitant de la législation, de la combustion, de l'entretien, de la conduite des machines, mise en marche, description des organes, arrêt, machines spéciales, chaudières, foyers, appareils de sûreté, etc. — Huitième édition, revue et augmentée. — In-16, 55 figures, cart. toile . . . . **2 fr.**

59. — **Manuel pratique de l'Aéronaute**, par W. DE FONVIELLE. — In-16, 70 figures. . . . . **5 fr.**

60. — **Les Cheminées d'usines**, par VICTOR LEFÈVRE. — In-16, 13 figures.
1 fr. 50

Principes de Chimie, par DIMITRI MENDÉLÉEFF (édition française), par MM. ACHKINASI et CARRION, avec préface, par M. le professeur ARMAND GAUTIER.

61. — Tome I. — L'étude de la chimie, in-16, relié toile anglaise. . **7 fr. 50**

62. — Tome II. — Loi périodique, in-16, relié toile anglaise. . . . **7 fr. 50**

63. — **Fabrication de l'alcool**. Tables de réduction et d'augmentation des degrés alcooliques, par P. DUSSERT. — In-16, cartonné toile . . . **4 fr. 50**

64. — **L'Ammoniaque, ses nouveaux Procédés de Fabrication et ses Applications**, par P. TRUCHOT. — In-16, 31 figures. . . . . . **6 fr.**

65. — **Fabrication des Encres et Cirages**, par DESMAREST, d'après LEHNER et BRUNNER. — In-16. . . . . **5 fr.**

66. — **Catéchisme d'Electricité pratique**. Première leçons à la portée de tous, par Ernest SAINT-EDME. — In-16, 73 figures, deuxième édition, cartonné toile. **2 fr. 50**

67. — **Manuel pratique du Teinturier**, par J. HUMMEL, édition française, par M. F. DOMMER. — In-16, 80 figures. . . . . **7 fr. 50**

68. — **L'Or. Gîtes aurifères. Extraction de l'Or**, par H. DE LA COUX. — In-16, 29 figures. . . . . **5 fr.**

69. — **L'Acétylène et ses applications, l'Incandescence par le Gaz et le Pétrole**, par F. DOMMER. — In-16, 220 figures. . . . . . **4 fr. 50**

70. — **Manuel pratique de Radiographie**. Pratique des rayons X, par G. BRUNEL. — In-16, 56 figures, 3e édition. . . . . **1 fr. 50**

71. — **Aide-Mémoire de poche de l'Architecte**, par CH. SEE (Epuisé) (Voir 155).

72. — **Manuel pratique de Laminage du Fer**, par F. NEVEU et L. HENRY. — In-16, 6 figures, 10 tableaux et atlas de 117 planches in-folio. . . **40 fr.**

73. — **Manuel du Chauffeur d'Automobiles** (Voir 108-156). Epuisé.

74. — **Les Compteurs d'Electricité**, par ERNEST COUSTET. — In-16, 56 figures.
2 fr. 50

75. — **Fabrication des vins mousseux dans les pays chauds**, par E. ROBINET. — In-16. . . . . **1 fr. 50**

76. — **L'Electricité dans la Maison moderne**, par ERNEST COUSTET. — In-16, 185 figures, cartonné toile. . . . . **4 fr. 50**

— V —

77. — Manuel pratique du Constructeur d'Automobiles à pétrole, par MAURICE FARMAN. — 1 vol. in-16, 65 figures et un atlas de 20 planches in-4. **9 fr.**

78. — Manuel pratique du Prospecteur. Guide du prospecteur et du voyageur pour la recherche des métaux et des minéraux précieux, par J.-W. ANDERSON. — Deuxième édition française, par J. ROSSET. — In-16, 73 figures, relié toile anglaise. . . . . **5 fr.**

79. — Manuel pratique du Vinaigrier, par CH. FRANCHE. — In-16, 29 figures. **4 fr. 50**

80. — Manuel pratique de Sondages, par ED. LIPPMAN (Epuisé).

81. — Les Accumulateurs électriques, par F. CACHEUX. — In-16, 57 figures. **4 fr.**

82. — Séchage des bois, par DUMESNY (Epuisé) (Voir 110).

83. — Les Engrais, par F. LEGRAND. — In-16, 19 figures. . . . . . **1 fr. 50**

84. — Elevage du Bétail, par EM. DARBORY. — In-16, 55 figures. . **1 fr. 50**

85. — Nos Légumes et nos Fleurs, par E. FAVERI et A. LARBALÉTRIER. — In-16, 56 figures. . . . . **1 fr. 50**

86. — Laiterie, Beurre et Fabrication des Fromages. Deuxième édition, par E. RIGAUX. — In-16, 73 figures. . . . . **3 fr.**

87. — Manuel pratique du Fabricant de Vernis, par E. COFFIGNIER. — In-16, 12 figures. . . . . **5 fr.**

88. — Céréales et Fourrages, par A. LARBALÉTRIER. — In-16, 51 figures. . . . . **1 fr. 50**

89. — Arbres fruitiers et la Vigne, par P. D'AYGALLIERS. — In-16, 46 figures. . . . . **3 fr.**

90. — Cidre, Poiré et Boissons économiques, par E. RIGAUX. — In-16, 24 figures. . . . . **1 fr. 50**

91. — Volailles, Lapins et Abeilles, par E. PARADIS et A. MONTOUX. — In-16, 52 figures. **1 fr. 50**

92. — Machines agricoles et Constructions rurales, par G. MÉNUL. — In-16, 112 figures. . . . . **1 fr. 50**

93. — Manuel des Conserves alimentaires, par R. DE NOTER. — In-16, 67 figures. . . . . **3 fr.**

Manuel de l'Ouvrier Mécanicien, par M. GEORGES FRANCHE, ingénieur-mécanicien (Arts et Métiers, E. C. P.) (Voir 152-154).

94. — 1re PARTIE. — *Principes de Mécanique générale.* — In-16, cartonné toile, figures 1 à 95, troisième édition. . . . . **fr.**

95. — 2e PARTIE. — *Outils, Machines-Outils.* — In-16, cartonné toile, figures 96 à 174, troisième édition. . . . . **2 fr.**

96. — 3e PARTIE. — *Forge et Fonderies, soudure autogène.* — In-16, cartonné toile, figures 175 à 317, troisième édition. . . . . **2 fr.**

97. — 4e PARTIE. — *Engrenages et Transmissions.* — In-16, cartonné toile, figures 318 à 446, troisième édition. . . . . **2 fr.**

98. — 5e PARTIE. — *Boulons, Rivets, Chaudronnerie : Assemblage.* — In-16, cartonné toile, figures 407 à 573, deuxième édition . . . . **2 fr.**

99. — 6e PARTIE. — *Machines à vapeur.* — In-16, cartonné toile, figures 574 à 700, troisième édition. . . . . **2 fr.**

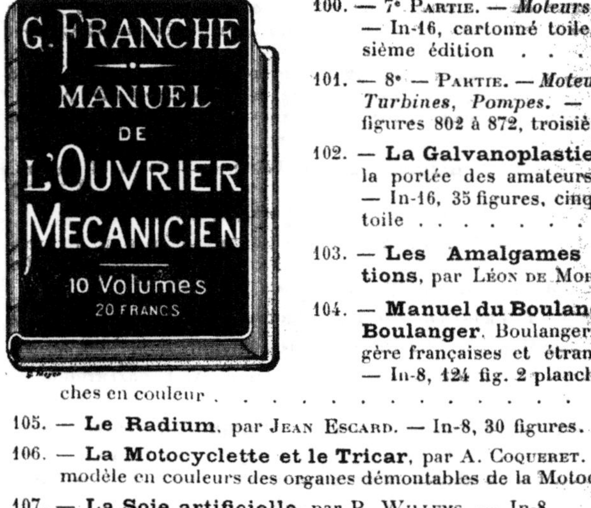

100. — 7e Partie. — *Moteurs fixes à gaz et à pétrole.* — In-16, cartonné toile, figures 701 à 801, troisième édition . . . . **2 fr.**

101. — 8e — Partie. — *Moteurs hydrauliques, Roues, Turbines, Pompes.* — In-16, cartonné toile, figures 802 à 872, troisième édition. . **2 fr.**

102. — **La Galvanoplastie** et la Photogravure à la portée des amateurs, par Paul Laurencin. — In-16, 35 figures, cinquième édition, cartonné toile . . . . **3 fr.**

103. — **Les Amalgames et leurs applications**, par Léon de Mortillet. — In-8. **2 fr.**

104. — **Manuel du Boulanger et du Pâtissier-Boulanger**. Boulangerie et Pâtisserie-Boulangère françaises et étrangères, par E. Favrais. — In-8, 124 fig. 2 planches en noir et 17 planches en couleur . . . . **12 fr.**

105. — **Le Radium**, par Jean Escard. — In-8, 30 figures. . . . . . **3 fr.**

106. — **La Motocyclette et le Tricar**, par A. Coqueret. — In-8, 22 figures et un modèle en couleurs des organes démontables de la Motocyclette. . . **3 fr.**

107. — **La Soie artificielle**, par P. Willems. — In-8. . . . . . **4 fr.**

108. — **Manuel du Conducteur d'Automobiles**, par Maurice Farman. — In-8, 160 figures, quatrième édition. . . . . **4 fr. 50**

109. — **Formulaire général des réactions et réactifs chimiques et microscopiques**, par Raoul Roche. — In-8, relié toile anglaise. . **9 fr.**

110. — **L'Industrie chimique des bois**, par P. Dumesny et J. Noyer. — In-8, 103 figures, relié toile anglaise. . . . . **15 fr.**

111. — **Les Omnibus automobiles**, par G. Le Grand. — In-8, 46 figures. **1 fr. 50**

112. — **La Pierre artificielle.** — Fabrication des briques et matériaux de construction, par Ernest Stoffler. — In 8, 100 figures. . . . . . **4 fr. 50**

113. — **Le Pétrole et ses applications**, par Henry Deutsch. — In-8, relié toile anglaise, 75 figures et 1 planche. . . . . **6 fr.**

114. — **Nouveau manuel du Conducteur d'Automobiles**, par Maurice Farman et P. Maisonneuve (Epuisé) (Voir 156). . . . .

115. — **La Motocyclette**, par A. Coqueret. — In-8, 7 figures. . . **1 fr. 75**

116. — **Nouveau manuel pratique du Pêcheur à la ligne**, par G. Lanorville, avec préface de R. de Saint-Arroman. — In-8, 136 figures. . **3 fr.**

117. — **Manuel théorique et pratique du Ferblantier**, par Ortlieb. — In-8, 297 figures. **6 fr.**

118. — **Manuel de Photographies en couleurs**, par Ed. Coustet. — In-8. **2 fr. 50**

119. — **Manuel pratique de traction des Tramways électriques**, par Georges Daussy. — In-8, rel. toile anglaise, 19 planches et 122 figures. **5 fr.**

Manuel de l'Apprenti et de l'Amateur électricien.

120. — 1re Partie. — *Principes d'électricité. Machines électriques*, par R. Marie. — In-16, figures 1 à 104, cart. toile. . . . . **2 fr.**

121. — 2e Partie. — *Sonneries électriques, Paratonnerres*, par H. Zéda. — In-16, figures 105 à 203, cart. toile. . . . . **2 fr.**

122. — 3e PARTIE. — *Téléphonie pratique*, par H. ZÉDA. — In-16, figures 204 à 285, cart. toile.
2 fr.

123. — 4e PARTIE. — *Tramways et Chemins de fer électriques*, par R. MARIE. — In-16, figures 296 à 317, cart. toile. . . . . **2 fr.**

124. — 5e PARTIE. — *Eclairage électrique dans les appartements*, par H. DE GRAFFIGNY. — In-16, figures 318 à 386, cart. toile . . . . . **2 fr.**

125. — **Catéchisme de l'Automobile** à la portée de tout le monde, par H. DE GRAFFIGNY. — In-16, 64 figures, cartonné toile . . . **2 fr.**

Manuel de Filature, par J. DANTZER.

126. — 1re PARTIE. — Mécanique et principes généraux de la filature des textiles. — In-16, 90 figures, cartonné toile . . . . **2 fr.**

127. — 2e PARTIE. — *Culture, rouissage, teillage et filature du lin.* — In-16, figures 91 à 141, cartonné, toile . . . . **2 fr.**

128. — 3e PARTIE. — *Filature du lin.* — In-16, figures 142 à 180, cart. toile. . **2 fr.**

Les meilleures Recettes pratiques, par DANIEL BELLET.

129. — 1re PARTIE. — *Recettes de la vie domestique*, 740 recettes, cartonné toile. . . . . **2 fr.**

130. — 2e PARTIE. — *Recettes de la Ferme et du Château*, 670 recettes, cartonné toile. . . . . **2 fr.**

131. — 3e PARTIE. — *Recettes des Arts et Métiers*, 530 recettes, cartonné toile. **2 fr.**

132. — **Nouveau Manuel du Fabricant de Couleurs.** — In-8, 25 figures, rel. toile anglaise. . . . . **12 fr.**

133. — **Les Aréoplanes.** Historique, Calcul et Construction des aéroplanes, par H. DE GRAFFIGNY. — In-8, 143 figures et 4 planches, deuxième édition. **4 fr.**

134. — **Manuel de Construction et d'emploi des Machines et Appareils électriques.** par A. LUZY. — In-8, 147 figures. . . . . . . **6 fr.**

135. — **Manuel pratique du Naturaliste-Empailleur.** La Taxidermie à la portée de tous, par P. HASLUCK et L. GRUNY. — In-8, 108 figures. . **3 fr.**

136. — **Manuel pratique de Vannerie.** L'Art du Vannier à la portée de tous, par P. HASLUCK et L. GRUNY. — In-8, 189 figures. . . . . . . **3 fr.**

137. — **La Soude électrolitique.** Théorie. — Laboratoire. — Industrie, par ANDRÉ BROCHET. — In-8, 60 figures. . . . . **10 fr.**

138. — **Album de plans de pose d'Installations téléphoniques.** par H. DE GRAFFIGNY, 32 plans hors texte. — In-8, cartonné toile . . . . **3 fr. 50**

139. — **Albums de plans de pose d'Installations de la Lumière électrique**, par H. DE GRAFFIGNY, 32 plans hors texte. — In-8, cartonné toile. **3 fr. 50**

140. — **Albums de plans de pose de Sonneries Electriques**, par H. DE GRAFFIGNY, 32 plans hors texte, in-8, cart. toile . . . . . . **2 fr. 50**

141. — **Manuel pratique de Dorure, Argenture.** Nickelage, Coloration des Métaux, par DE CONTER et GHERSI. — In-8. . . . . **4 fr. 50**

142. — **Manuel de Constructions rustiques en Bois**, à l'usage des amateurs, par HASLUSCK et GRUNY. — In-8, 180 figures. . . . . **3 fr.**

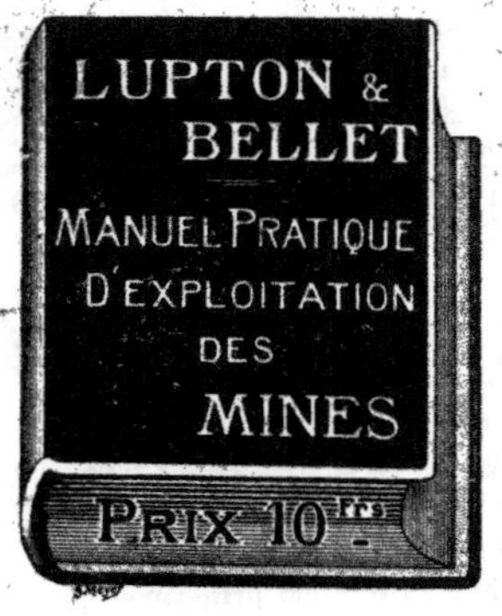

143. — **Manuel pratique du Travail artistique de la Corne**, par J. Pégat. — In-8, 37 figures. **2 fr.**

144. — **Industrie du Lactose et de la Caséine végétale du Soja**, par Francis J. G. Beltzer. — In-8, 34 fig. . . . . **5 fr.**

145. — **Manuel pratique du Fabricant de papier**, par A. Watt. — Edition française revue et complétée, par L. Desmarest. — In-8, 123 fig., relié toile anglaise . . . . . **10 fr.**

146. — **Manuel pratique d'Exploitation des Mines**, par A. Lupton. — Edition française, par D. Bellet. — In-16, 569 figures, relié toile anglaise . . . . **10 fr.**

147. — **Manuel du Chimiste-Brasseur**, par E. Fontaine. — In-16, 61 figures, relié toile anglaise . . . . **5 fr.**

148. — **Manuel de Montage de Machines**, par P. Blancarnoux. — In-16, 135 figures, cart. toile . . . . **2 fr.**

149. — **Manuel pratique du Constructeur Electricien**, par G. Pardini. — Edition française, par C. Carabin, revue et corrigée, par L. J. — In-16, 388 figures, relié toile anglaise. . . . . **10 fr.**

150. — **Manuel pratique et Scientifique du Jeu de Bridge**, par A. Réveillaud. — In-16, relié toile anglaise. . . . . **4 fr.**

151. — **Catéchisme de l'Aviation à la portée de tout le monde**, par H. de Graffigny. — In-16, 59 figures, cart. toile . . . . **2 fr. 50**

152. — **Manuel de l'Ouvrier Mécanicien**, par G. Franche. — 9ᵉ partie. — Technique du Tourneur et du fileteur. — In-16, 286 figures, cart. toile. **3 fr.**

153. — **Manuel pratique de télégraphie sans fil**, par J. Galopin. — In-16, 100 figures, cartonné toile . . . . **3 fr.**

154. — **Manuel de l'Ouvrier Mécanicien**, par G. Franche. — 10ᵉ partie — Dessin mécanique d'Atelier. — In-16, 50 figures et 50 planches, cartonné toile. **3 fr.**

155. — **Manuel pratique de Construction moderne à l'usage des Architectes et des Ingénieurs-Constructeurs**. — In-16, 430 figures, relié toile anglaise . . . . **10 fr.**

www.ingramcontent.com/pod-product-compliance
Lightning Source LLC
LaVergne TN
LVHW052007060726
842528LV00002B/430